工业和信息化"十三五"人才培养规划教材

PHP

基础案例教程

黑马程序员 / 编著

有问题，就找问答精灵！

人民邮电出版社

北京

图书在版编目（ＣＩＰ）数据

PHP基础案例教程 / 黑马程序员编著. -- 北京：人民邮电出版社，2017.9（2021.6重印）
工业和信息化"十三五"人才培养规划教材
ISBN 978-7-115-46032-5

Ⅰ．①P… Ⅱ．①黑… Ⅲ．①PHP语言－程序设计－高等学校－教材 Ⅳ．①TP312.8

中国版本图书馆CIP数据核字(2017)第156678号

内 容 提 要

本书是面向 PHP 初学者的一本入门教材，作者站在初学者的角度，以通俗易懂的语言、丰富的图解、实用的案例，详细讲解了 PHP 语言的基础知识。本书基于 PHP 7.1 版本进行讲解，并介绍了 PHP 5.4～PHP 7.1 版本之间的差别，以确保代码的兼容性。

全书共分为 16 章，其中有 12 个章节讲解新知识，4 个章节为阶段案例。在知识讲解章节，还配备了动手实践，用于练习和巩固本章所学内容，达到即学即练的目的。当学完一个阶段的知识后，通过阶段案例开发功能性强、界面美观、用户体验优秀的项目，如"许愿墙""在线相册"和"趣PHP 网站"等，将所学知识综合运用到实际开发中，积累项目开发经验。

本书适合作为高等院校本、专科计算机相关专业的教材使用，也可作为 PHP 爱好者的自学参考书，是一本适合广大计算机编程爱好者的优秀读物。

◆ 编　　著　黑马程序员
责任编辑　范博涛
责任印制　焦志炜

◆ 人民邮电出版社出版发行　　北京市丰台区成寿寺路 11 号
邮编　100164　　电子邮件　315@ptpress.com.cn
网址　http://www.ptpress.com.cn
北京鑫正大印刷有限公司印刷

◆ 开本：787×1092　1/16
印张：23　　　　　　　　2017 年 9 月第 1 版
字数：573 千字　　　　　 2021 年 6 月北京第 14 次印刷

定价：49.80 元

读者服务热线：(010)81055256　印装质量热线：(010)81055316
反盗版热线：(010)81055315
广告经营许可证：京东市监广登字 20170147 号

本书的创作公司——江苏传智播客教育科技股份有限公司（简称"传智教育"）作为第一个实现 A股 IPO 上市的教育企业，是一家培养高精尖数字化专业人才的公司，公司主要培养人工智能、大数据、智能制造、软件、互联网、区块链、数据分析、网络营销、新媒体等领域的人才。公司成立以来紧随国家科技发展战略，在讲授内容方面始终保持前沿先进技术，已向社会高科技企业输送数十万名技术人员，为企业数字化转型、升级提供了强有力的人才支撑。

公司的教师团队由一批拥有 10 年以上开发经验，且来自互联网企业或研究机构的 IT 精英组成，他们负责研究、开发教学模式和课程内容。公司具有完善的课程研发体系，一直走在整个行业的前列，在行业内竖立起了良好的口碑。公司在教育领域有 2 个子品牌：黑马程序员和院校邦。

一、黑马程序员——高端 IT 教育品牌

"黑马程序员"的学员多为大学毕业后想从事 IT 行业，但各方面条件还不成熟的年轻人。"黑马程序员"的学员筛选制度非常严格，包括了严格的技术测试、自学能力测试，还包括性格测试、压力测试、品德测试等。百里挑一的残酷筛选制度确保了学员质量，并降低了企业的用人风险。

自"黑马程序员"成立以来，教学研发团队一直致力于打造精品课程资源，不断在产、学、研 3 个层面创新自己的执教理念与教学方针，并集中"黑马程序员"的优势力量，有针对性地出版了计算机系列教材百余种，制作教学视频数百套，发表各类技术文章数千篇。

二、院校邦——院校服务品牌

院校邦以"协万千名校育人、助天下英才圆梦"为核心理念，立足于中国职业教育改革，为高校提供健全的校企合作解决方案，其中包括原创教材、高校教辅平台、师资培训、院校公开课、实习实训、协同育人、专业共建、传智杯大赛等，形成了系统的高校合作模式。院校邦旨在帮助高校深化教学改革，实现高校人才培养与企业发展的合作共赢。

（一）为大学生提供的配套服务

1. 请同学们登录"高校学习平台"，免费获取海量学习资源。平台可以帮助高校学生解决各类学习问题。

高校学习平台

2. 针对高校学生在学习过程中的压力等问题，院校邦面向大学生量身打造了 IT 学习小助手——"邦小苑"，可提供教材配套学习资源。同学们快来关注"邦小苑"微信公众号。

"邦小苑"微信公众号

（二）为教师提供的配套服务

1. 院校邦为所有教材精心设计了"教案+授课资源+考试系统+题库+教学辅助案例"的系列教学资源。高校老师可登录"高校教辅平台"免费使用。

高校教辅平台

2.针对高校教师在教学过程中存在的授课压力等问题，院校邦为教师打造了教学好帮手——"传智教育院校邦"，教师可添加"码大牛"老师微信/QQ：2011168841，或扫描下方二维码，获取最新的教学辅助资源。

"传智教育院校邦"微信公众号

三、意见与反馈

为了让教师和同学们有更好的教材使用体验，您如有任何关于教材的意见或建议请扫码下方二维码进行反馈，感谢对我们工作的支持。

PHP 是一种运行于服务器端并完全跨平台的嵌入式脚本编程语言，具有开源、免费、易学易用、开发效率高等特点，是目前 Web 应用开发的主流语言之一。

PHP 广泛应用于动态网站开发，在互联网中常见的网站类型，如门户、微博、论坛、电子商务、SNS（社交）等都可以用 PHP 实现。目前，从各大招聘网站的信息来看，PHP 的人才需求量还远远没有被满足。PHP 程序员还可以通过混合式开发 App 的方式，将业务领域扩展到移动端的开发（兼容 Android 和 iOS），未来发展前景广阔。

为什么要学习本书

本书面向具有 Web 网页（HTML、CSS、JavaScript）和 MySQL 数据库基础的人群，讲解了如何将这些技术与 PHP 结合起来，进行动态网站开发。通过以知识讲解为主，以阶段案例为辅的形式，达到学用结合的效果，非常适合想要学习 PHP 的初学者。

本书遵循知识点的难易先后顺序，按照"知识讲解 + 动手实践 + 阶段案例"的方式来安排全书的章节，有效引导初学者将学过的内容串连起来，培养分析问题和解决问题的能力。在进行知识讲解时，不仅介绍基本概念，还将抽象的概念具体化，让读者明白这个知识点能用来解决什么问题，理解每一行代码出现的原因；讲解阶段案例时，按照"案例展示 → 需求分析 → 案例实现"的方式，将前面学过的知识实践化，使读者能够根据实际功能需求进行编程开发，提高对知识的综合运用能力。

如何使用本书

本书讲解的内容主要包括开发环境搭建、PHP 语法基础、函数、数组、错误处理、Web 交互、PHP 操作 MySQL 数据库、正则表达式、文件、图像、面向对象编程和会话等，还配备了 4 个阶段案例——表单生成器、许愿墙、在线相册和"趣 PHP 网站"。

全书共分为 16 章，接下来分别对每个章节进行简要地介绍，具体如下。

• 第 1 章主要介绍了 PHP 语言的特点及开发环境的搭建。通过本章的学习，初学者可以简单地认识 PHP 语言，熟练地使用编辑工具编写一个简单的 PHP 程序。

• 第 2～4 章讲解了 PHP 的基本语法、函数和数组。这部分内容是 PHP 编程的基础，只有掌握好这部分内容，才能在 PHP 开发中实现基本的功能。

• 第 5 章主要讲解了错误的处理及其调试。在 PHP 开发中，难免遇到程序出错的情况，通过本章的学习，可以正确应对程序中出现的各种问题。

• 第 6 章讲解了阶段案例"表单生成器"。通过本案例的学习，帮助读者复习 HTML 表单的基础知识，并将前面学过的 PHP 语法、函数和数组进行综合运用。

• 第 7 章讲解了 PHP 与 Web 页面交互，以及 HTTP 协议。Web 交互是动态网站开发中非常重要的功能，同时也是安全漏洞的重灾区。读者在学习本章时，不仅要掌握功能的开发，还要建立安全意识，避免代码出现安全问题。

• 第 8 章讲解了 PHP 如何操作 MySQL 数据库，通过 MySQLi 扩展实现了连接数据库、执行 SQL 语句、处理结果集和预处理语句等操作。

- 第 9 章讲解了阶段案例"许愿墙"。通过本案例的学习，将前面讲过的 Web 交互和 MySQLi 扩展运用起来，掌握对数据的增加、删除、修改和查找功能的开发。

- 第 10 ~ 12 章讲解了正则表达式、文件操作和图像技术，这些是在 PHP 开发中经常用到的技术，掌握这部分内容可以开发出功能性强的网站系统。

- 第 13 章讲解了阶段案例"在线相册"。通过本案例的学习，可以综合运用第 7 ~ 12 章的知识内容，掌握多级目录、文件上传、生成缩略图等功能的开发。

- 在 14 章讲解了面向对象编程，这章内容以编程思想为主，读者需要掌握面向对象的基本语法，学会利用类与对象来解决开发中的问题。

- 第 15 章讲解了会话技术，即 Cookie 与 Session。许多网站提供了用户登录功能，而该功能的实现离不开会话技术。

- 第 16 章讲解了阶段案例"趣 PHP 网站"。本案例是对前面所学知识的综合训练，对数据库操作类的封装、用户登录与注册、验证码的生成与验证等功能进行了深入讲解，提高读者的开发技术并积累项目经验。

在上面所列举的 16 个章节中，第 1 ~ 6 章是基础课程，主要帮助初学者奠定扎实的基本功；第 7 ~ 16 章是对 PHP 的关键技术的详解，这些章节内容比较复杂，希望初学者多加思考，认真完成书中所讲的每个案例。

在学习过程中，读者一定要亲自实践本书中的案例代码。如果不能完全理解书中所讲知识，读者可以登录高校学习平台，通过平台中的教学视频进行深入学习。学习完一个知识点后，要及时在博学谷平台上进行测试，以巩固学习内容。

另外，如果读者在理解知识点的过程中遇到困难，建议不要纠结于某个地方，可以先往后学习。通常来讲，通过逐渐的学习，前面不懂和疑惑的知识也能够理解了。在学习编程的过程中，一定要多多动手实践，如果在实践的过程中遇到问题，建议多思考，理清思路，认真分析问题发生的原因，并在问题解决后总结出经验。

致谢

本书的编写和整理工作由传智播客教育科技股份有限公司完成，主要参与人员有吕春林、韩冬、乔治铭、高美云、陈欢、王哲、马丹、李东超、韩振国、王金涛等，全体人员在这近一年的编写过程中付出了很多辛勤的汗水，在此一并表示衷心的感谢。

意见反馈

尽管我们付出了最大的努力，但教材中难免会有不妥之处，欢迎各界专家和读者朋友们来信、来函给予宝贵意见，我们将不胜感激。您在阅读本书时，如发现任何问题或有不认同之处可以通过电子邮件与我们取得联系。

请发送电子邮件至：itcast_book@vip.sina.com。

黑马程序员

2017 年 6 月 5 日于北京

目 录

CONTENTS

专属于教师和学生
的在线教育平台

让IT学习更简单

学生扫码关注"邦小苑"
获取教材配套资源及相关服务

让IT教学更有效

教师获取教材配套资源

教学大纲　　教学设计　　教学PPT

考试系统　　教学辅助案例　　在线编程

教师扫码添加"码大牛"
获取教学配套资源及教学前沿资讯
添加QQ/微信2011168841

1 Chapter

PHP

第 1 章
PHP 开篇

PHP 是一种服务器端的脚本编程语言。自 PHP 5 版本发布以来，PHP 以其方便快速的风格、丰富的函数功能和开放的源代码，迅速在 Web 系统开发中占据了重要地位，成为世界上最流行的 Web 应用编程语言之一。本章将针对 PHP 的特点、开发环境以及如何开发一个简单的 PHP 程序进行详细讲解。

学习目标

● 熟悉 PHP 语言的特点。

● 掌握 PHP 开发环境的搭建方法。

● 掌握 Web 服务器的配置方法。

1.1 PHP 基础知识

1.1.1 Web 技术

PHP 是非常适合 Web 开发的一种编程语言，在学习 PHP 之前，首先了解一下什么是 Web 技术。Web 的本意是蜘蛛网，在计算机领域中称为网页，它是一个由很多互相链接的超文本文件组成的系统。在这个系统中，每个有用的文件都称为"资源"，并且由一个"通用资源标识符"（URI）进行定位，这些资源通过超文本传输协议（Hypertext Transfer Protocol，HTTP）传送给用户，用户单击链接即可获得资源。

除此之外，在 Web 开发中还会涉及一些非常基本而又相当重要的知识，如软件架构、URL、HTTP 等。下面将分别对其进行讲解。

1. B/S 和 C/S 架构

在进行软件开发时，会有两种基本架构，即 C/S 架构和 B/S 架构。C/S（Client/Server）架构指的是客户端/服务器端的交互；B/S（Browser/Server）架构指的是浏览器/服务器端的交互。两者的区别是，C/S 架构的客户端软件是专门开发出来的，如 QQ、微信，用户必须安装软件才能使用；而 B/S 架构则是将浏览器作为客户端，用户只需要安装一个浏览器，就可以访问各种网站的服务，如百度搜索、新浪资讯等。

PHP 运行于服务器端，既可以在 C/S 架构中为客户端软件提供服务器接口，又可以作为 B/S 架构来搭建动态网站。本书主要基于 B/S 架构进行讲解。

2. URL 地址

在 Internet 上的 Web 服务器中，每一个网页文件都有一个访问标记符，用于唯一标识它的访问位置，以便浏览器可以访问到，这个访问标记符称为统一资源定位符（Uniform Resource Locator，URL）。在 URL 中，包含了 Web 服务器的主机名、端口号、资源名以及所使用的网络协议，具体示例如下。

```
http://www.itheima.com:80/index.html
```

在上面的 URL 中，"http"表示传输数据所使用的协议，"www.itheima.com"表示要请求的服务器主机名，"80"表示要请求的端口号，"index.html"表示要请求的资源名称。由于 80 是 Web 服务器的默认端口号，因此可以省略 URL 中的":80"，即"http://www.itheima.com/index.html"。

3. HTTP 协议

浏览器与 Web 服务器之间的数据交互需要遵守一些规范，HTTP 就是其中的一种规范，它是由 W3C 组织推出的，专门用于定义浏览器与 Web 服务器之间数据交换的格式。HTTP 在 Web 开发中有着大量的应用，本书在后面的章节中会进行详细讲解。

1.1.2 PHP 概述

PHP 是全球网站使用最多的脚本语言之一，全球前 100 万的网站中，有超过 70%的网站是使用 PHP 开发的，表 1-1 列举了一些国内外大型网站使用的开发语言。

表 1-1　大型网站使用的开发语言

网站	语言	网站	语言
新浪	PHP/Java	猫扑	PHP/Java
雅虎	PHP	赶集网	PHP
网易	PHP/Java	百度	PHP/Java/C/C++
谷歌	C/Python/Java/PHP	Facebook	PHP/C++/Java/Python
腾讯	PHP/Perl/C/Java	阿里巴巴	Java/PHP
搜狐	PHP/C/Java	淘宝网	Java/PHP

从表 1-1 中可以看出，这些知名大型网站都使用 PHP 作为其开发的脚本语言之一，可见 PHP 的应用非常广泛。那么，PHP 是从何而来的呢？

PHP 最初为 Personal Home Page 的缩写，表示个人主页，于 1994 年由 Rasmus Lerdorf 创建。程序最初用来显示 Rasmus Lerdorf 的个人履历以及统计网页流量。后来又用 C 语言重新编写，并可以访问数据库。它将这些程序和一些表单解释器（Form Interpreter）整合起来，称为 PHP/FI。

从最初的 PHP/FI 到现在的 PHP 5、PHP 7，经过了多次重新编写和改进，发展十分迅猛，它的全称变更为 PHP: Hypertext Preprocessor（超文本预处理器），与 Linux、Apache 和 MySQL 一起共同组成了一个强大的 Web 应用程序平台，简称 LAMP。随着开源潮流的蓬勃发展，开放源代码的 LAMP 已经与 Java EE 和.NET 形成三足鼎立之势，并且使用 LAMP 开发的项目在软件方面的投资成本较低，受到整个 IT 界的关注。

PHP 之所以应用广泛，受到大众的欢迎，是因为它具有很多突出的特点，具体如下。

1．开源免费

和其他技术相比，PHP 是开源的，并且可以免费使用，所有的 PHP 源代码都可以免费得到。

2．跨平台性

PHP 的跨平台性很好，方便移植，在 Linux 平台和 Windows 平台上都可以运行。

3．面向对象

由于 PHP 提供了类和对象的特征，使用 PHP 进行 Web 开发时，可以选择面向对象方式编程，在 PHP 4、PHP 5 中，在面向对象方面都有了很大的改进，现在 PHP 完全可以用来开发大型商业程序。

4．支持多种数据库

由于 PHP 支持 ODBC（开放数据库互联），因此 PHP 可以连接任何支持该标准的数据库，如 MySQL、Oracle、SQL Server 和 DB2 等。其中，PHP 与 MySQL 是最佳搭档，使用得最多。

5．快捷性

PHP 中可以嵌入 HTML，编辑简单、实用性强、程序开发快。而且，目前有很多流行的基于 MVC 模式的 PHP 框架，可以提高开发速度，例如，国外的有 Zend Framework、Laravel、Yii、Symfony、CodeIgniter 等；国内也有比较流行的框架，如 ThinkPHP。

1.1.3　常用编辑工具

工欲善其事，必先利其器，一个好的编辑器或开发工具，能够极大提高程序开发效率。在 PHP

中，常用的编辑工具有 Notepad++、NetBeans 和 Zend Studio，接下来将分别介绍它们的特点。

1. Notepad++

Notepad++是一款在 Windows 环境下免费开源的代码编辑器，支持的语言包括 C/C++、Java、C#、XML、HTML、PHP、JavaScript 等。

2. NetBeans

NetBeans 是由 Sun 公司（2009 年被甲骨文公司收购）建立的开放源代码的软件开发工具，可以在 Windows、Linux、Solaris 和 macOS 平台上进行开发，是一个可扩展的开发平台。NetBeans 开发环境可供程序员编写、编译、调试和部署程序，还可以通过插件扩展更多功能。

3. Zend Studio

Zend Studio 是 Zend 公司开发的 PHP 语言集成开发环境，它包括了 PHP 所有必需的开发组件。Zend Studio 通过一整套编辑、调试、分析、优化和数据库工具，加速开发周期，并简化复杂的应用方案。

在上述 3 种编辑工具中，Notepad++的特点是小巧，占用资源较少，非常适合初学者使用。Notepad++的软件界面如图 1-1 所示。

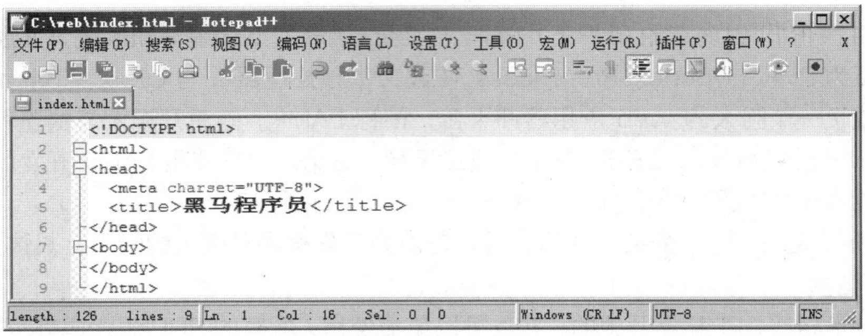

图1-1　Notepad++编辑器

而 NetBeans 和 Zend Studio 虽然功能强大，但占用较多资源，使用较为复杂，适合专业的开发人员使用。推荐读者在初学阶段使用 Notepad++，有一定基础后再使用较复杂的开发工具。

1.2　PHP 开发环境搭建

在使用 PHP 语言开发程序之前，首先要在系统中搭建开发环境。在通常情况下，开发人员使用的都是 Windows 平台，在 Windows 平台上搭建 PHP 环境需要安装 Apache 服务器和 PHP 软件。安装方式有集成安装和自定义安装两种，采用集成安装的方式非常简单，但不利于学习，所以本节将以自定义安装为例，讲解如何搭建 PHP 开发环境。

1.2.1　Apache 的安装

Apache HTTP Server（简称 Apache）是 Apache 软件基金会发布的一款 Web 服务器软件，由于其开源、跨平台和安全性的特点被广泛应用。目前 Apache 有 2.2 和 2.4 两个版本，本书以 Apache 2.4 版本为例，讲解 Apache 软件的安装步骤。

1. 获取 Apache

在 Apache 官方网站上提供了软件源代码的下载，但是没有提供编译后的软件下载。可以从 Apache 公布的其他网站中获取编译后的软件。以 Apache Lounge 网站为例，该网站提供了 VC11、VC14 等版本的软件下载，如图 1-2 所示。

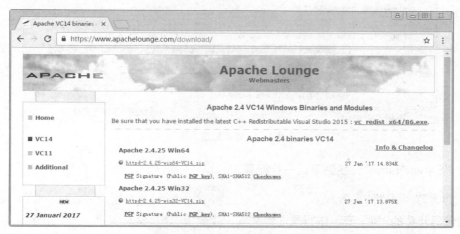

图1-2　从Apache Lounge获取软件

在网站中找到"httpd-2.4.25-win32-VC14.zip"版本进行下载即可。由于版本仍然在更新，通常读者选择 2.4.x 的更新版本并不会影响到学习。VC14 是指该软件使用 Microsoft Visual C++ 2015 运行库进行编译，在安装 Apache 前需要先在 Windows 系统中安装此运行库。目前最新版本的 Apache 已经不支持 XP 系统，XP 用户可以选择 VC9 编译的旧版本 Apache 使用。

2. 解压文件

首先创建"C:\web\apache2.4"作为 Apache 的安装目录，然后打开"httpd-2.4.25-win32-VC14.zip"压缩包，将里面的"Apache24"目录中的文件解压到安装目录下，如图 1-3 所示。

在图 1-3 中，conf 和 htdocs 是需要重点关注的两个目录，当 Apache 服务器启动后，通过浏览器访问本机时，就会看到 htdocs 目录中的网页文档。conf 目录是 Apache 服务器的配置目录，保存了主配置文件 httpd.conf 和 extra 目录下的若干个辅配置文件。默认情况下，辅配置文件是不开启的。

图1-3　Apache安装目录

3. 配置 Apache

（1）配置安装路径

将 Apache 解压后，需要配置安装路径才可以使用。使用 Notepad++编辑器打开 Apache 的配置文件"conf\httpd.conf"，执行文本替换，将原来的"c:/Apache24"全部替换为"c:/web/apache2.4"，如图 1-4 所示。

（2）配置服务器域名

在安装步骤中，服务器域名的配置并不是必须的，但若没有配置域名，在安装 Apache 服务时会出现提醒。下面介绍如何进行服务器域名的配置。

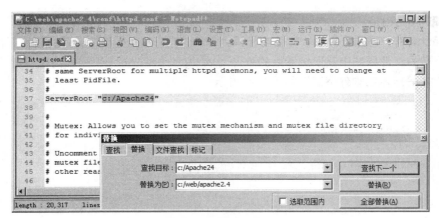

图1-4　修改配置文件

搜索"ServerName",找到下面一行配置。

```
#ServerName www.example.com:80
```

上述代码开头的"#"表示该行是注释文本,应删去"#"使其生效,如下所示。

```
ServerName www.example.com:80
```

上述配置中,"www.example.com"是一个示例域名,若不需要指定域名,也可以更改为本机地址,如"127.0.0.1"或"localhost"。

4. 安装 Apache

Apache 的安装是指将 Apache 安装为 Windows 系统的服务项,可以通过 Apache 的服务程序"bin\httpd.exe"来进行安装,具体步骤如下。

STEP 1 执行【开始】菜单→【所有程序】→【附件】,找到【命令提示符】并单击鼠标右键,在弹出的快捷菜单中选择【以管理员身份运行】方式,启动命令行窗口。

STEP 2 在命令模式中切换到 Apache 安装目录下的 bin 目录。

```
cd C:\web\apache2.4\bin
```

STEP 3 输入以下命令开始安装。

```
httpd.exe -k install
```

上述步骤执行后,安装成功的效果如图 1-5 所示。

```
管理员: 命令提示符
Microsoft Windows [版本 6.1.7601]
版权所有 (c) 2009 Microsoft Corporation。保留所有权利。

C:\Windows\system32>cd C:\web\apache2.4\bin

C:\web\apache2.4\bin>httpd.exe -k install
Installing the 'Apache2.4' service
The 'Apache2.4' service is successfully installed.
Testing httpd.conf....
Errors reported here must be corrected before the service can be started.

C:\web\apache2.4\bin>
```

图1-5　通过命令行安装Apache服务

从图 1-5 可以看出，Apache 安装的服务名称为"Apache2.4"，该名称在系统服务中不能重复，否则会安装失败。另外，如需卸载 Apache 服务，可以使用"httpd.exe –k uninstall"命令进行卸载。

5. 启动 Apache 服务

Apache 服务安装后，就可以作为 Windows 的服务项进行启动或关闭了。有两种方式可以管理 Apache 服务，接下来依次进行介绍。

（1）通过命令行启动 Apache 服务

在以管理员身份运行的命令行中，执行如下命令可进行管理。

```
net start Apache2.4          # 启动"Apache2.4"服务
net stop Apache2.4           # 停止"Apache2.4"服务
```

Apache 服务启动成功后，效果如图 1-6 所示。

（2）通过 Apache Service Monitor 启动 Apache 服务

Apache 提供了服务监视工具"Apache Service Monitor"用于管理 Apache 服务，程序位于"bin\ApacheMonitor.exe"。打开程序后，在 Windows 系统任务栏右下角会出现 Apache 的小图标管理工具，在图标上单击鼠标左键可以弹出控制菜单，如图 1-7 所示。

图1-6 命令方式启动Apache服务

图1-7 启动Apache服务

在图 1-7 所示的菜单中，单击【Start】即可启动 Apache 服务，当小图标由红色变为绿色时，表示启动成功。

6. 访问测试

通过浏览器访问本机站点"http://localhost"，如果看到图 1-8 所示的画面，说明 Apache 正常运行。

图 1-8 所示的"It works !"是 Apache 默认站点下的首页，即"htdocs\index.html"这个网页的显示结果。大家也可以将其他网页放到"htdocs"目录下，然后通过"http://localhost/网页文件名"进行访问。

图1-8 在浏览器中访问localhost

 脚下留心

在安装完 Apache 后，可能会出现服务启动不了的情况，这时需要查看一下端口号的占用情况。Apache 默认监听 80 端口，如果该端口被其他程序占用，则 Apache 无法启动。

在命令行中通过 netstat -ano 命令可以查看端口号占用情况，如图 1-9 所示。

从图 1-9 中可以看出，PID 为 1968 的进程正在监听本地地址的 80 端口，为了获知该进程是哪一个程序，执行 tasklist | findstr "1968" 命令，如图 1-10 所示。

图1-9　查看端口占用情况

图1-10　查看进程ID对应的程序名称

可以看到当前是 httpd.exe 占用了 80 端口，说明 Apache 服务正在工作。如果是其他程序占用了 80 端口，在任务管理器中找到这个程序，将其停止即可。

 多学一招：安装多个 Apache 服务

Apache 支持安装多个服务同时工作，确保每个服务名称和监听端口不冲突即可。以前面安装的环境为例，重新解压 Apache 文件到 "C:\Apache24" 目录中，然后查找 "Listen 80" 修改监听的端口号，如改为 8080 端口。修改完成后，通过如下命令安装并启动新的 Apache 服务。

```
cd C:\Apache24\bin
httpd.exe -k install -n Apache2
net start Apache2
```

上述命令中，"-n Apache2"表示安装的服务名为"Apache2"，通过更改服务名可以避免和已经安装的"Apache2.4"冲突。在测试时，通过浏览器分别访问"http://localhost"和"http://localhost:8080"，如果都能打开，说明同一环境下配置多个 Apache 成功。

另外，如需卸载"Apache2"服务，可以使用"httpd.exe -k uninstall -n Apache2"命令。

1.2.2　PHP 的安装

安装 Apache 之后，开始安装 PHP 模块，它是开发和运行 PHP 脚本的核心。在 Windows 系统中，PHP 有两种安装方式：一种方式是使用 CGI 应用程序，另一种方式是作为 Apache 模块使用。其中，第二种方式较为常见。接下来，讲解 PHP 作为 Apache 模块的安装方式。

1. 获取 PHP

PHP 的官方网站提供了 PHP 最新版本的下载，如图 1-11 所示。

从图 1-11 中可以看出，PHP 目前正在发布 5.6、7.0、7.1 三种版本。本书选择当前最新的 7.1 版本进行讲解，并将版本 5.4 到 7.1 之间的一些语法差异进行补充说明，以确保代码的兼容性。

在下载页面，PHP 提供了 Thread Safe（线程安全）和 Non Thread Safe（非线程安全）两种选择，在与 Apache 搭配时，应选择"Thread Safe"版本。

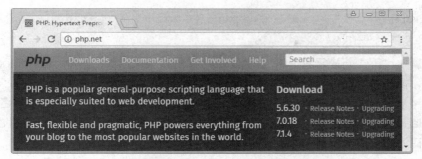

图1-11　PHP官方网站

2. 解压文件

将从 PHP 网站下载到的"php-7.1.4-Win32-VC14-x86.zip"压缩包解压，保存到"C:\
web\php7.1"目录中，如图 1-12 所示。

图1-12　PHP安装目录

图 1-12 所示是 PHP 的目录结构，其中"ext"是 PHP 扩展文件所在的目录，"php.exe"
是 PHP 的命令行应用程序，"php7apache2_4.dll"是用于 Apache 的 DLL 动态链接模块。
"php.ini-development"是 PHP 预设的配置模板，适用于开发环境。"php.ini-production"也
是配置模板，适合网站上线时使用。

3. 创建 php.ini 配置文件

PHP 提供了开发环境和上线环境的配置模板，在 PHP 的学习阶段，推荐选择开发环境的配
置模板。在 PHP 安装目录下复制一份"php.ini-development"文件，并命名为"php.ini"，将
该文件作为 PHP 的配置文件。

4. 在 Apache 中引入 PHP 模块

打开 Apache 配置文件"C:\web\apache2.4\conf\httpd.conf"，引入 PHP 为 Apache 提供的
DLL 模块，具体代码如下所示。

```
LoadModule php7_module "C:/web/php7.1/php7apache2_4.dll"
<FilesMatch "\.php$">
    setHandler application/x-httpd-php
```

```
</FilesMatch>
PHPIniDir "C:/web/php7.1"
```

上述配置中，第 1 行表示将 PHP 作为 Apache 的模块来加载，其中，LoadModule 是加载模块的指令，模块名为 php7_module，模块文件路径指向了 PHP 目录下的 php7apache2_4.dll 文件；第 2~4 行用于添加对 PHP 文件的解析，利用正则表达式匹配 ".php" 扩展名的文件，然后通过 setHandler 提交给 PHP 处理；第 5 行的 PHPIniDir 用于指定 "php.ini" 文件的保存目录。

配置代码添加后如图 1-13 所示。

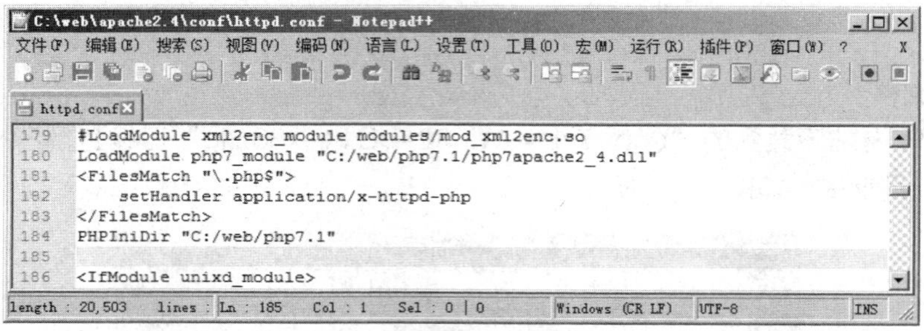

图1-13　在Apache中引入PHP模块

接下来配置 Apache 的索引页。索引页是指当访问一个目录时，自动打开哪个文件作为索引。例如，访问 "http://localhost" 实际上访问到的是 "http://localhost/index.html"，这是因为 "index.html" 是默认索引页，所以可以省略索引页的文件名。

在配置文件中搜索 "DirectoryIndex"，找到以下代码。

```
<IfModule dir_module>
    DirectoryIndex index.html
</IfModule>
```

上述代码第 2 行的 "index.html" 即默认索引页，下面将 "index.php" 也添加为默认索引页。

```
<IfModule dir_module>
    DirectoryIndex index.html index.php
</IfModule>
```

上述配置表示在访问目录时，首先检测是否存在 "index.html"，如果有，则显示，否则就继续检查是否存在 "index.php"。如果一个目录下不存在索引页文件，在目录浏览功能开启的情况下，Apache 会自动显示该目录下的文件列表。

5. 重新启动 Apache 服务

修改 Apache 配置文件后，需要重新启动 Apache 服务，才能使配置生效。通过命令行方式或 Apache Service Monltor 重启服务即可。

以上步骤已经将 PHP 作为 Apache 的一个扩展模块，并随 Apache 服务器一起启动。如果想检查 PHP 是否安装成功，可以在 Apache 的 Web 站点目录 "htdocs" 下，使用 Notepad++ 创建一个名为 "test.php" 的文件，并在文件中写入下面的内容。

```
<?php
    phpinfo();
?>
```

上述代码用于将 PHP 的配置信息输出到网页中。将代码编写完成后保存文件，如图 1-14
所示。

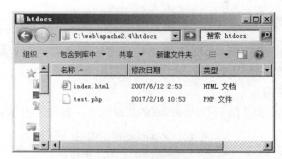

图1-14　保存test.php

然后使用浏览器访问地址"http://localhost/test.php"，如果看到图 1-15 所示的 PHP 配置
信息，说明上述配置成功。否则，需要检查上述配置操作是否有误。

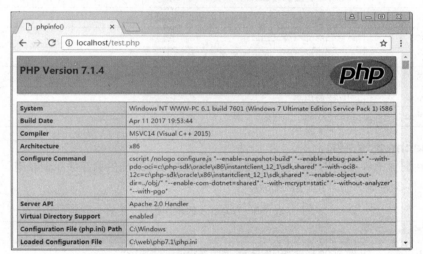

图1-15　显示PHP配置信息

 多学一招：使用 PHP 内置的 Web 服务器

PHP 从 5.4 版本开始内置了一个简单的 Web 服务器，主要用于方便本地测试，但在功能和
效率上不如 Apache 等成熟的 Web 服务器。

若要开启 PHP 内置服务器，可以使用如下命令。

```
cd C:\web\php7.1
php.exe -S localhost:8081 -t "C:\web\apache2.4\htdocs"
```

上述命令中，"localhost:8081"用于指定网络地址和监听端口，"C:\web\apache2.4\htdocs"
用于指定网站的根目录，此处读者也可以设置成其他的端口号或网站目录。上述命令执行后，
Web 服务器就已经启动了，直到按〈Ctrl + C〉组合键停止程序。

通过浏览器访问"http://localhost:8081/test.php"可以进行测试。在 test.php 显示的 phpinfo

表格中，Server API 在搭配 Apache 环境时显示为"Apache 2.0 Handler"，使用内置服务器时显示为"Built-in HTTP server"，由此可以区分当前使用的环境。

1.2.3　Web 服务器配置

在前面已经详细讲解了 Apache 和 PHP 的安装方法，除了安装步骤本身之外，服务器的配置也是十分重要的。本节将对 Web 服务器的一些常见配置进行讲解。

1. Apache 目录结构

在配置 Apache 之前，先了解一下 Apache 的目录结构。各目录的作用及说明如表 1-2 所示。

表 1-2　Apache 目录说明

目录名	说明
bin	Apache 可执行文件目录，如 httpd.exe、ApacheMonitor.exe 等
cgi-bin	CGI 网页程序目录
conf	Apache 配置文件目录
error	错误页面目录，存放各类错误页面的预设模板
htdocs	默认站点的网页文档目录
icons	Apache 预设的一些小图标存放目录
logs	日志文件目录，主要包括访问日志 access.log 和错误日志 error.log
manual	帮助手册目录
modules	Apache 动态加载模块目录

2. Apache 配置文件

Apache 配置文件中的指令非常多，在 Apache 官方网站提供的在线手册中有详细的介绍。下面通过表 1-3 列举一些常用的配置指令。

表 1-3　Apache 的常用配置

配置项	说明
ServerRoot	Apache 服务器的根目录，即安装目录
Listen	服务器监听的端口号，如 80、8080
LoadModule	需要加载的模块
\<IfModule\>	如果指定模块存在，执行块中的指令
ServerAdmin	服务器管理员的邮箱地址
ServerName	服务器的域名
\<Directory\>	针对某个目录进行配置
DocumentRoot	网站根目录
ErrorLog	记录错误日志
Include	将另一个配置文件中的配置包含到当前配置中

对于上述配置，读者可根据实际需要进行修改，但要注意，每次修改配置需要重启 Apache 服务才会生效，如果修改错误，会造成 Apache 无法启动。若需要恢复默认配置，可以在"conf\original"目录中获取 Apache 提供的配置文件备份。

3.　配置虚拟主机

虚拟主机是 Apache 提供的一个功能，通过虚拟主机可以在一台服务器上部署多个网站。通常一台服务器的 IP 地址是固定的，而不同的域名可以解析到同一个 IP 地址上。因此，当用户通过不同的域名访问同一台服务器时，虚拟主机功能就可以让用户访问到不同的网站。Apache 虚拟主机的具体配置步骤如下。

（1）配置域名

由于申请真实域名比较麻烦，为了便于学习和测试，可以更改系统 hosts 文件，实现将任意域名解析到指定 IP。在操作系统中，hosts 文件用于配置域名与 IP 之间的解析关系，当请求域名在 hosts 文件中存在解析记录时，直接使用该记录；不存在时，再通过 DNS 域名解析服务器进行解析。

在 Windows 系统中以管理员身份运行 Notepad++，然后执行【文件】→【打开】命令，打开 "C:\Windows\System32\drivers\etc" 目录下的 hosts 文件，配置域名和 IP 地址的映射关系，具体如下。

```
127.0.0.1 php.test
127.0.0.1 www.php.test
127.0.0.1 www.admin.test
```

经过上述配置后，就可以在浏览器上通过域名来访问本机的 Web 服务器，这种方式只对本机有效。在配置虚拟主机前，通过任何域名访问到的都是 Apache 的默认主机。

（2）启用辅配置文件

辅配置文件是 Apache 配置文件 httpd.conf 的扩展文件，用于将一部分配置抽取出来，便于修改，但默认并没有启动。打开 httpd.conf 文件，找到如下所示的一行配置，取消 "#" 注释即可启用。

```
#Include conf/extra/httpd-vhosts.conf
```

（3）配置虚拟主机

打开 "conf/extra/httpd-vhosts.conf" 虚拟主机配置文件，可以看到 Apache 提供的默认配置，具体如下。

```
<VirtualHost *:80>
    ServerAdmin webmaster@dummy-host.example.com
    DocumentRoot "c:/Apache24/docs/dummy-host.example.com"
    ServerName dummy-host.example.com
    ServerAlias www.dummy-host.example.com
    ErrorLog "logs/dummy-host.example.com-error_log"
    CustomLog "logs/dummy-host.example.com-access_log" common
</VirtualHost>
```

上述配置中，第 1 行的 "*:80" 表示该主机通过 80 端口访问；ServerAdmin 是管理员邮箱地址；DocumentRoot 是该虚拟主机的文档目录；ServerName 是虚拟主机的域名；ServerAlias 用于配置多个域名别名（用空格分隔），支持形如 "*.example.com" 的泛解析二级域名；ErrorLog 是错误日志；CustomLog 是访问日志，其后的 common 表示日志格式为通用格式。

接下来，为 Apache 提供的默认配置添加 "#" 注释，以此为参考对象，重新编写如下配置。

```
<VirtualHost *:80>
    DocumentRoot "c:/web/apache2.4/htdocs"
    ServerName localhost
</VirtualHost>
<VirtualHost *:80>
    DocumentRoot "c:/web/apache2.4/htdocs/test"
    ServerName www.php.test
    ServerAlias php.test
</VirtualHost>
```

上述配置实现了两个虚拟主机，分别是 localhost 和 www.php.test，并且这两个虚拟主机的站点目录指定在了不同的路径下。同时利用 ServerAlias 针对域名为 www.php.test 的网站起了一个别名，即不论用户访问的是 www.php.test 还是 php.test，访问的都是同一个网站。

接下来创建 "C:\web\apache2.4\htdocs\test" 目录，并在目录中放一个简单的网页，然后重启 Apache 服务。为了验证配置是否生效，通过浏览器访问测试，效果如图 1-16 所示。

图1-16　访问虚拟主机

4. 访问权限控制

Apache 可以控制服务器中的哪些路径允许被外部访问，在 httpd.conf 中，默认站点目录 htdocs 已经配置为允许外部访问，但如果要将其他目录也设置为允许访问时，需要手动进行配置。接下来将通过虚拟主机 www.admin.test 来介绍如何进行访问权限控制。

编辑 httpd-vhost.conf，在配置虚拟主机的同时，配置站点目录的访问权限，具体如下。

```
<VirtualHost *:80>
    DocumentRoot "c:/web/www.admin.test"
    ServerName www.admin.test
</VirtualHost>
<Directory "c:/web/www.admin.test">
    Require local
</Directory>
```

上述配置将虚拟主机的站点目录指定到 "c:/web/www.admin.test" 目录下，并通过<Directory>指令为其配置了目录访问权限。其中，"Require local" 表示只允许本地访问，若允许所有访问可设为 "Require all granted"，若拒绝所有访问可设为 "Require all denied"。

在浏览器中进行测试。当用户没有访问权限时，效果如图 1-17 所示；当用户有权限访问并且该目录下存在 index.html 时，效果如图 1-18 所示。

5. 分布式配置文件

分布式配置文件是为目录单独进行配置的文件，可以实现在不重启服务器的前提下更改某个目录的配置。接下来，编辑 httpd-vhosts.conf 文件，在 www.admin.test 目录配置中开启分布式配置文件。

图1-17　没有访问权限

图1-18　访问成功

```
<Directory "c:/web/www.admin.test">
    Require local
    AllowOverride All
</Directory>
```

当上述配置添加 AllowOverride All 之后，Apache 就会到站点下的各个目录中读取名称为".htaccess"的分布式配置文件 ，该文件中的配置将会覆盖原有的目录配置。在分布式配置文件中可以直接编写<Directory>中的大部分配置，如 Options、ErrorDocument 指令。

Apache 分布式配置文件虽然方便了网站管理员对目录的管理，但是会影响服务器的运行效率。因此，需要将其关闭时，改为 AllowOverride None 即可。

6. 目录浏览功能

当开启 Apache 目录浏览功能时，如果访问的目录中没有默认索引页（如 index.html），就会显示目录中的文件列表。下面在目录"C:\web\www.admin.test"中创建".htaccess"文件，编写如下配置。

```
Options Indexes
```

上述配置中，Options 指令用于配置目录选项，Indexes 表示启用文件列表。当配置生效后，在当前目录中准备一些文件和子目录，即可看到如图 1-19 所示的文件列表。

若要关闭目录浏览功能时，将其修改为"Options –Indexes"即可。

7. 自定义错误页面

在 Web 开发中，HTTP 状态码用于表示 Web 服务器的响应状态，由 3 位数字组成。常见的 HTTP 状态码有 403(Forbidden，拒绝访问)、404(Not Found，页面未找到)、500(Internal Server Error，服务器内部错误) 等。当遇到错误时，Apache 会使用 error 目录中的模板显示一个简单的错误页面，并支持将一个 URL 地址或站点目录下的某个文件作为自定义错误页面。

通过 ErrorDocument 指令可以配置每种错误码对应的页面，示例配置如下。

```
ErrorDocument 403 /403.html
ErrorDocument 404 /404.html
ErrorDocument 500 /500.html
```

在<Directory>或".htaccess"中进行上述配置后，当遇到错误时，就会自动显示站点目录中相应的网页文件。以 404 错误为例，自定义错误页面（404.html）可以参考图 1-20 所示的效果。

8. 配置 PHP 扩展

在 PHP 的安装目录中，"ext"文件夹保存的是 PHP 的扩展。在安装后的默认情况下，PHP 扩展是全部关闭的，用户可以根据情况手动打开或关闭扩展。在 php.ini 中，搜索";extension="可以找到载入扩展的配置，其中";"表示该行配置是注释，只有删去";"才可以使配置生效。

常用的 PHP 扩展如下。

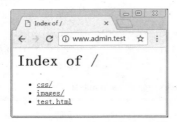

图1-19　测试目录浏览功能

图1-20　自定义错误页面

```
extension=php_curl.dll
extension=php_gd2.dll
extension=php_mbstring.dll
extension=php_mysqli.dll
extension=php_pdo_mysql.dll
```

上述配置指定了 PHP 扩展的文件名，没有指定扩展文件所在的路径。当 "extension_dir"
中已经指定扩展路径时，可以省略路径只填写文件名，否则需要填写完整的文件路径。因此，还
需要在 php.ini 中搜索文本 "extension_dir"，找到下面一行配置。

```
; extension_dir = "ext"
```

将这行配置取消 ";" 注释，并修改成 PHP 扩展的文件保存路径，具体如下。

```
extension_dir = "c:/web/php7.1/ext"
```

更改 php.ini 以后，需要重启 Apache 服务，配置才生效。
通过 phpinfo 可以查询到这些扩展的信息，如图 1-21 所示。

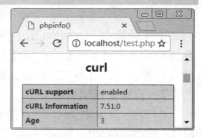

9. PHP 的常用配置

PHP 的配置文件 php.ini 中有许多复杂的配置，主要包括
PHP 的核心配置及各种扩展模块的配置。下面通过表 1-4 介
绍一些常用配置。此处读者了解即可，在后面的学习中会逐渐
用到。

图1-21　查看扩展是否开启

表 1-4　php.ini 的常用配置

配置项	说明
output_buffering	输出缓冲区的大小（字节数）
open_basedir	限制 PHP 脚本只能访问指定路径的文件，默认无限制
disable_functions	禁止 PHP 脚本使用哪些函数
max_execution_time	限制 PHP 脚本最长时间限制（秒数）
memory_limit	限制 PHP 脚本最大内存使用限制（如 128M）
display_errors	是否输出错误信息
log_errors	是否开启错误日志
error_log	错误日志保存路径

续表

配置项	说明
post_max_size	限制 PHP 接收来自客户端 POST 方式提交的最大数据量
default_mimetype	输出时使用的默认 MIME 类型
default_charset	输出时使用的默认字符集
file_uploads	是否接收来自客户端的文件上传
upload_tmp_dir	接收客户端上传文件时的临时保存目录
upload_max_filesize	限制来自客户端上传文件的最大数据量
allow_url_fopen	限制 PHP 脚本是否可以打开远程文件
date.timezone	时区配置（如 UTC、PRC、Asia/Shanghai）

动手实践：PHP 编程快速体验

经过前面的学习，终于将 PHP 开发环境搭建完成了。那么 PHP 到底应该如何使用呢？对于一个刚接触 PHP 的新手来说，如何用 PHP 编写一些简单、实用的程序呢？带着这些迫切的需求，接下来通过本章的动手实践，快速走进 PHP 的编程世界。

【功能分析】

PHP 是一种嵌入脚本语言，它可以嵌入 HTML 中，在服务器端生成动态网页。通常开发者只要写好 HTML 模板，在数据变化的位置嵌入 PHP 代码，就能实现动态网页。为了体会 PHP 的实际用途，下面将编写代码实现如下功能。

- 编写"Hello World"程序。
- 进行一些加、减、乘、除的数学运算。
- 将 PHP 代码嵌入到 HTML 中的任意位置。

【功能实现】

1. 编写"Hello World"程序

"Hello World"程序是指在计算机屏幕上输出"Hello World"这行字符串的程序，通常作为初学一门编程语言时的第一个程序。在站点目录下编写文件 hello.php，具体代码如下。

```php
<?php
echo 'Hello World !';
```

上述代码中，第 1 行的"<?php"是 PHP 代码的开始标记，"echo"表示向浏览器输出字符串，后面用单引号包裹的内容就是字符串，最后的分号";"是指令分隔符，表示该条语句结束，后面可编写下一条语句。

在浏览器中访问 http://localhost/hello.php，结果如图 1-22 所示。

图1-22　运行结果

2. 数学运算

PHP 支持加、减、乘、除四则运算，在编写代码时，将上述示例中的"Hello World"字符串换成表达式即可，如"220 + 230"，具体如下。

```php
<?php
echo 220 + 230;
```

上述代码执行后，会在浏览器中输出其运行结果为"450"。

接下来再编写一个复杂的数学运算"$2 \times 3 + 25 \div 5 - 4$"，代码如下。

```php
<?php
echo 2 * 3 + 25 / 5 - 4;
```

上述代码执行后，输出结果为"7"。由此可见，程序会按照先乘除后加减的规则进行运算。当需要改变运算顺序时，可以用小括号来提高优先级，代码如下。

```php
<?php
echo 2 * ( 3 + 25 ) / 5 - 4;
```

上述代码的执行结果为"7.2"。由此可以看出，PHP 中的数学运算规则符合数学中的规定。

3. PHP 代码嵌入 HTML

将 PHP 代码嵌入到 HTML 标记中时，PHP 代码使用"<?php"作为开始标记，"?>"作为结束标记，只有标记内的代码会被 PHP 执行，而标记外的内容会原样发送给客户端。示例代码如下。

```
aaa<?php echo 120 + 3; ?>bbb
<?php echo 450 + 6; ?>
ccc
```

通过浏览器进行访问，然后单击鼠标右键，选择【查看源代码】，结果如下所示。

```
aaa123bbb
456ccc
```

从上述结果可以看出，PHP 会将 echo 的输出内容嵌入到 PHP 标记所在的位置，并且当结束标记"?>"的后面是换行时，PHP 自动将下一行合并到本行的后面。

接下来编写 HTML 代码，将 PHP 代码嵌入其中，具体如下。

```
1   <!DOCTYPE html>
2   <html>
3     <head>
4       <meta charset="UTF-8">
5       <title><?php echo '这是标题'; ?></title>
6       <style>
7         body { background-color: <?php echo 'black'; ?>; }
8       </style>
9       <script>
10        alert(<?php echo 10 + 20; ?>);
11      </script>
```

```
12    </head>
13    <body>
14      <font color="<?php echo 'white'; ?>">
15        <?php echo '<strong>黑马</strong>'; ?>程序员
16      </font>
17    </body>
18  </html>
```

通过以上示例可以看出，PHP 代码可以嵌入到 HTML 的任何位置。利用 PHP 编程，可以由程序动态地生成网页，以实现网站内容的动态变更。

本章小结

本章首先讲解了什么是 Web 技术及 PHP 语言，然后重点讲解了如何在 Windows 系统平台中搭建 PHP 开发环境，最后体验了 PHP 的编程。通过本章的学习，读者能够对 PHP 语言有一个概念上的认识。对于 PHP 程序的编写可以通过后面章节的学习逐渐掌握。

课后练习

一、填空题

1. 在 Apache 的 bin 目录下，可用于查看 Apache 版本的命令是＿＿＿＿。
2. Apache 主配置文件的文件名是＿＿＿＿。
3. Apache 配置加载模块使用的指令是＿＿＿＿。

二、判断题

1. PHP 是一种运行于浏览器端的编程语言。（　　）
2. Apache 默认站点的目录是 www。（　　）
3. Apache 默认监听的端口号是 8080。（　　）

三、选择题

1. 下列选项中，（　　）不属于 URL 地址所包含的信息。
   A. 主机名　　　　　　B. 端口号　　　　　　C. 网络协议　　　　　　D. 状态码
2. 当访问一个网站时，如果出现 "404 Not Found" 的提示，说明（　　）。
   A. 域名无法解析　　　　　　　　　　　　B. 找不到服务器
   C. 请求资源不存在　　　　　　　　　　　D. 请求资源禁止访问

四、简答题

1. 请简述 Apache 和 PHP 的工作流程。
2. 请简述什么是虚拟主机。

2 Chapter

第 2 章
PHP 基本语法

PHP

掌握的 PHP 基础语法是学好 PHP 的第一步，只有完全掌握了 PHP 的基础知识，才能游刃有余地学习后续的内容，为实际开发奠定夯实的基础。接下来，本章将针对 PHP 的语法风格、变量的定义、数据类型的分类等基础语法进行详细讲解。

学习目标
● 熟悉 PHP 的语法风格。
● 掌握数据与运算的基本操作方法。
● 掌握流程控制语句的运用方法。
● 理解各文件包含语句的区别。

2.1　基本语法

2.1.1　标记与注释

1. 标记

由于 PHP 是嵌入式脚本语言，它在实际开发中经常会与 HTML 内容混编在一起，所以为了区分 HTML 与 PHP 代码，需要使用标记对 PHP 代码进行标识。如下面的代码所示。

```
<html>
    <body>
        <p>Hello HTML </p>
        <p><?php echo 'Hello, PHP'; ?></p>
    </body>
</html>
```

上述示例中，"<?php echo 'Hello, PHP'; ?>"是一段嵌入在 HTML 中的 PHP 代码。其中，"<?php"和"?>"是 PHP 标记中的一种，专门用来包含 PHP 代码，echo 用于输出一个或多个字符串。另外，结束标记前的最后一条语句可以省略分号。

对于 PHP 7 之前的版本，支持 4 种标记，如表 2-1 所示。而在 PHP 7 中，仅支持标准标记（<?php ?>）和短标记（<? ?>）。

表 2-1　PHP 开始和结束标记

标记类型	开始标记	结束标记
标准标记	<?php	?>
短标记	<?	?>
ASP 式标记	<%	%>
Script 标记	<script language="php">	</script>

为了让读者更好的理解，接下来将对表中 4 种标记的使用进行详细介绍。

（1）标准标记

标准标记格式以"<?php"开始，以"?>"结束，具体示例如下。

```
<?php echo 'Hello, PHP'; ?>
```

标准标记是最常用的标记类型，服务器不能禁用这种风格的标记。它可以达到更好的兼容性、可移植性和可复用性，所以 PHP 推荐使用这种标记，本书中的代码均采用此种标记风格。

此外，当文件内容是纯 PHP 代码时，可省略结束标记，且开始标记最好顶格书写，防止输出结果中出现不必要的空白字符。

（2）短标记

短标记格式是以"<?"开始，以"?>"结束。在使用时，需要将 php.ini 中的 short_open_tag 选项设置为 On，开启短标记功能后才可使用。具体示例如下。

```
<? echo 'Hello, PHP'; ?>
```

（3）ASP 标记

ASP 标记格式是以"<%"开始，以"%>"结束，具体示例如下。

```
<% echo 'Hello, PHP'; %>
```

ASP 式标记在使用时与短标记有类似之处，必须在 php.ini 中启用 asp_tags 选项。另外，这种标记在许多环境的默认设置中是不支持的，因此在 PHP 中不推荐使用这种标记。

（4）Script 标记

Script 标记格式是以"<script language="php">"开始，以"</script>"结束，具体示例如下。

```
<script language="php"> echo 'Hello, PHP'; </script>
```

Script 标记类似于 JavaScript 语言的标记。由于 PHP 不推荐使用这种标记，只需了解即可。

 注 意

　　若脚本中含有 XML 语句，应避免使用短标记（<? ?>），要选择标准标记（<?php ?>）。因为"<?"是 XML 解析器的一个处理指令，如果脚本中包含 XML 语句并且使用短标记格式，PHP 解析器可能会混淆 XML 处理指令和 PHP 开始标记。

2. 注释

在 PHP 开发中，为了便于大家对代码的阅读和维护，可以使用注释进行解释和说明。它在程序解析时会被 PHP 解析器忽略。PHP 支持的注释风格有 3 种，具体使用如下所示。

（1）C++风格的单行注释"//"

```
<?php
    echo 'Hello, PHP';    // 输出一句话
?>
```

上述示例中，"//"后的内容"输出一句话"是一个单行注释，以"//"开始，到该行结束或 PHP 标记结束之前的内容都是注释。

（2）C 风格的多行注释"/*……*/"

```
<?php
    /*
    echo 'Hello, PHP';
    echo 100 + 200;
    */
?>
```

上述示例中"/*"和"*/"之间的内容为多行注释，多行注释以"/*"开始，以"*/"结束。同时，多行注释中可以嵌套单行注释，但不能再嵌套多行注释。

（3）Shell 风格的注释"#"

```
<?php
    echo 'Hello, PHP';    # 输出一句话
?>
```

上述示例中的 "#" 是一个 Shell 风格的单行注释。由于 "//" 注释在 PHP 开发中更加流行，因此推荐大家使用 "//" 注释，而 "#" 注释了解即可。

2.1.2　输出语句

输出语句的使用很简单，它不仅可以输出各种类型的数据，还可以在学习和开发中进行简单的调试。PHP 提供了一系列的输出语句，其中常用的有 echo、print、var_dump() 和 print_r()。下面将对这几种常用的输出语句进行详细的介绍。

（1）echo

echo 可将紧跟其后的一个或多个字符串、表达式、变量和常量的值输出到页面中，多个数据之间使用逗号 "," 分隔。使用示例如下。

```php
echo 'true';                    // 方式1，输出结果：true
echo 'result=', 4 + 3 * 3;      // 方式2，输出结果：result=13
```

（2）print

print 与 echo 的用法相同，唯一的区别是 print 只能输出一个值。具体示例如下。

```php
print 'best';                   // 输出结果：best
```

（3）print_r()

print_r() 是 PHP 的内置函数，它可以输出任意类型的数据，如字符串、数组等，示例如下。

```php
print_r('hello');               // 输出结果：hello
```

（4）var_dump()

var_dump() 不仅可以打印一个或多个任意类型的数据，还可以获取数据的类型和元素个数。示例如下。

```php
var_dump(2);                    // 输出结果：int(2)
var_dump('PHP', 'C');           // 输出结果：string(3) "PHP" string(1) "C"
```

此处只需了解这些输出语句的使用方式即可，上述提到的各类专业名词，如字符串、表达式、变量、函数、数组等概念，会在后续的章节中进行详细讲解。

2.1.3　PHP 标识符

在 PHP 程序开发中，经常需要自定义一些符号来标记一些名称，如变量名、函数名、类名等，这些符号被称为标识符。而标识符的定义需要遵循一定的规则，具体如下。

① 标识符只能由字母、数字、下划线组成，且不能包含空格。

② 标识符只能以字母或下划线开头的任意长度的字符组成。

③ 标识符用作变量名时，区分大小写。

④ 如果标识符由多个单词组成，那么应使用下划线进行分隔（例如 user_name）。

按照 PHP 对标识符定义的规则，标识符 it、It、it88、_it 是合法的，而 8it 和 i-t 则是非法的标识符。

2.1.4　PHP 关键字

关键字是编程语言里事先定义好并赋予特殊含义的单词，也称作保留字。和其他语言一样，

PHP 中保留了许多关键字，例如 class、public 等，下面列举的是 PHP 7 中所有的关键字。

__halt_compiler()	abstract	and	array()	as
break	●callable	case	catch	class
clone	const	continue	declare	default
die()	do	echo	else	elseif
empty()	enddeclare	endfor	endforeach	endif
endswitch	endwhile	eval()	exit()	extends
final	▲finally	for	foreach	function
global	★goto	if	implements	include
include_once	instanceof	●insteadof	interface	isset()
list()	★namespace	new	or	print
private	protected	public	require	require_once
return	static	switch	throw	●trait
try	unset()	use	var	while
xor	▲yield	__CLASS__	★__DIR__	__FILE__
__FUNCTION__	__LINE__	__METHOD__	★__NAMESPACE__	●__TRAIT__

上述列举的关键字中，每个关键字都有特殊的作用。例如，class 关键字用于定义一个类，const 关键字用于定义常量，function 关键字用于定义一个函数。在本书后面的章节中将陆续对这些关键字进行讲解，这里只需了解即可。

注意

关键字中的特殊标识，★表示从 PHP 5.3 开始，●表示从 PHP 5.4 开始，▲表示从 PHP 5.5 开始。

2.2 数据与运算

关于数据的操作、类型的转换以及运算时需要遵循的规则等，这些都是作为一名编程语言的初学者必须掌握的内容。本节将对 PHP 中的数据与运算进行详细讲解。

2.2.1 常量

1. 常量的定义和使用

常量就是在脚本运行过程中值始终不变的量。它的特点是一旦被定义就不能被修改或重新定义。例如，数学中的圆周率 π 就是一个常量，其值就是固定且不能被改变的。

PHP 中常量的命名遵循标识符的命名规则，默认大小写敏感，习惯上常量名称总是使用大写字母表示。PHP 提供了两种定义常量的方式，具体如下所示。

（1）define()函数

为了便于大家熟悉 define()函数的详细用法，首先看下面的使用示例。

```
define('PAI', '3.14');
define('R', '5', true);
echo '圆周率=', PAI;                    // 输出结果：圆周率=3.14
echo '半径=', R;                        // 输出结果：半径=5
echo '半径=', r;                        // 输出结果：半径=5
```

在上述示例中，define()函数的第 1 个参数表示常量的名称；第 2 个参数表示常量值；第 3 个参数是可选的，用于指定常量名是否对大小写敏感，可设为 true 或 false，省略时默认值为 false。当设为 true 时，常量名对大小写不敏感，如上述示例中的 R 和 r 表示同一个常量。当设为 false 时，常量名对大小写敏感，PAI 和 pai 表示两个不同的常量。

（2）const 关键字

const 关键字在定义常量时，只需在其后跟上一个常量名称，并使用"="进行赋值即可，具体示例如下所示。

```
const R = 6;
const P = 2 * R;
echo 'P=', P; // 输出结果：P=12
```

需要注意的是，在 PHP 7 中可以利用表达式对常量进行赋值。例如，在上述示例中，常量 P 的值就是表达式"2 * R"的结果。

2. 预定义常量

在 PHP 中，除了可自定义常量外，还提供了很多预定义常量。这些常量专门用于获取 PHP 中的信息，并且不允许开发人员随意修改。常见的预定义常量如表 2-2 所示。

表 2-2　PHP 中常用预定义常量及作用

常量名	功能描述
__FILE__	PHP 程序文件名
__LINE__	PHP 程序中的当前行号
PHP_VERSION	PHP 程序的版本，如"7.1.4"
PHP_OS	执行 PHP 解析器的操作系统名称，如"WINNT"
TRUE	该常量是一个真值（true）
FALSE	该常量是一个假值（false）
NULL	该常量是一个空值（null）
E_ERROR	该常量表示错误级别为致命错误
E_WARNING	该常量表示错误级别为警告
E_PARSE	该常量表示错误级别为语法解析错误
E_NOTICE	该常量表示错误级别为通知提醒

需要注意的是，预定义常量__FILE__和__LINE__的书写，"__"是两条下划线，而不是一条"_"。

为了帮助大家更好地理解预定义常用的作用，接下来通过一个案例来演示 PHP 中预定义常量的使用方法，具体如例 2-1 所示。

【例 2-1】const.php

```
1   <?php
2   // 使用__FILE__常量获取当前文件路径
```

```
3    echo '当前文件路径为：', __FILE__;
4    echo '<br>';
5    // 使用 PHP_VERSION 常量获取当前 PHP 版本
6    echo '当前 PHP 版本信息为：', PHP_VERSION;
7    echo '<br>';
8    // 使用 PHP_OS 常量获取当前操作系统
9    echo '当前操作系统为：', PHP_OS;
```

运行结果如图 2-1 所示。从图中可以看出，使用预定义常量可以很方便地获取到了当前文件的路径、PHP 版本以及当前操作系统等信息。

图2-1　预定义常量

2.2.2　变量

变量就是保存可变数据的容器。在 PHP 中，变量是由$符号和变量名组成的，其中变量名的命名规则与标识符相同。如$number、$_it 为合法的变量名，而$123、$*math 为非法变量名。

1. 变量的赋值

由于 PHP 是一种弱语言，变量不需要事先声明就可以直接进行赋值使用。为此，PHP 提供了两种变量赋值方式，一种是默认的传值赋值，另一种是引用赋值。具体示例如下。

（1）传值赋值

变量默认总是传值赋值，将"="右边的数据赋值给左边的变量。如例 2-2 所示。

【例 2-2】assign.php

```
1    <?php
2    $number = 10;              // 定义变量$number，并且赋值为 10
3    $result = $number;         // 定义变量$result，并将$number 的值赋给$result
4    $number = 100;             // 将$number 的值修改为 100
5    echo '$number=', $number;
6    echo '<br>';
7    echo '$result=', $result;
```

上述第 2~4 行代码都是对变量的传值赋值，当变量 $number 的值修改为 100 时，$result 的值依然是 10。运行结果如图 2-2 所示。

（2）引用赋值

所谓引用赋值就是在要赋值的变量前添加"&"符号。例如，将例 2-2 的第 3 行代码修改成如下形式。

图2-2　传值赋值

```
     $result = &$number;
```

将上述示例修改完成后，在浏览器中预览效果，如图 2-3 所示。对比运行结果，可以清晰地看出，当变量$number 的值修改为 100 时，$result 的值也随之变为 100。这是由于引用赋值的方式相当于给变量起一个别名，当一个变量的值发生改变时，另一个变量也随之变化。

2. 可变变量

在 PHP 中，为了方便在开发时动态地改变一个变量的名称，提供了一种特殊的变量用法，可变变量。通过可变变量，可以将另外一个变量的值作为该变量的名称。如例 2-3 所示。

【例 2-3】var.php

```
1   <?php
2   $a = 'say';
3   $say = 'Hello';
4   $Hello = 'Lucy';
5   echo $a, ' ', $$a, ' ', $$$a;
```

从上述代码可知，可变变量的实现很简单，只需在一个变量前多加一个美元符号"$"即可。运行结果如图 2-4 所示。需要注意的是，若变量$a 的值是数字，则可变变量$$a 就会出现非法变量名的情况。因此，开发时可变变量的运用，请酌情考虑。

图2-3　引用赋值

图2-4　可变变量

2.2.3　表达式

在 PHP 中，任何有值的内容都可以理解为表达式，如以下代码所示。

```
$a = 1;                 // 将表达式"1"的值赋值给$a
echo $a = 1;            // 输出表达式"$a = 1"的值
echo $a + 4;            // 输出表达式"$a + 4"的值
$a = $a + 4;            // 将表达式"$a + 4"的值赋值给$a
$b = $a = 1;            // 将表达式"$a = 1"的值赋值给$b
echo 5, 6;              // 输出表达式"5"和表达式"6"的值
echo PHP_VERSION;       // 输出表达式"PHP_VERSION"的值
var_dump($b);           // 输出表达式"$b"的值
var_dump($a + $b);      // 输出表达式"$a + $b"的值
```

从上述代码可以看出，表达式是 PHP 中非常重要的基石，包括常量、变量、"$a = 1"和"$a + $b"等都可以理解为表达式。利用 PHP 的表达式可以非常灵活地进行代码编写。

2.2.4　数据类型及转换

1. 数据类型

程序开发中经常需要操作数据，而每个数据都有其对应的类型。PHP 中支持 3 种数据类型，分别为标量数据类型、复合数据类型及特殊数据类型，PHP 中所有的数据类型如图 2-5 所示。

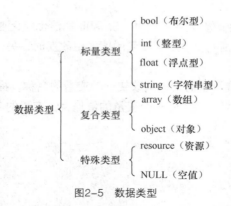

图2-5　数据类型

接下来分别介绍标量数据类型的使用，其他数据类型会在后续的章节进行讲解。

（1）布尔型

布尔型是 PHP 中较常用的数据类型之一，通常用于逻辑判断。它只有 true 和 false 两个值，表示事物的"真"和"假"，并且不区分大小写，具体示例如下。

```
$flag1 = true;        // 为变量$flag1 赋一个布尔类型的值 true
$flag2 = false;       // 为变量$flag2 赋一个布尔类型的值 false
```

（2）整型

整型可以由十进制、八进制和十六进制数指定，用来表示整数。在它前面加上"–"符号，可以表示负数。其中，八进制数使用 0~7 表示，且数字前必须加上 0；十六进制数使用 0~9 与 A~F 表示，数字前必须加上 0x，具体示例如下。

```
$oct = 012;           // 八进制数
$dec = 10;            // 十进制数
$hex = 0xa;           // 十六进制数
```

在上述代码中，八进制和十六进制表示的都是十进制数值 10。其中，若给定的数值大于系统环境的整型所能表示的最大范围时，会发生数据溢出，导致程序出现问题。例如，32 位系统的取值范围是 $-2^{31} \sim 2^{31}-1$。通过常量 PHP_INT_MAX 可获取当前环境的整型最大值。

（3）浮点型

浮点数是程序中表示小数的一种方法。在 PHP 中，通常使用标准格式和科学计数法格式表示浮点数，具体示例如下。

```
$fnum1 = 5.59;        // 标准格式
$fnum2 = -6.82;       // 标准格式
$fnum3 = 3.14E6;      // 科学计数法格式 3.14*10⁶
$fnum4 = 4.46E-3;     // 科学计数法格式 4.46*10⁻³
```

在上述格式中，不管采用哪种格式，浮点数的有效位数都是 14 位。其中，有效位数指的是从最左边第一个不为 0 的数字开始，直到末尾数字的个数，且不包括小数点。

（4）字符串型

字符串是由连续的字母、数字或字符组成的字符序列。PHP 提供了 4 种表示字符串的方式，分别为单引号、双引号、heredoc 语法结构和 nowdoc 语法结构。下面将分别进行讲解。

① 单引号和双引号。

为了让大家更加清晰地理解单引号字符串和双引号字符串的使用区别，通过例 2-4 来演示。

【例 2-4】quote.php

```
1  <?php
2  $number = 100;
3  echo '$number=', $number;
4  echo '<br>';
5  echo "$number=", $number;
```

运行结果如图 2-6 所示。从图中可知，变量$number
在双引号字符串中被解析为它的值 100，而在单引号字符串
中原样输出。

另外，在单引号和双引号字符串中要使用一些特殊符
号，则需要使用转义字符"\"对其进行转义。其中，单引
号字符串只对"'"和"\"进行转义；而双引号字符串支持
多种转义字符，如表 2-3 所示。

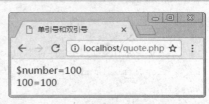

图2-6　单引号和双引号字符串

表 2-3　转义字符

序列	含义
\n	换行（ASCII 字符集中的 LF 或 0x0A (10)）
\r	回车（ASCII 字符集中的 CR 或 0x0D (13)）
\t	水平制表符（ASCII 字符集中的 HT 或 0x09 (9)）
\v	垂直制表符（ASCII 字符集中的 VT 或 0x0B (11)）
\e	Escape（ASCII 字符集中的 ESC 或 0x1B (27)）
\f	换页（ASCII 字符集中的 FF 或 0x0C (12)）
\\	反斜线
\$	美元标记
\"	双引号

在表 2-3 列举的转义字符中，Windows 系统使用"\r\n"作为换行符，Linux 系统使用"\n"
作为换行符。

除此之外，在使用字符串编程时还需了解，在双引号字符串中输出变量时，有时会出现变量
名界定不明确的问题，对于这种情况，可以使用{}来对变量进行界定，示例代码如下。

```
$str = '方向的';
echo "PHP{$str}程序员";  // 输出结果为：PHP 方向的程序员
```

② heredoc 和 nowdoc 语法结构。

heredoc 和 nowdoc 的语法结构都是以"<<<"开始，后面紧跟标识符名称，结束时所引用
的标识符名称与开始标识符名称要相同，且必须在该行的第一列，以分号结尾。其中，heredoc
和 nowdoc 结构的语法区别是开始标识符名称，前者没有引号，后者必须要使用单引号进行包裹。

为了让大家更加清楚地理解这两种字符串语法结构的使用，通过例 2-5 来演示。

【例 2-5】heredoc_nowdoc.php

```
1   <?php
2   $name = 'PHP';
3   $heredoc = <<<EOD
4   <ul>
5     <li>$name 是世界上最好的语言！</li>
6     <li>$name is the best programming language in the world !</li>
7   </ul>
8   EOD;
9   echo $heredoc;
10  $nowdoc = <<<'EOD'
11  <ul>
12    <li>$name 是世界上最好的语言！</li>
13    <li>$name is the best programming language in the world !</li>
14  </ul>
15  EOD;
16  echo $nowdoc;
```

上述第 3~8 行代码用于定义一个 heredoc 语法结构的字符串，第 10~15 行代码用于定义一个 nowdoc 语法结构的字符串，第 9 行和第 16 行代码用于字符串的输出。为了演示其区别，分别在这两种结构的字符串中插入了一个变量$name。运行结果如图 2-7 所示。

图2-7　heredoc和nowdoc

从图中的显示结果可以得出，heredoc 结构的字符串会解析其中的变量，nowdoc 结构中的变量会被原样输出，由此可见，它们的功能分别与双引号和单引号字符串类似。

2. 数据类型检测

PHP 中变量的数据类型通常不是开发人员设定的，而是根据该变量使用的上下文在运行时决定的，如下代码演示了变量的数据类型变化。

```
$a = 1;
var_dump($a);           // 输出结果: int(1)
$a = $a + 2.0;
var_dump($a);           // 输出结果: float(3)
```

为了检测表达式的值是否符合期望的数据类型，PHP 提供了一组 is_*() 的内置函数，括号里的参数为待要检测的值。如果检测的值符合检测的数据类型，则返回 true，否则返回 false。具体如表 2-4 所示。

表 2-4　检测数据类型的相关函数

函数名称	功能描述
is_bool()	检测是否属于布尔类型
is_string()	检测是否属于字符串类型
is_float()	检测是否属于浮点类型
is_int()	检测是否属于整型
is_null()	检测是否属于空值
is_array()	检测是否属于数组
is_resource()	检测是否属于资源
is_object()	检测是否属于对象类型
is_numeric()	检测是否属于数字或数字组成的字符串

接下来，为了方便大家理解这些函数的使用，通过 var_dump()函数对检测结果进行打印输出，具体示例如下所示。

```
var_dump( is_bool('1') );          // 输出结果: bool(false)
var_dump( is_string('php') );      // 输出结果: bool(true)
var_dump( is_float('23') );        // 输出结果: bool(false)
var_dump( is_int('23.0') );        // 输出结果: bool(false)
var_dump( is_numeric('45.6') );    // 输出结果: bool(true)
```

3. 数据类型转换

在 PHP 中，对两个变量进行操作时，若其数据类型不相同，则需要对其进行数据类型转换。通常情况下，数据类型转换分为自动类型转换和强制类型转换，下面对这两种数据类型转换进行详细介绍。

（1）自动类型转换

所谓自动类型转换，指的是当运算需要或与期望的结果类型不匹配时，PHP 将自动进行类型转换，无需开发人员做任何操作。在程序开发过程中，最常见的自动类型转换有 3 种，分别为转换成布尔型、转换成整型和转换成字符串型。在各个类型进行自动转换时需要注意以下几点。

● 转换成布尔类型值时，整型值 0、浮点型值 0.0、空字符串以及字符串 "0" 都会被转为 false，其他值会被转为 true。

● 布尔型转换成整型时，布尔值 true 转换成整数 1；布尔值 false 转换成整数 0。

● 浮点数转换成整数时，将向下取整。

● 字符串型转换为整型时，若字符串是以数字开始，则使用该数值，否则转换为 0。

● 布尔型转换成字符串时，布尔值 true 转换成字符串 "1"；布尔值 false 转换成空字符串。

● 整型或浮点型转换成字符串时，直接将数字转换成字符串形式。

为了让大家更好地理解 PHP 自动数据类型的转换，表 2-5 列举了一些转换的示例。

表 2-5　自动类型转换示例

转换类型	示例	输出结果
转换成布尔型	var_dump(0 == false);	bool(true)
	var_dump(3.14 == false);	bool(false)
	var_dump('abd' == false);	bool(false)
	var_dump(NULL == false);	bool(true)

续表

转换类型	示例	输出结果
转换成整型	var_dump('888php' == 888);	bool(true)
	var_dump('php888' == 888);	bool(false)
	var_dump(true + 1);	int(2)
转换成字符串型	var_dump('true is'. true);	string(8) "true is1"
	var_dump('3');	string(1) "3"
	var_dump('3.14');	string(4) "3.14"

在表 2-5 的示例中，"=="是比较运算符，用于比较其左右两个值是否相等，相等时返回 true，不相等时返回 false；"."是字符串连接符，用于连接两个字符串。关于运算符的详细内容会在后面的小节讲解，此处大家了解即可。

（2）强制类型转换

所谓强制类型转换，就是在编写程序时手动转换数据类型，在要转换的数据或变量之前加上"（目标类型）"即可。表 2-6 列举了 PHP 中强制转换的类型。

表 2-6　强制转换类型

强转类型	功能描述	强转类型	功能描述
（bool）	强转为布尔型	（float）	强转为浮点型
（string）	强转为字符串型	（array）	强转为数组
（int）	强转为整型	（object）	强转为对象

表中列举了将变量强制转为不同类型的方式。接下来，通过一个案例来演示如何进行数据类型的强制转换，如例 2-6 所示。

【例 2-6】force.php

```php
1  <?php
2  // 将浮点型强制转换成布尔型
3  var_dump( (bool)-5.9 );        // 输出结果: bool(true)
4  echo '<br>';
5  // 将字符串型强制转换成整型
6  var_dump( (int)'hello' );       // 输出结果: int(0)
7  echo '<br>';
8  // 将布尔型强制转换成浮点型
9  var_dump( (float)false );       // 输出结果: float(0)
10 echo '<br>';
11 // 将整型强制转换成字符串型
12 var_dump( (string)12 );         // 输出结果: string(2) "12"
```

上述示例中，分别将浮点型、字符串型、布尔型和整型数据强制转换成了布尔型、整型、浮点型和字符串型数据。运行结果如图 2-8 所示。由此可见，使用强制类型转换可以很方便地将变量转换为不同的类型。

图2-8　强制类型转换

2.2.5　运算符及优先级

在程序中，经常会对数据进行运算。为此，PHP 语言提供了多种类型的运算符，即专门用于告诉程序执行特定运算或逻辑操作的符号。根据运算符的作用，可以将 PHP 语言中常见的运算符分为 9 类，具体如表 2–7 所示。

表 2-7　常见的运算符类型及其作用

运算符类型	作用
算术运算符	用于处理四则运算
赋值运算符	用于将表达式的值赋给变量
比较运算符	用于表达式的比较并返回一个布尔类型的值，true 或 false
逻辑运算符	根据表达式的值返回一个布尔类型的值，true 或 false
递增或递减运算符	用于自增或自减运算
字符串运算符	用于连接字符串
位运算符	用于处理数据的位运算
错误控制运算符	用于忽略因表达式运算错误而产生的错误信息
instanceof	用于判断一个对象是否是特定类的实例

表 2–7 列举了 PHP 中常用的运算符类型，并且每种类型运算符的作用都不同。下面将对每种运算符的使用及各运算符的优先级进行详细讲解。

1.　算术运算符

算术运算符用于对数值类型的变量及常量进行算数运算。与数学中的加、减、乘、除类似，也是最简单和最常用的运算符号。PHP 中包括各种算术运算符，它们的用法及示例如表 2–8 所示。

表 2-8　算术运算符

运算符	运算	范例	结果
+	加	5+5	10
−	减	6-4	2
*	乘	3*4	12
/	除	3/2	1.5
%	取模（即算术中的求余数）	5%7	5
**	幂运算（PHP5.6 新增）	3**4	81

算术运算符的使用看似简单，也容易理解，但是在实际应用过程中还需要注意以下 3 点。

● 进行四则混合运算时，运算顺序要遵循数学中"先乘除后加减"的原则。当有浮点数参与运算时，运算结果的数据类型总是浮点型。例如，0.2+0.8 的结果是 float(1)。当整数与整数运算的结果是小数时，其数据类型也是浮点型。例如，3/4 的结果是 float(0.75)。

● 在进行取模运算时，运算结果的正负取决于被模数（% 左边的数）的符号，与模数（% 右边的数）的符号无关。例如，(−8)%7 = −1，而 8%(−7)= 1。

2.　字符串运算符

PHP 提供了用于拼接两个字符串的运算符"."，具体使用示例如下。

```
$str = 'learning';
$html = 'Welcome to ' . $str . ' PHP';
echo $html;          // 输出结果: Welcome to learning PHP
```

值得一提的是，当拼接的变量或值是布尔型、整型、浮点型或 NULL 时，会自动转换成字符串型。

3. 赋值运算符

赋值运算符用于将运算符右边的值赋给左边的变量。表 2-9 列举了 PHP 中的赋值运算符及其用法。

表 2-9　赋值运算符

运算符	运算	范例	结果
=	赋值	$a=3;$b=2;	$a=3;$b=2;
+=	加并赋值	$a=3;$b=2;$a+=$b;	$a=5;$b=2;
-=	减并赋值	$a=3;$b=2;$a-=$b;	$a=1;$b=2;
*=	乘并赋值	$a=3;$b=2;$a*=$b;	$a=6;$b=2;
/=	除并赋值	$a=3;$b=2;$a/=$b;	$a=1.5;$b=2;
%=	模并赋值	$a=3;$b=2;$a%=$b;	$a=1;$b=2;
.=	连接并赋值	$a='abc';$a.='def';	$a='abcdef';
**=	幂运算并赋值	$a=2; $a**= 5;	$a=32;

表中 "=" 是赋值运算符，而非数学意义上的相等的关系。且一条赋值语句可以对多个变量进行赋值，具体示例如下。

```
$a = $b = $c = 5;        // 为三个变量同时赋值
```

在上述代码中，一条赋值语句可以同时为变量$a、$b、$c 赋值，这是由于赋值运算符的结合性为 "从右向左"，即先将 5 赋值给变量$c，然后再把变量$c 的值赋值给变量$b，最后把变量$b 的值赋值变量$a，表达式赋值完成。

除此之外，表中除 "=" 外的其他运算符均为特殊赋值运算符。下面以 "+=" 和 ".=" 为例演示特殊运算符的使用方法，具体如下所示。

```
// 定义变量
$i = 5;
$str = 'Hi ';
// "+=" 运算符的使用
$i += 1;                // 等价于: $i = $i + 1;
// ".=" 运算符的使用
$str .= 'Tom';          // 等价于: $str = $str . 'Tom';
```

从以上可知，变量$i 先与 1 进行相加运算，然后再将运算结果赋值给变量$i，最后得到变量$i 的值为 6。变量$str 先与 "Tom" 字符串进行连接，然后将连接后得到的新字符串再赋值给变量$str，最后得到变量$str 的值为 "Hi Tom"。

4. 比较运算符

比较运算符用于对两个数值或变量进行比较，其结果是一个布尔值，即 true 或 false。表 2-10 列出 PHP 中的比较运算符及其用法。

表 2-10　比较运算符

运算符	运算	范例（$x=5）	结果
==	等于	$x == 4	false
!=	不等于	$x != 4	true
<>	不等于	$x <> 4	true
===	全等	$x === 5	true
!==	不全等	$x !=='5'	true
>	大于	$x > 5	false
>=	大于或等于	$x >= 5	true
<	小于	$x < 5	false
<=	小于或等于	$x <= 5	true

比较运算符的使用虽然很简单，但是在实际开发中还需要注意以下两点。

● 对于两个数据类型不相同的数据进行比较时，PHP 会自动将其转换成相同类型的数据后再进行比较，例如，3 与 3.14 进行比较时，首先会将 3 转换成浮点型 3.0，然后再与 3.14 进行比较。

● 运算符"==="与"!=="在进行比较时，不仅要比较数值是否相等，还要比较其数据类型是否相等。而"=="和"!="运算符在比较时，只比较其值是否相等。

5.　逻辑运算符

逻辑运算符用于对布尔型的数据进行操作，其结果仍是一个布尔型。表 2-11 列出 PHP 中的逻辑运算符及其用法。

表 2-11　逻辑运算符

运算符	运算	范例	结果
&&	与	$a && $b	$a 和$b 都为 true，结果为 true，否则为 false
||	或	$a || $b	$a 和$b 中至少有一个为 true，则结果为 true，否则为 false
!	非	! $a	若$a 为 false，结果为 true，否则相反
xor	异或	$a xor $b	$a 和$b 的值一个为 true，一个为 false 时，结果为 true，否则为 false
and	与	$a and $b	与&&相同，但优先级较低
or	或	$a or $b	与||相同，但优先级较低

在表 2-11 中，虽然"&&""||"与"and""or"的功能相同，但是前者比后者优先级别高。对于"与"操作和"或"操作，在使用时需要注意以下两点。

● 当使用"&&"连接两个表达式时，如果左边表达式的值为 false，则右边的表达式不会执行，逻辑运算结果为 false。

● 当使用"||"连接两个表达式时，如果左边表达式的值为 true，则右边的表达式不会执行，逻辑运算结果为 true。

另外，在实际开发中，逻辑运算符也可以针对结果为布尔值的表达式进行运算。例如，$x > 3 && $y != 0。

6.　递增递减运算符

递增递减运算符也称作自增自减运算符，它可以被看作是一种特定形式的复合赋值运算符。

PHP 中递增递减运算符的使用如表 2–12 所示。

表 2-12　递增递减运算符

运算符	运算	范例	结果
++	自增（前）	$a=2;$b=++$a;	$a=3;$b=3;
++	自增（后）	$a=2;$b=$a++;	$a=3;$b=2;
--	自减（前）	$a=2;$b=--$a;	$a=1;$b=1;
--	自减（后）	$a=2;$b=$a--;	$a=1;$b=2;

从表 2–12 可知，在进行自增或自减运算时，如果运算符（++或--）放在操作数的前面，则先进行自增或自减运算，再进行其他运算。反之，如果运算符放在操作数的后面，则先进行其他运算，再进行自增或自减运算。同时，在使用时需要注意以下几点。

- 递增和递减运算符只针对纯数字或字母（a~z 和 A~Z）。
- 对于值为字母的变量，只能递增，不能递减（如$x 值为 a，则++$x 结果为 b）。
- 当操作数为布尔型数据时，递增递减操作对其值不产生影响。
- 当操作数为 NULL 时，递增的结果为 1，递减不受影响。

7. 位运算符

位运算符是针对二进制数的每一位进行运算的符号，它专门针对数字 0 和 1 进行操作。PHP 中的位运算符及其范例如表 2–13 所示。

表 2-13　位运算符

运算符	名称	范例	结果
&	按位与	$a & $b	$a 和$b 每一位进行"与"操作后的结果
|	按位或	$a | $b	$a 和$b 每一位进行"或"操作后的结果
~	按位非	~ $a	$a 的每一位进行"非"操作后的结果
^	按位异或	$a ^ $b	$a 和$b 每一位进行"异或"操作后的结果
<<	左移	$a << $b	将$a 左移$b 次（每一次移动都表示"乘以 2"）
>>	右移	$a >> $b	将$a 右移$b 次（每一次移动都表示"除以 2"）

在 PHP 中，位运算符既可以对整型类型数据进行运算，还可以对字符进行位运算。在对数字进行位运算之前，程序会将所有的操作数转换成二进制数，然后再逐位运算。而在对字符进行位运算之前，首先将字符转换成对应的 ASCII 码（数字），然后对产生的数字进行上述运算，再把运算结果（数字）转换成对应的字符。如果两个字符串长度不一样，则从两个字符串起始位置处开始计算，之后多余的自动转换为空。

为了方便描述位运算是如何使用的，下面的运算使用一个字节大小的数字进行演示。

（1）"&"是将参与运算的两个二进制数进行"与"运算，如果两个二进制位都为 1，则该位的运算结果为 1，否则为 0。

例如，将 6 与 11 进行与运算，数字 6 对应的二进制数为 00000110，数字 11 对应的二进制数为 00001011，具体演算过程如下所示。

```
      00000110
&     00001011
```

```
        00000010
```

运算结果为 00000010，对应数值 2。

（2）"|"是将参与运算的两个二进制数进行"或"运算，如果二进制位上有一个值为 1，则该位的运行结果为 1，否则为 0。具体示例如下。

例如，将 6 与 11 进行或运算，具体演算过程如下。

```
        00000110
|       00001011

        00001111
```

运算结果为 00001111，对应数值 15。

（3）"~"只针对一个操作数进行操作，如果二进制位是 0 则取反值为 1；如果是 1 则取反值为 0。

例如，将 6 进行取反运算，具体演算过程如下。

```
~       00000110

        11111001
```

运算结果为 11111001，对应数值 –7。

（4）"^"将参与运算的两个二进制数进行"异或"运算，如果二进制位相同，则值为 0，否则为 1。

例如，将 6 与 11 进行异或运算，具体演算过程如下。

```
        00000110
^       00001011

        00001101
```

运算结果为 00001101，对应数值 13。

（5）"<<"就是将操作数所有二进制位向左移动一位。运算时，右边的空位补 0。左边移走的部分舍去。

例如，数字 11 用二进制表示为 00001011，将它左移一位，具体演算过程如下。

```
        00001011        <<1

        00010110
```

运算结果为 00010110，对应数值 22。

（6）">>"就是将操作数所有二进制位向右移动一位。运算时，左边的空位根据原数的符号位补 0 或者 1（原来是负数就补 1，是正数就补 0）。

例如，数字 11 用二进制表示为 00001011，将它右移一位，具体演算过程如下。

```
        00001011        >>1
```

```
        00000101
```

运算结果为 00000101，对应数值 5。

位运算在开发中的应用有很多，例如文件的权限控制。假设每个文件有读取、写入和执行 3 种权限，分别用二进制 100、010、001 表示（对应十进制 4、2、1）。若文件同时拥有这 3 种权限，则用二进制 111 表示（对应十进制 7）。实现权限验证的代码如下。

```php
$file = 4 | 2 | 1;              // 添加 读取、写入、执行 权限
var_dump(($file & 4) == 4);     // 判断是否有 读取 权限
var_dump(($file & 2) == 2);     // 判断是否有 写入 权限
var_dump(($file & 1) == 1);     // 判断是否有 执行 权限
```

8. 错误控制运算符

PHP 的错误控制运算符使用@符号来表示，把它放在一个 PHP 表达式之前，将忽略该表达式可能产生的任何错误信息。错误控制运算符的使用示例如下。

```php
echo @(4 / 0);
```

若未使用错误控制符，此行代码将会产生一个除 0 的警告信息，使用@操作后，警告信息将不会显示出来。需要注意的是，@运算符不仅只对表达式有效，还可以把它放在常量、变量、函数和 include()调用之前，但不能把它放在函数或类的定义之前。

9. 运算符优先级

前面介绍了 PHP 的各种运算符，那么在对一些比较复杂的表达式进行运算时，首先要明确表达式中所有运算符参与运算的先后顺序，我们把这种顺序称作运算符的优先级。表 2-14 列出 PHP 中运算符的优先级，表中运算符的优先级由上至下递减，表右部的第一个接表左部的最后一个。

表 2-14　运算符优先级

结合方向	运算符	结合方向	运算符
无	new	左	^
左	[	左	|
右	++ -- ~ (int) (float) (string) (array) (object) @	左	&&
无	instanceof	左	||
右	!	左	? :
左	* / %	右	= += -= *= /= .= %= &= |= ^= <<= >>=
左	+ - .	左	and
左	<< >>	左	xor
无	== != === !== <>	左	or
左	&	左	,

表 2-14 中，在同一单元格的运算符具有相同的优先级，左结合方向表示同级运算符的执行顺序为从左向右，右结合方向则表示执行顺序为从右向左。

除此之外，表达式中还有一个优先级最高的运算符——圆括号()，它可以提高圆括号内部运算符的优先级。当表达式中有多个圆括号时，最内层圆括号中的表达式优先级最高。具体示例如下所示。

```
echo 4 + 3 * 2;            // 输出结果：10
echo (4 + 3) * 2;         // 输出结果：14
```

在上述示例中，表达式"4 + 3 * 2"按照运算符优先级的顺序，先执行乘法"*"，再执行加法"+"，因此结果为 10。而加了圆括号的表达式"(4 + 3) * 2"的执行顺序是先执行圆括号内的加法"+"运算，再执行乘法，因此输出结果为 14。

因此，在程序开发中，为复杂的表达式适当地添加圆括号，可避免复杂的运算符优先级法则，让代码更为清楚，并且可以避免错误的发生。

2.3　流程控制语句

在前面的内容中，代码的编写都是按照自上而下的顺序逐条执行的，这种代码称为顺序结构，是 PHP 三大流程控制语句中的一种。然而，在实际开发中，经常需要根据特定的条件去执行指定的代码，或者根据需要去循环执行某些代码，这样就涉及了另外两种流程控制语句——选择结构语句和循环结构语句。接下来将对它们的具体使用和注意事项进行详细的讲解。

2.3.1　选择结构语句

选择结构语句指的就是需要对一些条件做出判断，从而决定执行指定的代码。PHP 中常用的选择结构语句有 if、if...else、if...elseif...else 和 switch 四种。下面将分别对这几种选择结构语句进行讲解。

1. if 单分支语句

if 条件判断语句也被称为单分支语句，当满足某种条件时，就进行某种处理。例如，只有年龄大于等于 18 周岁，才输出已成年，否则无输出。具体语法和示例如下。

```
if ( 判断条件 ) {
    代码段
}
```

```
if ($age >= 18) {
    echo '已成年';
}
```

在上述语法中，判断条件是一个布尔值，当该值为 true 时，执行"{}"中的代码段，否则不进行任何处理。其中，当代码块中只有一条语句时，"{}"可以省略。if 语句的执行流程如图 2-9 所示。

2. if...else 语句

if...else 语句也称为双分支语句，当满足某种条件时，就进行某种处理，否则进行另一种处理。例如，判断一个学生的年龄，大于等于 18 岁则是成年人，否则是未成年人。具体语法和示例如下。

```
if ( 判断条件 ) {
    代码段 1;
} else {
    代码段 2;
}
```

```
if ($age >= 18) {
    echo '已成年';
} else {
    echo '未成年';
}
```

在上述语法中，当判断条件为 true 时，执行代码段 1；当判断条件为 false 时，执行代码段 2。if…else 语句的执行流程如图 2-10 所示。

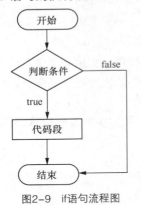

图2-9　if语句流程图

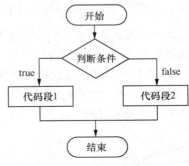

图2-10　if…else语句流程图

除此之外，PHP 还有一种特殊的运算符：三元运算符（又称为三目运算符），它也可以完成 if…else 语句的功能，其语法和示例如下。

条件表达式 ? 表达式 1 : 表达式 2	`echo $age >=18 ? '已成年' : '未成年';`

在上述语法格式中，先求条件表达式的值，如果为真，则返回表达式 1 的执行结果；如果条件表达式的值为假，则返回表达式 2 的执行结果。

值得一提的是，当表达式 1 与条件表达式相同时，可以简写，省略中间的部分。例如，在规定学生的年龄$age 是自然数（>=0）的情况下，示例如下所示。

条件表达式 ? : 表达式 2	`echo $age ? : '还未出生';`

3. if…elseif…else 语句

if…elseif…else 语句也称为多分支语句，用于针对不同情况进行不同的处理。例如，对一个学生的考试成绩进行等级的划分，若分数在 90～100 分为优秀，分数在 80～90 分为优秀为良好，分数在 70～80 分为中等，分数在 60～70 分为及格，分数小于 60 则为不及格。具体语法如下。

```
if (条件1) {
    代码段1;
} elseif(条件2) {
    代码段2;
}
...
elseif(条件n) {
    代码段n;
} else {
    代码段n+1;
}
```

```
if ($score >= 90) {
    echo '优秀';
} elseif ($score >= 80){
    echo '良好';
} elseif ($score >= 70){
    echo '中等';
} elseif ($score >= 60){
    echo '及格';
} else {
    echo '不及格';
}
```

在上述语法中，当判断条件 1 为 true 时，则执行代码段 1；否则继续判断条件 2，若为 true，则执行代码段 2，依次类推；若所有条件都为 false，则执行代码段 n+1。if…elseif…else 语句的执行流程如图 2-11 所示。

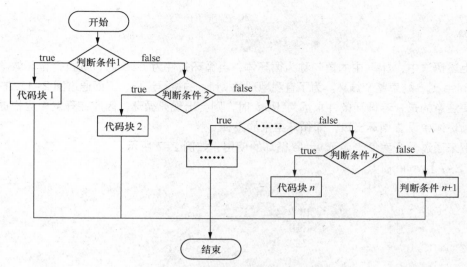

图2-11　if..elseif...else语句流程图

从上述流程图可知，if..elseif...else 语句中可包含任意多个 elseif 子句，具体根据开发需求而定。同时，elseif 也可以写成两个单词 else if，相当于 else{if(){…}}，达到的效果相同。在本书中都推荐使用 elseif。

4. switch 语句

switch 语句也是多分支语句，功能与 if 系列条件语句相同，不同的是它只能针对某个表达式的值进行判断，从而决定执行哪一段代码，该选择结构语句的特点就是代码更加清晰简洁、便于阅读。例如，根据学生成绩$score 进行评比（满分为 100 分），具体如下。

```
switch (表达式) {
    case 值1：代码段 1; break;
    case 值2：代码段 2; break;
    ...
    default: 代码段 n;
}
```

```
switch ( (int)($score/10) ) {
    case 10:  // 90～100 为优
    case 9: echo '优'; break;
    case 8: echo '良'; break;
    default: echo '差';
}
```

在上述语法中，首先计算表达式的值（该值不能为数组或对象），然后将获得的值与 case 中的值依次比较。若相等，则执行 case 后的对应代码段；最后，当遇到 break 语句时，跳出 switch 语句。其中，若没有匹配的值，则执行 default 中的代码段。

2.3.2　循环结构语句

所谓循环语句就是可以实现一段代码的重复执行。例如，计算给定区间内的偶数或奇数的和。PHP 提供的循环语句有 while、do…while 和 for 循环语句 3 种。接下来将针对这 3 种循环语句分别进行详细讲解。

1. while 循环语句

while 循环语句是根据循环条件来判断是否重复执行这一段代码的，语法如下。

```
while ( 循环条件 ) {
    循环体
```

```
          ......
     }
```

在上述语法中，"{}"中的语句称为循环体，当循环条件为 true 时，则执行循环体，当循环条件为 false 时，结束整个循环。为了直观地理解 while 的执行流程，下面通过图 2-12 进行演示。

需要注意的是，若循环条件永远为 true 时，则会出现死循环，因此在开发中应根据实际需要，在循环体中设置循环出口，即循环结束的条件。

接下来通过一个案例来演示 while 循环的使用，如例 2-7 所示。

【例 2-7】while.php

```
1  <?php
2  $i = $sum = 0;          // 初始化变量
3  while ($i < 5) {        // 循环条件
4      echo ' $i=' . $i;
5      $sum += $i;
6      ++$i;               // 设置循环出口
7  }
8  echo '<br> $sum=' . $sum;
```

上述第 2 行代码用于完成初始化变量的设置，第 3 行用于设置 while 循环的条件，只有符合循环条件，才能执行{}内的循环体，输出$i 的值，并进行累加。其中，第 6 行代码用于设置循环出口，不断地改变变量的值，使其不满足循环条件时，结束循环。运行结果如图 2-13 所示。

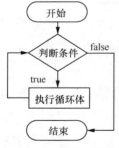

图2-12　while循环流程图

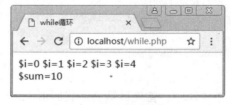

图2-13　while循环语句

2. do...while 循环语句

do...while 循环语句的功能与 while 循环语句类似，唯一的区别在于，while 是先判断条件后执行循环体，而 do...while 会无条件执行一次循环体后再判断条件。具体语法如下。

```
do {
    循环体
    ......
} while (循环条件);
```

在上述语法中，首先执行 do 后面"{}"中的循环体，然后，再判断 while 后面的循环条件，当循环条件为 true 时，继续执行循环体，否则，结束本次循环。do...while 循环语句的执行流程如图 2-14 所示。

接下来演示一个 do…while 循环语句的案例，对比 while 语句和 do…while 语句在使用时的区别，如例 2-8 所示。

【例 2-8】do_while.php

```php
1    <?php
2    $i = -2;                    //设置初始值
3    do {
4        echo '$i=' . $i;
5        ++$i;                   //设置循环出口
6    } while ($i >= 0);          //循环条件
```

运行结果如图 2-15 所示。从图中可以清晰地看出，初始值设置为-2，在不符合循环条件的情况下，依然无条件地执行了一次循环体中的语句。因此，大家在使用时要慎重选择 do…while 循环语句，以防程序出错。

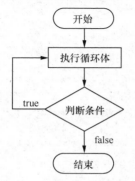

图2-14　do…while循环流程图　　　　图2-15　do…while循环

3. for 循环语句

for 循环语句是最常用的循环语句，它适合循环次数已知的情况。下面分别使用 while 和 for 循环输出 5 个 "*"，具体代码如下。

```php
$i = 0;                // ①
while ($i < 5) {       // ②
    echo '*';          // ③
    ++$i;              // ④
}
```

```php
// for ( ①; ②; ④ )
for ($i = 0; $i < 5; ++$i) {
    echo '*';     // ③
}
```

通过上述示例可知，for 循环的使用和 while 循环类似。for 关键字后面小括号 "()" 中包括了 3 部分内容，分别为初始化表达式、循环条件和操作表达式，它们之间用 ";" 分隔，{}中的执行语句为循环体。for 循环的执行流程如图 2-16 所示。

接下来使用 for 循环打印 1～100 的偶数和，具体如例 2-9 所示。

【例 2-9】for.php

```php
1    <?php
2    for ($i = 1, $sum = 0; $i <= 100; ++$i) {
3        if ($i % 2 == 0) {
4            $sum += $i;
```

```
5        }
6    }
7    echo '1~100 之间的偶数和：' . $sum;
```

在上述第 2 行代码中，for 关键字后的第 1 个参数用于设置变量的初始值，多个变量之间使用逗号 "," 分隔。第 2 个参数设置 for 循环的条件，第 3 个参数设置循环出口。第 3~5 行代码用于判断当前数据是否是偶数，若是则进行累加，否则不进行任何操作。运行结果如图 2-17 所示。

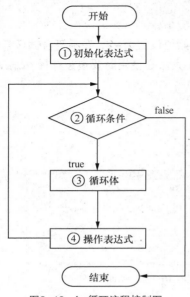

图2-16　for循环流程控制图

图2-17　for循环案例

值得一提的是，for 循环语句小括号 "()" 内的每个表达式都可以为空，但是必须保留分号分隔符。当每个表达式都为空时，表示该 for 循环语句的循环条件永远满足，会进入无限循环的状态，此时如果要结束无限循环，可在 for 语句循环体中用跳转语句进行控制。

2.3.3　跳转语句

跳转语句用于实现程序执行过程中的流程跳转。PHP 中常用的跳转语句有 break 和 continue 语句。接下来分别进行详细讲解。

1. break 语句

break 语句可应用在 switch 和循环语句中，其作用是终止当前语句的执行，跳出 switch 选择结构或循环语句，执行后面的代码。下面通过一个案例来展示 break 语句的使用方法，具体如例 2-10 所示。

【例 2-10】break.php

```
1    <?php
2    for ($i = 1; $i <= 5; $i++) {
3        echo ' $i=' . $i;
```

```
4      if ($i == 3) {
5          break;
6      }
7  }
8  echo ' ending';
```

上述代码用于循环 1~5 之间的数字，当变量$i 等于 3
时，跳出循环，继续执行第 8 行代码。运行结果如图 2-18
所示。

除了上述的用法外，break 语句还可接受一个可选的
数字指定跳出循环的层数。例如，例 2-10 中第 5 行代码
等同于"break 1"。若 for 循环中还有一个 for 循环或 while

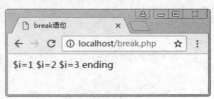

图2-18　break语句

循环，则内层循环中的跳转语句写成"break 2"则表示跳出双重循环，继续执行后面的语句；
若写成"break"则表示跳出内层循环，继续执行外层循环。因此，跳转语句跳出的层数要根据
具体的业务逻辑而定。

　多学一招：goto 语句

goto 语句可以代替多层的 break，它的使用方式分为两个步骤，具体如下。

（1）定义跳转的目标位置，用目标名称加上冒号来标识。

（2）goto 关键字后添加设置的目标位置即可完成跳转。

接下来通过一个案例来演示如何使用 goto 语句，具体如例 2-11 所示。

【例 2-11】goto.php

```
1  <?php
2  for ($i = 1, $j = 10; $i < 20; $i++) {
3      while ($j--) {
4          if ($j == 5)
5              goto end;
6      }
7  }
8  echo '标识前: $i=' . $i . ',$j=' . $j;
9  end:
10 echo '标识后: $i=' . $i . ',$j=' . $j;
```

在上述示例中，第 4 行代码用于判断$j 的值等于 5 时，跳转到指定的位置 end 标识处，并
继续执行其后的代码。运行结果如图 2-19 所示。

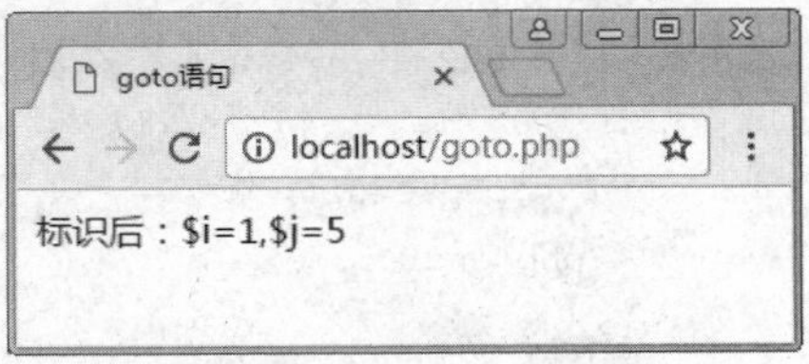

需要注意的是，PHP 中的 goto 语句只能在同一个文
件或作用域中跳转，也就是说无法跳出一个函数或类方
法，也无法跳入另一个函数。

图2-19　goto语句

2. continue 语句

continue 语句与 break 语句的区别在于，前者用于结
束本次循环的执行，开始下一轮循环的执行操作；后者用于终止当前循环，跳出循环体。下面以

计算 1～100 奇数的和为例进行讲解，具体如例 2-12 所示。

【例 2-12】continue.php

```php
1    <?php
2    for ($i = 1, $sum = 0; $i <= 100; ++$i) {
3        if ($i % 2 == 0) {         // 若为偶数，则不累加
4            continue;              // 结束本次循环
5        }
6        $sum += $i;                // 累加奇数
7    }
8    echo '$sum = ' . $sum;
```

在上述示例中，使用 for 循环 1～100 的数，遇到偶数时，使用 continue 结束本次循环，$i 不进行累加；遇到奇数时，对$i 的值进行累加，最终累加结果为 2500。运行结果如图 2-20 所示。

若将示例中的 continue 修改为 break，则当$i 递增到 2 时，该循环终止执行，最终输出的结果为 1。运行结果如图 2-21 所示。

图2-20　continue语句

图2-21　将continue改为break

2.3.4　流程替代语法

当大量的 HTML 与 PHP 代码混合编写时，为了方便区分流程语句的开始和结束位置，可以使用 PHP 提供的替代语法进行编码，其基本形式就是把 if、while、for、foreach、switch 等语句的左花括号（{）换成冒号（:），将右花括号（}）分别换成"endif;""endwhile;""endfor;""endforeach;"和"endswitch;"。

下面以 for 和 if 为例进行演示，具体如下。

```php
<!-- 输出 1～99 之间的偶数 -->
<ul>
    <?php for ($i = 1; $i < 100; ++$i): ?>
        <?php if ($i % 2 == 0): ?>
            <li><?=$i?></li>
        <?php endif; ?>
    <?php endfor; ?>
</ul>
```

在上述代码中，"<?= ?>"是短标记输出语法，自 PHP 5.4 起，这种语法在短标记关闭的情况下仍然可用。因此，在 HTML 中嵌入 PHP 变量使用这种简写形式将会非常方便。

2.4 文件包含语句

在程序开发中，会涉及多个 PHP 文件。为此，PHP 提供了包含语句，可以从另一个文件中将代码包含进来。使用包含语句不仅可以提高代码的重用性，还可以提高代码的维护和更新的效率。

PHP 中通常使用 include、require、include_once 和 require_once 语句实现文件的包含，下面以 include 语句为例讲解，其他包含语句语法类似。具体语法格式如下。

```
include '文件路径';
```

在上述语法中，"文件路径"指的是被包含文件所在的绝对路径或相对路径。所谓绝对路径就是从盘符开始的路径，如 "C:/web/test.php"。所谓相对路径就是从当前路径开始的路径，假设被包含文件 test.php 与当前文件所在路径都是 "C:/web"，则其相对路径就是 "./test.php"。在相对路径中，"./"表示当前目录，"../"表示当前目录的上级目录（可连用，如 "../../"）。

在被包含文件中，还可以使用 return 关键字返回一个值，下面进行演示。

① 创建被包含文件 test.php，代码如下。

```
<?php
return 'ok';
```

② 在 index.php 中包含 test.php。代码如下。

```
<?php
echo include './test.php';        // 输出结果：ok
```

require 语句虽然与 include 语句功能类似，但也有不同的地方。在包含文件时，如果没有找到文件，include 语句会发生警告信息，程序继续运行；而 require 语句会发生致命错误，程序停止运行。

值得一提的是，虽然 include_once、require_once 语句和 include、require 的作用几乎相同，但是不同的是带 "_once"的语句会先检查要包含的文件是否已经被包含过，避免了同一文件被重复包含的情况。

动手实践：表格生成器

对于编程语言的学习来说，上课听懂，看书看懂，都不是真的懂；只有将其理论与实际相结合，动手实践出具体的功能，才是真的懂。接下来，结合本章所学的知识完成表格生成器的实现。

【功能分析】

表格生成器实现的最基本技术点就是利用多层循环结构语句控制完成的。其设计思想和功能都是 Web 开发中最常见的一种，通过修改表格行和列的值，可以生成对应行列的空白表格，同时还可以为表格设置标题行、隔行变色等功能，除此之外，利用这种设计思想还可以完成九九乘法表。具体功能的实现要求如下所示。

- 生成 x 行和 y 列的表格：利用变量保存表格的行和列的数量，for 循环完成空白表格的生成。
- 生成标题行：根据表格的列数，生成 th 标签表示的对应列数的表格。
- 隔行变色：利用选择结构语句或三元运算符，为除标题行外的其他普通单元格设置隔行变色。
- 九九乘法表：根据表格生成器的设计思想完成图 2-22 所示的九九乘法表。

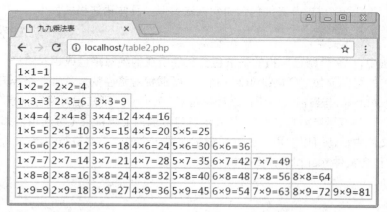

图2-22　九九乘法表

【功能实现】

1. 生成 x 行 y 列空白表格

编写文件 table1.php，具体代码如下所示。

```php
1   <?php
2   // 自定义行和列的数值
3   $row = 5;
4   $col = 10;
5   echo '<table>';
6   for ($i = 1; $i <= $row; ++$i) {          // 控制表格的行
7       echo '<tr>';
8       for ($j = 1; $j <= $col; ++$j) {      // 控制表格的列
9           echo '<td></td>';
10      }
11      echo '</tr>';
12  }
13  echo '</table>';
```

上述第 3~4 行代码用于保存自定义的行和列，第 6~12 行用于循环生成指定的行，第 8~10 行用于循环生成每行中的列。接下来，利用 CSS 设置表格的宽高，并添加边框，参考效果如图 2-23 所示。

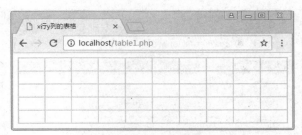

图2-23　生成x行y列空白表格

2．生成标题行

修改 PHP 文件 table1.php，在第 5 行代码后添加如下代码。

```
1    // 生成表格标题行
2    echo '<tr>';
3    for ($i = 1; $i <= $col; ++$i) {
4        echo '<th></th>';
5    }
6    echo '</tr>';
```

上述第 3 行代码中，根据用户设置的列数输出标题行表格。设置完成后，添加 CSS 样式，参考效果如图 2-24 所示。

3．表格隔行变色

继续修改文件 table1.php，将表格的奇数行设置为白色，偶数行设置为灰色。打开 table1.php 文件，找到如下代码。

```
for ($i = 1; $i <= $row; ++$i) {        // 控制表格的行
    echo '<tr>';
    for ($j = 1; $j <= $col; ++$j) {    // 控制表格的列
        ……
    }
}
```

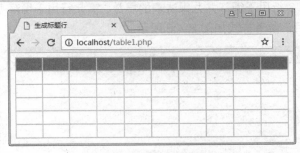

图2-24　生成标题行

将 "echo '<tr>'" 修改成如下形式，其中，gray 和 white 是 CSS 中设置的 class 样式名称。

```
$color = ($i % 2 == 0) ? 'gray' : 'white';
echo '<tr class="' . $color . '">';
```

修改完成后，效果如图 2-25 所示。此处设置的样式均为参考样式，大家可随意设置。

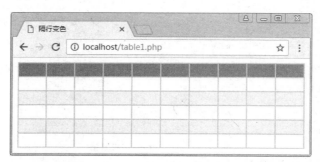

图2-25　生成隔行变色的表格

4. 九九乘法表

假设将九九乘法表最上面的一层作为第 1 层，观察图 2-22 可以得出，第 1 层有 1 个单元格，第 2 层有 2 个单元格，依次往下递增，直到第 9 层有 9 个单元格。对于九九乘法表所在的表格可以得到以下两个结论。

① 表格一共有 9 行。

② 表格每一层的单元格个数与层数相等，即表格的列数等于当前的行数。

编写 PHP 文件 table2.php，实现九九乘法表的空白表格，具体代码如下。

```php
1  <?php
2  echo '<table>';
3  for ($i = 1; $i <= 9; ++$i) {          // 九九乘法表的层数
4      echo '<tr>';
5      for ($j = 1; $j <= $i; ++$j) {     // 单元格个数
6          echo '<td></td>';
7      }
8      echo '</tr>';
9  }
10 echo '</table>';
```

在上述代码中，第 3 行用于循环九九乘法表的层数，第 5 行用于循环九九乘法表的单元格个数。CSS 中设置样式后，参考样式如图 2-26 所示。

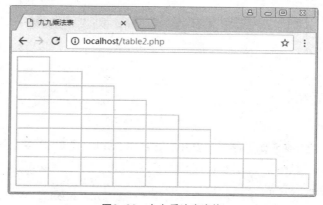

图2-26　九九乘法表表格

接着，再次观察图 2-22 可以看出，被乘数都是从 1 开始，每次递增加 1，直到等于该层中单元格的个数为止，而乘数等于该层的层数。因此，可以将 table2.php 的第 6 行代码修改成如下形式。

```
echo "<td>{$j}×{$i}=" . $j * $i . '</td>';
```

修改完成后，即可得到图 2-22 所示的九九乘法表。

本章小结

本章首先介绍了 PHP 标记、注释、输出语句、关键字和标识符的定义等基础语法；接着又讲解了常量、变量的定义与使用，数据类型的划分及转换，运算符的分类及优先级，以及如何使用流程控制语句来编写判断和执行重复任务的脚本，使代码变得更加的灵活。最后讲解了多个PHP 文件之间如何进行操作。

通过本章的学习，大家要掌握 PHP 的基本语法，学会开始编写简单的 PHP 脚本，能够灵活地运用运算符和流程控制语句完成简单的功能。

课后练习

一、填空题

1. 标量数据类型共有 4 种，分别为字符串型、整型、浮点型和_____。
2. 表达式(-5)%3 的运行结果等于_____。
3. _____用于在程序代码中进行解释和说明，它在程序解析时会被 PHP 解析器忽略。
4. 使用短标记来标识 PHP 代码时，需要将 php.ini 中的 short_open_tag 选项设置为_____。

二、判断题

1. PHP 中的标识符在定义时不能包含空格符号。(　　)
2. 常量只能是固定不变的值，不能是表达式。(　　)
3. 运算符 "&&" 和 "and" 都表示逻辑与，但 "and" 的优先级比 "&&" 高。(　　)
4. 可变变量就是将一个变量的值作为另一个变量的名称。(　　)

三、选择题

1. 下列选项中，变量的命名正确的是(　　)。
   A. $123　　　　　B. php@com　　　　C. &name　　　　D. $_name
2. 语句 "var_dump((float)false)" 的输出结果为(　　)。
   A. float(0.0)　　　B. float(0)　　　　C. float(1)　　　　D. float(1.0)
3. 下列选项中，不属于赋值运算符的是(　　)。
   A. =　　　　　　　B. .=　　　　　　　C. ==　　　　　　　D. +=
4. 下列关于整型的表示方式错误的是(　　)。
   A. 10　　　　　　　B. 073　　　　　　　C. 0x3b　　　　　　D. 1.759
5. PHP 中提供了多种输出语句，其中可以输出数据类型的是(　　)。
   A. echo　　　　　　B. print()　　　　　C. print_r()　　　　D. var_dump()

四、简答题

1. 请简述 PHP 中的文件包含语句以及各自的异同点。

2. 请简述 PHP 中的几种跳转语句以及各自的特点。

3. 观察如下代码的运行结果，分析问题出现的原因。

```php
<?php
var_dump(0.9 == (1 - 0.1));    // bool(true)
var_dump(0.1 == (1 - 0.9));    // bool(false)
```

五、编程题

1. 请编写程序求出 1~100 的素数。

2. 有红、白、黑三种球若干个，其中红、白球共 25 个，白、黑球共 31 个，红、黑球共 28 个，求三种球各多少个？（请尝试使用两种方法来实现）

FUNCTION

3 Chapter

第 3 章
函数

通过前面两章的学习不难发现，在程序开发中，有时相同功能的代码根据开发要求需要重复编写。例如，求平均数、计算总分等。这样的编写方式不仅加重了开发者的工作量，对于代码的后期维护也是相当困难的。为此，PHP 提供了函数，它可以将程序中烦琐的代码模块化，提高程序的可读性，并且便于后期维护。本章将围绕 PHP 的函数进行详细讲解。

学习目标
- 掌握函数的定义及调用方法。
- 掌握变量在函数中的使用方法。
- 熟悉回调函数和匿名函数的应用方法。
- 熟悉 PHP 内置函数的使用方法。

3.1　函数的定义与调用

3.1.1　初识函数

在编程语言中，函数是封装一段用于完成特定功能的代码。当使用一个函数时，只需关心函数的参数和返回值，就可以完成一个特定的功能。下面通过一段代码来演示函数的作用。

```php
$str = 'ABcd';
$upper = strtoupper($str);      // 调用 strtoupper()函数将$str 转换成大写
$lower = strtolower($str);      // 调用 strtolower()函数将$str 转换成小写
echo $upper;                    // 输出结果：ABCD
echo $lower;                    // 输出结果：abcd
```

在上述代码中，strtoupper()和 strtolower()是 PHP 内置的函数，用于对字符串进行大小写转换。如果 PHP 没有提供这两个函数，那么开发人员就要手动编写代码来实现上述工作。由此可见，使用函数可以方便程序的开发和维护。

除了使用 PHP 的内置函数，开发人员还可以自己定义一些函数，来将程序代码模块化，提高代码的可复用性。下面演示如何将第 2 章编写的表格生成器定义为一个函数，具体代码如下。

```php
1   <?php
2   function generate_table($row, $col)
3   {
4       $html = '<table>';
5       for ($i = 1; $i <= $row; ++$i) {
6           $html .= '<tr>';
7           for ($j = 1; $j <= $col; ++$j) {
8               $html .= '<td></td>';
9           }
10          $html .= '</tr>';
11      }
12      return $html.'</table>';
13  }
```

在上述代码中，第 2 行的 function 关键字用于定义一个函数，generate_table 是函数名称，$row 和$col 为函数的参数；第 12 行的 return 关键字用于返回函数的执行结果。

在完成函数的定义后，就可以通过以下代码调用函数，实现自动生成指定行列的表格。

```php
// 生成 4 行 8 列的表格，并输出
echo generate_table(4, 8);
// 生成 5 行 10 列的表格，并输出
echo generate_table(5, 10);
```

在初步了解了函数的定义与使用之后，下面我们具体看一下函数定义的语法结构。

```
function 函数名([参数 1, 参数 2, ……])
{
    函数体……
}
```

从上述语法格式可以看出，函数的定义由关键字 function、函数名、参数和函数体 4 部分组成。关于这 4 部分的相关说明如下。

- function：在声明函数时必须使用的关键字。
- 函数名：函数名称的定义要符合 PHP 的标识符，且函数名是唯一的，不区分大小写。
- [参数 1, 参数 2...]：外界传递给函数的值，它是可选的，多个参数之间使用逗号 "," 分隔。
- 函数体：函数定义的主体，专门用于实现特定功能的代码段。若想要得到一个处理结果，即函数的返回值，需要使用 return 关键字将需要返回的数据传递给调用者。

3.1.2　参数设置

对于函数来说，参数的不同设置，决定了其调用和使用方式。在对函数定义的语法格式有所了解后，接下来分别介绍几种常用的函数定义与调用方式，具体如下。

（1）无参函数

```
function shout()
{
    return 'come on';
}
echo shout();        // 输出结果：come on
```

按照上述方式定义的无参函数，适用于不需要提供任何的数据即可以完成指定功能的情况。如上面的示例中，shout() 函数仅用于返回字符串 "come on"。

（2）按值传递参数

PHP 默认支持按值传递参数，按此种方式定义的函数，在函数内部可以随意对用户传递的参数进行操作，具体示例如下。

```
function add($a, $b)
{
    $a = $a + $b;
    return $a;
}
echo add(5, 7);          // 输出结果：12
```

对于有参数的函数在调用时，不仅可以如示例中一样直接传值，还可以使用变量代替。具体如下。

```
$x = 5;
$y = 7;
echo add($x, $y); // 输出结果：12
```

（3）引用传参

在开发中，若需要函数修改它的参数值，则需通过函数参数的引用传递。它的实现方式很简单，在参数前添加"&"符号即可。具体示例如下。

```
function extra(&$str)
{
    $str .= ' and some extra';
}
$var = 'food';
extra($var);
echo $var;               // 输出结果: food and some extra
```

在上述示例中，将函数的参数设置为引用传参后，如果函数内修改了参数$str 的值，则函数外的变量$var 的值将会跟着变化。

（4）设置参数默认值

函数参数在设置时，还可以为其指定默认值，也就是可选参数。当调用者未传递该参数时，函数将使用默认值进行操作。具体示例如下。

```
function say($p, $con = 'say "Hello"')
{
    return "$p $con";
}
echo say('Tom');          // 输出结果: Tom say "Hello"
```

需要注意的是，在为函数参数设置默认值时，默认（可选）参数必须放在非默认（必选）参数的右侧，且默认值必须是常量表达式，如"123""PHP"等。否则，函数将不会按照预期的情况工作。

（5）指定参数类型

在 PHP 7.0 及以上的版本后，在自定义函数时，可以指定参数具体是哪种数据类型，示例如下。

```
function sum1(int $a, int $b)
{
    return $a + $b;
}
echo sum1(2.6, 3.8); // 输出结果: 5
```

从上述示例可知，当用户调用函数时，如果传递的参数不是 int 类型，程序会将其强制转换为 int 型后再进行操作，这种方式称为弱类型参数设置。

除此之外，还可以将其设置为强类型的参数，即当用户传递的参数类型不符合函数的定义，程序会报错提醒。具体代码如下。

```
declare(strict_types = 1);
function sum2(int $a, int $b)
{
    return $a + $b;
}
echo sum2(2.6, 3.8); // 输出结果: Fatal error: ......
```

上述示例中的 declare 用于设定一段代码的执行指令，其中 strict_types 设置为 1 表示当前函数的设置使用强类型参数设置。

 多学一招：设置函数返回值类型

在 PHP 7 中不仅可以设置函数参数的类型，还可以指定函数返回值的数据类型。其中，可以作为返回值类型的分别是 int、float、string、bool、interfaces、array 和 callable 类型。具体示例如下。

```php
<?php
declare(strict_types = 1);
function returnIntValue(int $value): int
{
    return $value + 1.0;
}
echo returnIntValue(5);
```

上述示例设置的函数返回值为 int 类型，而函数实际返回的是一个 float 类型的数据，则程序会报 "Fatal error: Uncaught TypeError: Return value of returnIntValue() must be of the type integer, float returned ......" 错误提示。因此，在定义函数时，指定函数返回值类型可以减少程序对调用函数返回值类型的判断，使得函数的设置更加严谨。

3.1.3 变量的作用域

通过前面章节的学习，我们知道变量只有在定义后才能够使用。但这并不意味着变量定义后就可以随时。变量只有在其作用范围内才可以被使用，这个作用范围称为变量的作用域。在函数中定义的变量称为局部变量，在函数外定义的变量称为全局变量，具体如下所示。

```php
<?php
function test()
{
    $sum = 36;                 // 局部变量
    return $sum;
}
$sum = 0;                      // 全局变量
echo test();                   // 输出结果：36
echo $sum;                     // 输出结果：0
```

需要注意的是，默认情况下在函数中不能使用全局变量，同时局部变量的改变也不会对全局变量有任何影响，如示例中的$sum。

那么如何在函数中使用全局变量呢？PHP 提供了 3 种方式，分别为参数传递、global 关键字和超全局变量$GLOBALS。其中，参数传递的方式前面已经讲解过了，这里不再演示。其他两种方式的具体使用方式如例 3-1 所示。

【例 3-1】globals.php

```php
1  <?php
2  function test()
```

```
3    {
4        // 方式一：利用 global 关键字取得全局变量
5        global $var;
6        echo '全局变量$var：' . $var.'<br>';
7        // 方式二：利用$GLOBALS['变量名']访问
8        echo '全局变量$str：' . $GLOBALS['str'];
9    }
10   $var = 100;          // 定义变量$var
11   $str = 'php';        // 定义变量$str
12   test();
```

运行结果如图 3-1 所示。从上述代码可以看出，若要在函数内使用全局变量，在使用前要么通过 global 关键字取得后再使用；要么使用 "$GLOBALS['变量名']" 的方式才可以访问。

图3-1　变量的作用域

3.2　函数的嵌套调用

函数的调用，除了上一节中讲解的普通调用外，还有一些其他的使用方式。例如，函数的嵌套调用、递归调用等。本节将针对函数的嵌套调用的使用进行详细讲解。

3.2.1　嵌套调用

函数的嵌套调用，指的是在调用一个函数的过程中，调用另外一个函数，这种在函数内调用其他函数的方式称为嵌套调用。例如，班主任老师要计算每个学生语文和数学平均分，其实现思路是首先编写一个函数用于计算学生的语文和数学的总分，然后再编写一个函数用于计算学生的平均分，具体如例 3-2 所示。

【例 3-2】score.php

```
1    <?php
2    function sum($sub1, $sub2)
3    {
4        return $sub1 + $sub2;
5    }
6    function avg($sub1, $sub2)
7    {
8        $sum = sum($sub1, $sub2);
9        return $sum / 2;
```

```
10   }
11   echo avg(78.9, 56);      // 学生 A 语文和数学的平均分: 67.45
12   echo avg(92, 90);        // 学生 B 语文和数学的平均分: 91
```

在上述示例中，第 2~5 行用于定义一个计算总分的函数 sum()，第 6~10 行用于定义一个计算平均分的函数 avg()。其中，在函数 avg()中调用了 sum()函数用于获取总分，然后再将计算的平均分返回。为了便于大家对函数嵌套调用执行流程的理解，特绘制函数调用示例流程，具体如图 3-2 所示。

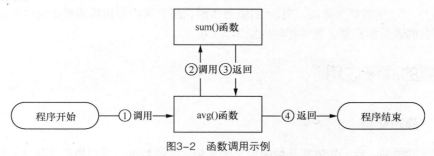

图3-2 函数调用示例

图 3-2 描述了例 3-2 中调用函数 avg()的执行流程，接下来针对程序中函数的调用情况进行详细讲解。

① 程序开始执行，调用 avg()函数，并传递参数$sub1、$sub2。

② 在 avg()函数中，调用 sum()函数并传递参数$sub1 和$sub2，进入 sum()函数，计算总分将结果返回到函数 avg()中，同时将值赋给变量$sum。

③ avg()函数接着根据 sum()函数返回的值，完成平均分的计算并将结果返回。

④ 输出平均分，程序结束。

3.2.2 递归调用

递归调用是函数嵌套调用中一种特殊的调用。它指的是一个函数在其函数体内调用自身的过程，这种函数称为递归函数。接下来，为了方便读者理解，编写一个求 n 的阶乘的函数 factorial()，计算公式为 $1 \times 2 \times 3 \times \ldots \times n$。例如，4 的阶乘等于 $1 \times 2 \times 3 \times 4 = 24$。具体如例 3-3 所示。

【例 3-3】factorial.php

```
1    <?php
2    function factorial($n)
3    {
4        if ($n == 1)
5            return 1;
6        return $n * factorial($n - 1);
7    }
8    echo factorial(4);
```

上述代码中定义了一个递归函数 factorial()，用于实现 n 的阶乘计算。当$n 不等于 1 时，递归调用当前变量$n 乘以 factorial($n − 1)，直到$n 等于 1 时，返回 1。由此，可以得到图 3-3 所示的执行流程。

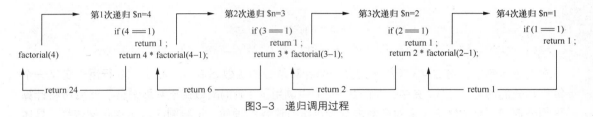

图3-3　递归调用过程

图 3-3 描述了 factorial()函数的递归调用全部过程。其中，factorial()函数被调用了 4 次，并且每次调用时，$n 的值都会递减。当$n 的值为 1 时，所有递归调用的函数都会以相反的顺序相继结束，所有的返回值相乘，最终得到的结果为 24。

3.3　函数的高级应用

3.3.1　静态变量

通过前面的学习，我们知道在函数中定义的变量，在函数执行完成后会被释放。例如，定义一个计数的函数 num()，具体如下所示。

```php
function num()
{
    $i = 1;
    echo $i;
    ++$i;
}
```

从上述示例可知，不论调用多少次 num()函数，输出的$i 变量的值都依然为 1，这是由于在每次调用该函数时，都重新为变量$i 赋值为 1。因此，若想要局部变量在函数执行完成后，依然保留局部变量的值，则可以利用 static 关键字在函数中声明静态变量。将上述示例中的第 3 行代码修改成如下形式。

```php
static $i = 1;
```

修改完成后。第 1 次调用函数 num()输出 1，第 2 次调用函数 num()会输出 2，依次类推，就可以轻松得到 num()函数被调用的次数，使函数中定义的变量不会在函数调用完成后被释放掉，保存了每次调用函数时改变的值。

3.3.2　可变函数

前面我们学习了可变变量，它的实现是在一个变量前添加一个"$"符号，就变成了另外一个变量。同理，可变函数的实现就是在一个变量名后添加一对圆括号"()"，让其变成一个函数的形式，然后 PHP 就寻找与变量值同名的函数，并且尝试执行它，具体如例 3-4 所示。

【例 3-4】func.php

```php
1  <?php
2  function shout()
```

```
3   {
4       echo 'come on....';
5   }
6   $funcname = 'shout';      // 定义变量，其值是函数的名称
7   echo $funcname();         // 利用可变变量调用函数
```

在上述代码中，变量$funcname 保存了一个用户自定义的函数名称 shout，并在第 7 行中通过可变函数$funcname()的方式进行调用，最后在浏览器中输出 "come on...."。

值得一提的是，变量的值可以是用户自定义的函数名称，也可以是 PHP 内置的函数名称，但是变量的值必须是实际存在的函数的名称，如上述案例中的 "shout"。

在实际编程中，使用可变函数可以增加程序的灵活性，但是滥用可变函数会降低 PHP 代码的可读性，使程序逻辑难以理解，给代码的维护带来不便，所以在编程过程中要尽量少用可变函数。

3.3.3　回调函数

回调函数（callback）指的就是具有 callable 类型的函数，一般用作参数的传递。如 PHP 内置函数 call_user_func()可以接受用户自定义的回调函数作为参数，具体如例 3-5 所示。

【例 3-5】call.php

```
1   <?php
2   function sum($a, $b)
3   {
4       return $a + $b;
5   }
6   call_user_func('sum', 4, 5);      // 输出结果：9
```

在上述示例中，call_user_func()函数的第 1 个参数表示 callable 类型的回调函数名称，如 sum()函数。第 2 个和第 3 个参数表示向回调函数传递的参数，如 4 和 5。因此，程序执行函数 call_user_func()后，将调用 sum()函数并返回执行结果。

3.3.4　匿名函数

匿名函数就是没有函数名称的函数，也称作闭包函数，经常用作回调函数参数的值。对于临时定义的函数，使用匿名函数无需考虑函数命名冲突的问题，具体示例如下所示。

```
$sum = function($a, $b) {   // 定义匿名函数
    return $a + $b;
};
echo $sum(100, 200);        // 输出结果：300
```

在上述代码中，定义一个匿名函数，并赋值给变量$sum，然后通过 "变量名()" 的方式调用匿名函数。需要注意的是，此种匿名函数调用的方式看似与可变函数的使用类似，但实际上不是，若通过 var_dump()对匿名函数的变量进行打印输出，可以看到其数据类型为对象类型。关于对象的内容将会在后面的章节讲解，此处了解即可。

在开发中，若要在匿名函数中使用外部的变量，需要通过 use 关键字实现，具体使用示例如下。

```
$c = 100;
$sum = function($a, $b) use($c) {
    return $a + $b + $c;
};
echo $sum(100, 200);        // 输出结果：400
```

在上述代码中，若要在匿名函数中使用外部变量，该变量需先在函数声明前进行定义。然后在定义匿名函数时，添加 use 关键字，其后圆括号"()"中的内容即为要使用的外部变量列表，多个变量之间使用英文逗号","分隔即可。

除此之外，匿名函数还可以作为函数的参数传递，实现回调函数，具体使用示例如下。

```
function calculate($a, $b, $func)
{
    return $func($a, $b);
}
echo calculate(100, 200, function($a, $b) {    // 输出结果：300
    return $a + $b;
});
echo calculate(100, 200, function($a, $b) {    // 输出结果：20000
    return $a * $b;
});
```

在上述代码中，calculate()函数的第 3 个参数$func 是一个回调函数，通过这种方式，可以将函数的一部分处理交给调用时传递的另一个函数，极大增强了函数的灵活性。

3.4　PHP 的内置函数

对于常用的功能，除了自定义函数外，PHP 还提供了许多内置函数。例如，针对字符串的截取、替换等操作 PHP 专门提供了对应的函数，针对数据的求和、平均数等操作提供了对应的数学函数以及获取时间日期的函数等。本节将对常用的内置函数进行讲解。

3.4.1　字符串函数

字符串函数是 PHP 用来操作字符串的内置函数，在实际项目开发中有着非常重要的作用。表 3-1 列举了 PHP 中常用的字符串函数。

表 3-1　常用字符串函数

函数名称	功能描述
strlen()	获取字符串的长度
strpos()	查找字符串首次出现的位置
strrpos()	获取指定字符串在目标字符串中最后一次出现的位置
str_replace()	用于对字符串中的某些字符进行替换操作
substr()	用于获取字符串中的子串
explode()	使用一个字符串分割另一个字符串

续表

函数名称	功能描述
implode()	用指定的连接符将数组拼接成一个字符串
trim()	去除字符串首尾处的空白字符（或指定成其他字符）
str_repeat()	重复一个字符串
strcmp()	用于判断两个字符串的大小

为了让大家更加清楚地了解这些常用字符串函数的使用，下面通过常用的示例进行讲解。

（1）截取给定路径中的字符串

给定一个路径字符串，可以使用函数 strrpos() 和 substr() 完成指定位置字符串的截取，具体实现如下。

```
$url = 'C:\web\apache2.4\htdocs\cat.jpg';
$pos = strrpos($url, '\\');
// 截取文件名称，输出结果：cat.jpg
echo substr($url, $pos + 1);
// 截取文件所在的路径，输出结果：C:\web\apache2.4\htdocs
echo substr($url, 0, $pos);
```

上述 strrpos() 函数用于在 $url 中获取 "\" 最后一次出现的位置 $pos。substr() 函数的第 1 个参数表示待截取的字符串，第 2 个参数表示开始截取的位置，非负数表示从字符串指定位置处截取，从 0 开始；负数表示从字符串尾部开始。第 3 个参数表示截取的长度，该长度的设置具体有以下 4 种情况。

① 省略第 3 个参数时，将返回从指定位置到字符串结尾的子字符串。

② 第 3 个参数为正数，返回的字符串将从指定位置开始，最多包含指定长度的字符，这取决于待截取字符串的长度。

③ 第 3 个参数为负数，返回的字符串中在结尾处将有一个指定长度的字符被省略。

④ 第 3 个参数为 0、false 或 null，将返回一个空字符串。

（2）替换指定位数的字符

替换指定位数的字符，在开发中也是很常见的功能。例如，在各种抽奖环节中，为了保证用户的隐私，出现的手机号一般使用 "*" 将第 4 至 7 位的数字进行覆盖，具体实现如下。

```
$tel = '18810881888';                    // 随意输入一串数字作为手机号
$len = 4;                                // 需要覆盖的手机号长度
$replace = str_repeat('*', $len);        // 根据指定长度设置覆盖的字符串
echo substr_replace($tel, $replace, 3, $len); // 输出结果：188****1888
```

在上述的代码中，str_repeat() 函数用于对 "*" 字符重复 $len 次。substr_replace() 函数用于对字符串 $tel 中第 3 个位置开始后的 $len 长度的字符使用 $replace 进行替换。

（3）过滤字符串中的空白字符

在程序开发中，去除字符串中的空白字符有时是必不可少的。例如，去除用户注册邮箱中首尾两端的空白字符。这时可以使用 PHP 提供的 trim() 函数，去除字符串中首尾两端的空白字符，具体示例如下所示。

```
$str = '  These are a few words :) ...  ';
echo '原字符串：' . $str . '<br>';
echo '去空白后的字符串：' . trim($str);
```

由于在浏览器中无法直接看出字符串是否去掉了空白字符，可以通过单击鼠标右键，选择"查看网页源代码"来查看结果，如图 3-4 所示。

图3-4　过滤空白字符

从图中可以看出，在未调用 trim()函数之前，字符串两边的空格都存在，在调用 trim()函数之后，字符串两边的空格都被删除了。

> **注意**
>
> 注意：在 PHP 中，除空格外，还有很多字符属于空白字符，具体如下。
> - "\0" – ASCII 0，NULL。
> - "\t" – ASCII 9，制表符。
> - "\n" – ASCII 10，新行。
> - "\x0B" – ASCII 11，垂直制表符。
> - "\r" – ASCII 13，回车。
> - " " – ASCII 32，空格。

（4）字符串的比较

除了前面学习过的比较运算符 "=="和 "==="外，PHP 还专门提供了一个用于比较字符串大小的函数 strcmp()。此函数与比较运算符在使用时的区别是，字符串相等时前者的比较结果为 0，后者的比较结果为 true（非 0）。因此，大家在使用时需要注意不同方式的返回结果。

为了让大家更加清晰地了解函数 strcmp()的使用方法，下面通过代码进行演示。

```
if (strcmp('ye_PHP', 'yePHP')) {
    echo 'not the same string';
} else {
    echo 'the same string';
}
```

在 PHP 中，每个字符都有对应的 ASCII 码值。因此，strcmp()函数比较两个字符串时，首先比较第 1 个字符的大小，如果相等则继续比较第 2 个字符，如果第 2 个字符也相等则继续比较第 3 个字符，以此类推，直到比较到有不相同的字符或者到字符串的结尾才停止比较，此时返回比较结果。如果第 1 个参数的字符串与第 2 个参数的字符串相等返回 0，小于返回小于 0 的值，大于则返回大于 0 的值。

因此，可以判断出上述示例的输出结果为"not the same string"。

（5）获取字符串的长度

在通常情况下，在网站中发表评论或备注时，都有规定的字数限制，对于中文汉字来说 strlen() 函数并不能准确地获取其字符的长度，示例代码如下。

```
$str = 'PHP 程序设计基础教程';
echo strlen($str);              // 输出结果：27
```

从上述示例可以看出，strlen()函数在获取中文字符时，一个汉字占了 3 个字符，一个英文字符占 1 个字符。但是对于网站开发来说，这样计算的方式比较麻烦，也没办法区分用户输入的内容是否是汉字。

针对这种情况，PHP 提供了 mb_strlen()函数，用于准确地获取字符串的长度。在使用 mb_strlen()函数前，首先要确保 PHP 配置文件中开启了"extension=php_mbstring.dll"扩展。修改上述示例如下。

```
$str = 'PHP 程序设计基础教程';
echo mb_strlen($str, 'UTF-8');  // 输出结果：11
```

上述 mb_strlen()函数的第 1 个参数，表示待计算长度的字符串。第 2 个参数用于指定字符编码类型，省略时则使用内部字符编码。

 注意

常见的中文字符编码类型有 GBK 和 UTF-8。对于 GBK 编码，一个中文字符占用 2 个字节；对于 UTF-8 编码，一个中文字符占用 3 个字节。

3.4.2 数学函数

为了方便开发人员处理程序中的数学运算，PHP 内置了一系列的数学函数，用于进行获取最大值、最小值、生成随机数等常见的数学运算。常用的数学函数如表 3-2 所示。

表 3-2 PHP 中常用的数学函数

函数名	功能描述	函数名	功能描述
abs()	取绝对值	min()	取最小值
ceil()	向上取最接近的整数	pi()	取圆周率的值
floor()	向下取最接近的整数	pow()	计算 x 的 y 次方
fmod()	取除法的浮点数余数	sqrt()	取平方根
is_nan()	判断是否为合法数值	round()	对浮点数进行四舍五入
max()	取最大值	rand()	生成随机整数

为了让大家更好地理解数学函数的使用方法，下面进行代码演示。

```
echo ceil(5.2);        // 输出结果：6
echo floor(7.8);       // 输出结果：7
echo rand(1, 20);      // 随机输出 1 到 20 间的整数
```

在上述示例中，ceil()函数是对浮点数 5.2 进行向上取整，floor()函数是对浮点数进行向下取整，rand()函数的参数表示随机数的范围，第 1 个参数表示最小值，第 2 参数表示最大值。

数学函数的使用非常简单，这里不再进行举例讲解，对于不熟悉的函数，大家可参考 PHP 手册学习。

3.4.3　时间日期函数

在使用 PHP 开发 Web 应用程序时，经常会涉及日期和时间管理。例如，倒计时、用户登录时间、新闻发布时间、购买商品时下订单的时间等。为此，PHP 提供了内置的日期和时间处理函数，满足开发中的各种需求。其中，常用的时间日期函数如表 3-3 所示。

表 3-3　PHP 中常用的日期函数

函数名	功能描述
time()	获取当前的 UNIX 时间戳
date()	格式化一个本地时间／日期
mktime()	获取指定日期的 UNIX 时间戳
strtotime()	将字符串转化成 UNIX 时间戳
microtime()	获取当前 UNIX 时间戳和微秒数

为了方便大家对 PHP 提供的日期时间函数的理解和使用，下面将分别对其进行讲解。

（1）UNIX 时间戳

UNIX 时间戳是一种时间的表示方式，它的存在是为了解决编程环境中时间运算的问题。例如，在处理时间和日期时，推算起来会比较复杂，因其除了时间进位以外，还要涉及不同的月份天数等，所以使用简单的运算是无法解决的。

UNIX 时间戳（UNIX timestamp）定义了从格林威治时间 1970 年 01 月 01 日 00 时 00 分 00 秒起至现在的总秒数，以 32 位二进制数表示。其中，1970 年 01 月 01 日零点也叫作 UNIX 纪元，具体示例如下。

```
echo time();                          // 输出结果: 1487666317
echo mktime(0, 0, 0, 2, 21, 2017);    // 输出结果: 1487606400
echo strtotime('2017-2-21');          // 输出结果: 1487606400
echo microtime();                     // 输出结果: 0.04142600 1487666098
echo microtime(true);                 // 输出结果: 1487666098.0414
```

在上述示例中，time()函数用于获取当前时间的 UNIX 时间戳，mktime()和 strtotime()函数可将给定的日期时间转换成 UNIX 时间戳，前者的参数分别表示"时分秒月日年"，后者可以是任意时间的字符串。函数 microtime()用于获取当前 UNIX 时间戳和微秒数，不设置参数时，返回值前面一段数字表示微妙数，后面一段数字表示秒数；设置参数时，小数点前表示秒数，小数点后表示微秒数。

（2）格式化时间戳

对于用户来说，时间戳的直接输出，会让其看到一个毫无意义的整型数值。为了将时间戳表示的时间以友好的形式显示出来，可以对时间戳进行格式化，具体示例如下。

```
echo date('Y-m-d H:i:s');          // 输出结果：2017-02-21 16:48:16
echo date('Y-m-d', 1487666317);    // 输出结果：2017-02-21
```

在上述 date() 函数的示例中，第 1 个参数表示格式化日期时间的样式，第 2 个参数表示待格式化的时间戳，省略时表示格式化当前时间戳。关于 date() 函数格式化日期的常用字符表示含义如表 3-4 所示。

表 3-4　date() 函数常用格式字符

分类	参数	说明
年	Y	4 位数字表示的完整年份，如 1998、2017
	y	2 位数字表示的年份，如 99、03
	L	是否为闰年，闰年为 1，否则为 0
月	m	数字表示的月份，有前导零，返回值 01 ~ 12
	n	数字表示的月份，无前导零，返回值 1 ~ 12
	t	给定月份所应有的天数，返回值范围 28 ~ 31
	F	月份，完整的文本格式，如 January、March
	M	三个字母缩写表示的月份，如 Jan、Dec
日	d	月份中的第几天，有前导零，返回值 01 ~ 31
	j	月份中的第几天，无前导零，返回值 1 ~ 31
时间	g	小时，12 小时格式，无前导零，返回值 1 ~ 12
	h	小时，12 小时格式，有前导零，返回值 01 ~ 12
	G	小时，24 小时格式，无前导零，返回值 0 ~ 23
	H	小时，24 小时格式，有前导零，返回值 00 ~ 23
	i	有前导零的分钟数，返回值 00 ~ 59
	s	有前导零的秒数，返回值 00 ~ 59
星期	N	星期几，返回值 1（表示星期一）~ 7（表示星期日）
	w	星期几，返回值 0（表示星期日）~ 6（表示星期六）
	D	三个字母缩写表示的星期，如 Mon、Sun
	l（"L"的小写字母）	星期几，完整的文本格式，如 Sunday、Saturday

3.5　PHP 手册的使用

由于 PHP 提供了丰富的内置函数，涉及 Web 开发的各个方面，如前面讲解到的处理字符串的相关函数、日期格式化的各个字符等。然而，即使经验再丰富的编程人员，也不可能记住所有函数的用法，这时就需要查阅 PHP 手册进行学习和研究。接下来将分步骤讲解如何查阅 PHP 函数手册。

1. 登录 PHP 在线手册

打开 PHP 的官网，然后单击导航栏中的"Documentation"切换到 PHP 手册文档页面，在

"View Online"在线手册查看页面选择"Chinese(Simplified)"中文版后，即可以看到手册的首页界面，如图3-5和图3-6所示。

图3-5　PHP手册（a）

图3-6　PHP手册（b）

2. 手册的使用

PHP 手册首页以列表的形式分类展示各种语法，如基本语法、类型、变量、函数等。在查询时根据分类逐层单击查询即可查找到要查询的内容。除此之外，还可以在"Search"搜索栏中直接输入要查找的分类、函数等。下面以在搜索栏中查找 strlen()函数的具体使用为例。

（1）查看函数的功能

在手册首页的右上角搜索栏中输入函数名 strlen，然后按【Enter】键，就会显示该函数的详细信息，如图 3-7 所示。从图中可知，在函数名称下面可以清晰地看到该函数适用的 PHP 版本以及函数功能描述。

图3-7　strlen()函数

（2）查看函数的语法

继续往下拉动滚动条，可以看到该函数的语法声明，参数的设置、函数返回值的类型以及该函数的具体描述，如图 3-8 所示。

图3-8　查看具体语法

（3）查看函数的参数

接着继续向下查看，可以看到该函数参数的详细介绍，如图 3-9 所示。

图3-9　查看函数参数

（4）查看函数返回值

接着浏览查询结果页面，会看到函数返回值的具体说明，如图 3-10 所示。

图3-10　查看函数的返回值

（5）查看更新日志

继续浏览查询结果页面，会看到此函数在版本更新的过程中的相关说明，如图 3-11 所示。

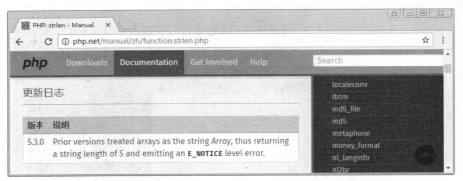

图3-11　函数更新说明

（6）查看使用范例

最后浏览查询结果页面，会发现还有一些函数的使用范例，如图 3-12 所示。

图3-12　范例说明

初学者在学习 PHP 的道路上，会遇到很多陌生的函数，此时都可以通过查看 PHP 手册来学习。PHP 手册是学习 PHP 的良师伴侣，希望读者在 PHP 学习过程中，多查看 PHP 手册。

动手实践：制作年历

对于编程语言的学习来说，上课听懂，看书看懂，都不是真的懂；只有将其理论与实际相结合，动手实践出具体的功能，才是真的懂。接下来结合本章所学的知识完成年历的制作。

【功能分析】

日历是一种记载日期等相关信息的表格，通常每页显示一日信息的叫作日历，每页显示一个月信息的叫作月历，每页显示全年信息的叫作年历。从日历诞生至今，它有多种的呈现形式，如挂历、台历、年历卡、电子日历、万年历等。

　　在生活中，日历对于人们的旅程规划、行程安排和工作计划等有着重要的作用。下面使用本章所学的函数知识来实现年历的制作。具体需求如下。

- 定义函数 calendar()用于生成年历 HTML 表格。
- 根据函数参数传入的指定年份生成对应的年历。
- 获取指定年份的第一天是星期几。
- 获取每个月份的最大天数。
- 按照"日、一、二、三、四、五、六"的星期格式进行展示。

【功能实现】

1. 定义年历生成函数

编写 PHP 文件 calendar.php，用于实现年历制作的功能。在文件中编写函数如下。

```
1   <?php
2   function calendar($y)
3   {
4       $html = '';
5       return $html;
6   }
7   echo calendar('2017');
```

　　在上述代码中，calendar()函数的参数$y 表示给定的年份，如 2006、2017；变量$html 用于保存字符串拼接的年历 HTML 生成结果。第 7 行代码用于调用 calendar()函数输出 2017 年的年历。

2. 拼接每个月份的表格

在第 1 步代码中的第 4 行的下面编写如下代码，使用 for 循环输出 12 个月份的表格。

```
1   for ($m = 1; $m <= 12; ++$m) {
2       $html .= '<table>';
3       $html .= '<tr><th colspan="7">' . $y . ' 年 ' . $m . ' 月</th></tr>';
4       $html .= '<tr><td>日</td><td>一</td><td>二</td><td>三</td><td>四</td>
5               <td>五</td><td>六</td></tr>';
6       $html .= '</table>';
7   }
```

　　上述代码的运行结果如图 3-13 所示。图中的 CSS 样式可以参考本书配套源代码。

3. 获取指定年份的第 1 天是星期几

　　在实现日期的输出前，需要先获取该年份的第 1 天是星期几，然后才能将日期输出到对应的位置。接下来在第 1 步代码的第 4 行的上面添加如下代码，获取指定年份 1 月 1 日的星期数值。

```
    $w = date('w', strtotime("$y-1-1"));
```

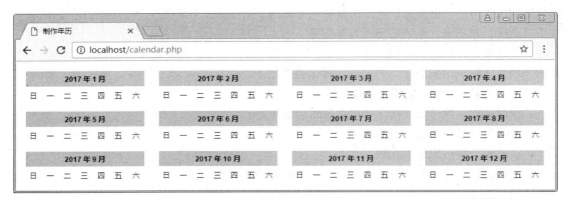

图3-13　拼接每个月份的表格

上述代码执行后，变量$w 保存了获取到的星期数值。例如，3 表示星期三、0 表示星期日。

4. 遍历指定月份中的每一天

若要拼接年历中的日期，需要获取每个月共有多少天，以及每一天是星期几。在第 2 步代码的第 5 行的下面添加如下代码即可实现。

```
1    // 获取当前月份$m 共有多少天
2    $max = date('t', strtotime("$y-$m"));
3    // 从该月份的第 1 天循环到最后 1 天
4    for ($d = 1; $d <= $max; ++$d) {
5        // 控制星期值在 0~6 范围内变动
6        $w = ($w + 1 > 6) ? 0 : $w + 1;
7    }
```

上述代码利用 for 循环遍历指定月份中的所有天数，在循环体中通过$w 可以获取当前星期值。值得一提的是，按照上述的步骤修改完后，目前代码中共有两个 for 循环，外层循环用于遍历月份，内层循环用于遍历每一天。

5. 拼接年历中的日期

在完成两层 for 循环后，接下来开始在表格中拼接每一天的单元格。需要注意的是，在拼接时需要考虑当前月份的第 1 天是否为星期日，如果不是，则需要填充空白单元格。并且，在拼接到周六时，需要考虑当前是否为月底，如果不是月底则需要换到下一行。

接下来将第 4 步中第 3~7 行代码修改成如下形式，实现每月日期的拼接。

```
1    $html .= '<tr>';                      // 开始<tr>标签
2    for ($d = 1; $d <= $max; ++$d) {
3        if ($w && $d == 1) {              // 如果该月的第 1 天不是星期日，则填充空白
4            $html .= "<td colspan=\"$w\"> </td>";
5        }
6        $html .= "<td>$d</td>";
7        if ($w == 6 && $d != $max) {      // 如果星期六不是该月的最后一天，则换行
8            $html .= '</tr><tr>';
```

```
9        } elseif ($d == $max) {              // 该月的最后一天，闭合<tr>标签
10           $html .= '</tr>';
11       }
12       $w = ($w + 1 > 6) ? 0 : $w + 1;
13   }
```

上述第 3~5 行代码利用合并单元格的方式填充空白，将当前的星期数作为需要合并的列数；第 6 行代码用于拼接当前日期；第 7~11 行代码用于判断是否需要换行或完成每月最后一个星期的完整拼接。

按照上述代码完成修改后，参考效果如图 3-14 所示。

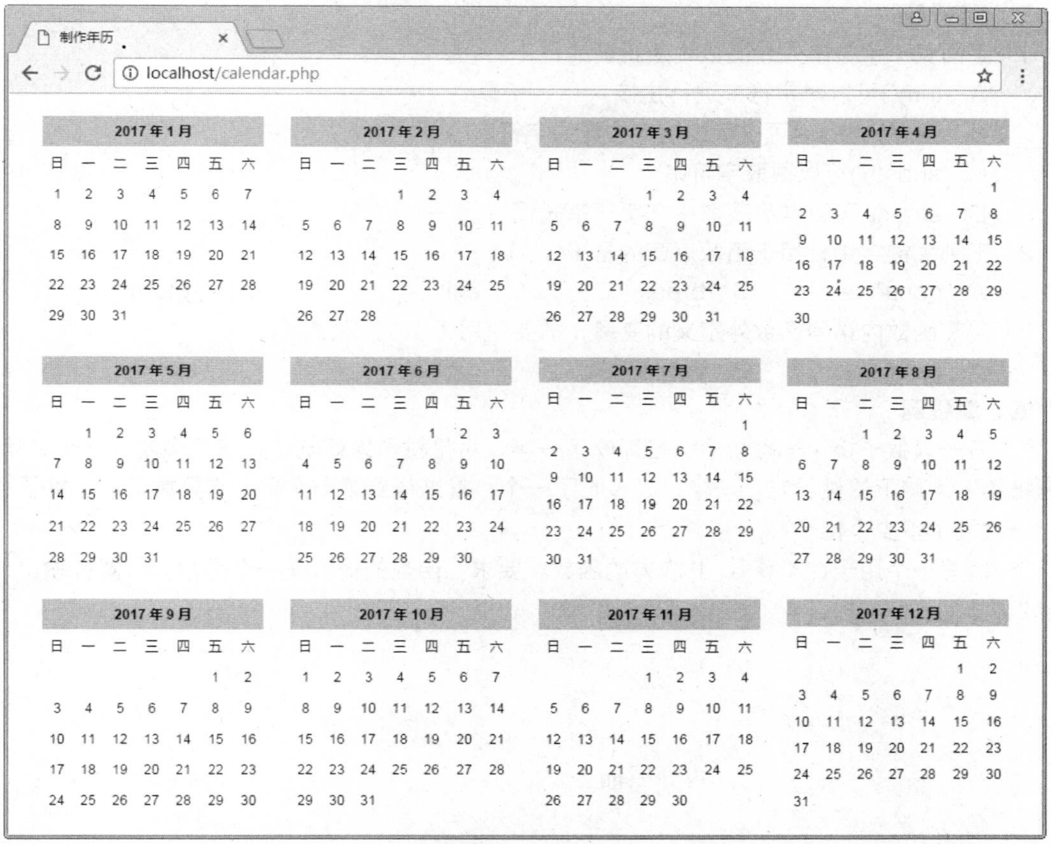

图3-14　实现年历

本章小结

本章首先介绍了函数的基本使用方法，包括定义、调用和返回值的设置；然后详细讲解了函数定义的语法、函数参数的几种常用设置方式；接着针对函数的嵌套调用、递归调用、可变函数、回调函数和匿名函数的应用进行讲解；最后介绍了开发中经常用到的内置函数以及 PHP 手册的具体使用方式。通过本章的学习，大家应该能够掌握函数的具体使用方法。

课后练习

一、填空题

1. substr()函数用于获取字符串中的子串，则 substr('import', 1, 3) 的返回值是_____。

2. 函数 strrpos('Welcome to learning PHP', 'e')的返回值是_____。

二、判断题

1. 函数调用时，函数的名称可以使用一个变量来代替。(　　)

2. 在 PHP 中，定义函数时可以没有返回值。(　　)

三、选择题

1. 下面关于字符串处理函数说法正确的是（　　）。

    A. trim()可以对字符串进行拼接

    B. str_replace()可以替换指定位置的字符串

    C. substr()可以截取字符串

    D. strlen()可以准确获取中文字符串长度

2. 下列关键字中，用于函数返回的是（　　）。

    A. continue　　　　B. break　　　　C. exit　　　　　　　D. return

3. 若在函数内访问函数外定义的变量，需要使用（　　）关键字。

    A. public　　　　B. var　　　　C. global　　　　D. static

四、编程题

1. 有一只猴子摘了一堆桃子，当即吃了一半，可是桃子太好吃了，它又多吃了一个，第二天它把第一天剩下的桃子吃了一半，又多吃了一个，就这样到第十天早上它只剩下一个桃子了，问它一共摘了多少个桃子？

2. 编写一个用于计算整数 4 次方的函数。要求：函数的输入是一个整数，计算并输出 16 的 4 次方。

第 4 章
数组

数组是 PHP 中最重要的数据类型之一，在 PHP 中广泛应用。相比标量类型的变量只能保存一个数据，使用复合类型的数组变量能够保存一批数据，从而很方便地对数据进行分类和批量处理。本章将围绕数组的相关知识进行详细讲解。

学习目标
● 掌握数组的定义与使用方法。
● 掌握数组的查找与排序方法。
● 掌握数组的常用函数的用法。

4.1 初识数组

若要操作一批数据，如一个班级的所有学生、一个公司的全部员工等，为了保存他们的相关信息，则每一条信息都需要一个变量去保存，显然这样做很麻烦，而且容易出错，又不合理。这时，可以通过数组类型的变量去存储。数组就是一个可以存储一组或一系列数值的变量。

在 PHP 中，数组是由一个或多个数组元素组成的，每个数组元素由键（Key）和值（Value）构成。其中，"键"为元素的识别名称，也被称为数组下标；"值"为元素的内容；"键"和"值"之间存在一种对应关系，称之为映射。

在 PHP 中，根据键的数据类型，可以将数组划分为索引数组和关联数组，具体如下。

1. 索引数组

索引数组是指键名为整数的数组。默认情况下，索引数组的键名是从 0 开始，并依次递增。它主要适用于利用位置（0、1、2……）来标识数组元素的情况。如图 4-1 所示。另外，索引数组的键名也可以自己指定。

2. 关联数组

关联数组是指键名为字符串的数组。通常情况下，关联数组元素的"键"和"值"之间有一定的业务逻辑关系。因此，通常使用关联数组存储一系列具有逻辑关系的变量。例如，一个用于存储个人信息的关联数组，其元素在内存中的分配情况如图 4-2 所示。从图中可以看出，关联数组的"键"都是字符串，并且与"值"之间具有一一对应的关系。

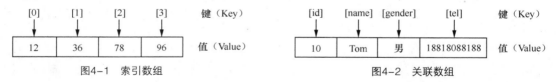

图4-1　索引数组　　　　　　　　　　　图4-2　关联数组

除此之外，PHP 中的数组还可以根据维数划分为一维数组、二维数组、三维数组等。所谓一维数组就是指数组的"值"是非数组类型的数据，图 4-1 和图 4-2 所示的都是一维数组；二维数组是指数组元素的"值"是一个一维数组，也就是说，当一个数组的值又是一个数组时，就可以形成多维数组。

4.2 数组的基本使用

数组是在 PHP 开发中必不可少的一种数据类型，那么如何定义和使用数组是初学者首先需要掌握的内容。本节将针对数组的定义、访问、删除、遍历以及数组的操作符进行详细讲解。

4.2.1 数组的定义

对于数组的定义，PHP 提供了 3 种方式，分别为 array() 语言结构法、赋值方式和从 PHP 5.4 起增加的短数组定义法（[] ）。下面分别对其使用方式进行详细介绍。

1. array() 语言结构方式

array() 语言结构中的数组元素使用"键=>值"的方式进行表示，各元素之间使用逗号进行分隔。为了便于理解，具体定义方式如以下示例所示。

（1）定义索引数组

```
$fruits = array('apple', 'grape', 'pear');                // 省略键名
$sports = array(2 => 'basketball', 4 => 'swimming');      // 指定键名
```

上述示例中的$fruits 数组变量，在省略键名的设置时，默认从 0 开始，依次递增加 1，因此该数组元素的键名依次为 "0、1、2"。除此之外，还可以根据实际需求自定义数组元素的键名，如上述示例中的$sports 数组变量，将其第 1 个元素键名设置为 2，第 2 个元素的键名设置为 4。

（2）定义关联数组

```
$info = array('id' => 10, 'name' => 'Tom', 'tel' => 18810888188);
```

从上可知，通过关联数组的键名可以准确地描述出该数组元素的含义。如 id 表示编号，name表示名称，tel 表示电话号码。

在定义关联数组时，"值"可以是任意类型数据，而 "键" 则有明确的数据类型要求，具体如下。

- 键只能是整型或字符串型的数据，如果是其他类型，则会执行类型自动转换。
- 合法整型的字符串会被转为整型，如 "2" 转为 2，而 "02" 则不会被转换。
- 浮点数会被舍去小数部分直接转换成整型，如 "2.6" 转为 2。
- 布尔类型的 true 会被转为 1，false 转为 0。
- NULL 类型会被转为空字符串。
- 若数组中存在相同键名的元素时，后面的元素会覆盖前面元素的值。

（3）定义混合数组

除了上面讲解的方式外，在定义数组时，还可以定义没有任何元素的数组，以及既有索引表示方式又有关联表示方式的数组元素，使用示例如下所示。

```
$temp = array();
$mixed = array(2, 'str', 'id' => 5, 5 => 'b', 'a');
```

上述示例定义了一个空数组$temp 和混合数组$mixed。其中，$mixed 数组的元素 "b" 指定了数字键名为 "5"，则其后的 "a" 元素会自动将前面最大的数字键名加 1 后，作为其键名，即 5+1 得到键名 6。

（4）定义多维数组

上面讲解的都是一维数组的各种定义方式，了解了一维数组如何定义后，多维数组的定义就非常的简单，只需将数组元素设置为数组即可。下面定义一个二维数组进行演示，如下所示。

```
$data = array(
    0 => array('name' => 'Tom', 'gender' => '男'),
    1 => array('name' => 'Lucy', 'gender' => '女'),
    2 => array('name' => 'Jimmy', 'gender' => '男')
);
```

在定义多维数组时，虽然 PHP 没有限制数组的维数，但是在实际应用中，为了便于代码阅读、调试和维护，推荐使用三维及以下的数组保存数据。

2. 赋值方式

使用赋值方式定义数组就是创建一个数组变量，然后使用赋值运算符直接给变量赋值。具体

示例如下。

```
$arr[] = 123;            // 存储结果: $arr[0] = 123
$arr[] = 'hello';        // 存储结果: $arr[1] = 'hello'
$arr[4] = 'PHP';         // 存储结果: $arr[4] = 'PHP'
$arr['name'] = 'Tom';    // 存储结果: $arr['name'] = 'Tom'
$arr[] = 'Java';         // 存储结果: $arr[5] = 'Java'
```

从上面示例可知，赋值方式定义数组就是单独为数组元素赋值。需要注意的是，赋值方式不能定义一个空数组。

3. 短数组定义法（[]）

短数组定义法（[]）与 array()语法结构的使用方式相同，只需将 array()替换为[]即可，示例如下。

```
$weather = ['wind', 'fine'];              // 相当于: array('wind', 'fine')
$object = ['id' => 12, 'name' => 'PHP'];  // 相当于: array('id' => 12, 'name' => 'PHP')
$num = [[1, 3], [2, 4]];                  // 相当于: array(array(1, 3), array(2, 4))
```

4.2.2　访问数组

数组定义完成后，若想要查看数组中某个具体的元素，则可以通过"数组名[键]"的方式获取。使用示例如下。

```
$sub = ['PHP', 'Java', 'C', 'Android'];
$data = ['goods' => 'clothes', 'num' => 49.90, 'sales' => 500];
echo $sub[1];            // 输出结果: Java
echo $sub[3];            // 输出结果: Android
echo $data['goods'];     // 输出结果: clothes
echo $data['sales'];     // 输出结果: 500
```

另外，若要一次查看数组中的所有元素，则可以利用前面学习过的输出语句函数 print_r()和 var_dump()，通常情况下为了使输出的函数按照一定的格式打印，查看时经常与 pre 标签一起使用。例如，打印上述示例定义的$sub 和$data，具体使用示例如下。

```
echo '<pre>';
print_r($sub);           // print_r()函数打印数组变量$sub
var_dump($data);         // var_dump()函数打印数组变量$data
echo '</pre>';
```

打印结果分别如下所示。

```
// print_r()打印结果
Array
(
    [0] => PHP
    [1] => Java
    [2] => C
```

```
// var_dump()打印结果
array(3) {
    ["goods"]=>
    string(7) "clothes"
    ["num"]=>
    float(49.9)
```

```
    [3] => Android                        ["sales"]=>
)                                         int(500)
                                          }
```

从结果可知，print_r()仅适合查看数组的结构和元素，若要查看数组元素的具体信息，如数组中共有几个元素、元素的数据类型等还需要使用 var_dump()函数进行查看。

4.2.3　遍历数组

在程序开发中，使用数组保存数据虽然很简单，但是若使用上面讲解的访问数组的方式，显然不能满足复杂的开发需求。因此，PHP 提供了一种操作数组的方式——遍历数组。所谓遍历数组就是一次访问数组中所有元素的操作。通常情况下，使用 foreach()语句完成数组的遍历，具体使用示例如下。

```
$info = ['id' => 1, 'usr' => 'Jacie', 'age' => 18];
// 使用方式一
foreach ($info as $k => $v) {
   echo $k . ': ' . $v . '';     // 输出的结果: id: 1 usr: Jacie age: 18
}
// 使用方式二
foreach ($info as $v) {
   echo $v . ' ';                 // 输出的结果: 1 Jacie 18
}
```

从示例可知，foreach()的第 1 个参数表示待遍历的数组变量名称，as 关键字后指定的是数组元素，$k 表示元素的“键”，$v 表示元素的“值”，“键”和“值”之间使用“=>”连接。然后在“{}”中可以完成元素的操作。例如，上述示例中对每个遍历的元素利用 echo 输出。

其中，$k 和$v 的变量名可以根据实际情况随意设置，如$key、$value 等；当不需要遍历数组元素的键名时，可以在 as 关键字后直接设置一个变量表示当前元素的值，如“使用方式二”中设置的$v。

 多学一招：foreach 的引用赋值

通过前面的学习，我们知道通过 foreach 可以完成数组元素的遍历。那么，在遍历数组时，如果改变了当前元素$v 的值，数组中的值是否也会随之变化呢？下面首先看一下具体的示例。

```
$arr = [1, 2, 3];
foreach ($arr as $v) {
   $v = $v + 2;
}
print_r($arr);  // 输出结果: Array ( [0] => 1 [1] => 2 [2] => 3 )
```

在上述示例中，当遍历数组$arr 中的元素时，将每个元素的值都加 2 后，利用 print_r()打印数组$arr 的值会发现，数组内的元素值并未发生任何改变。这是由于默认情况下，foreach 在遍历数组时，数组元素的值$v 为传值赋值。

因此，若想要通过$v 来改变数组中的值，则可以在 as 关键字后的元素值前面添加“&”符号。例如，将上述示例修改后，再利用 print_r()打印数组，具体如下所示。

```
$arr = [1, 2, 3];
foreach ($arr as &$v) {
    $v = $v + 2;
}
print_r($arr); // 输出结果: Array ( [0] => 3 [1] => 4 [2] => 5 )
```

此外，在使用 foreach 的引用赋值时，还需要注意的一点是，as 关键字后表示数组元素键名和值的变量，相当于在程序开发中我们定义的一个全局变量，在数组遍历完成后依然可以使用。因此，为了防止下次使用$v 变量时对上一次有影响，推荐在每次 foreach 遍历完数组后，利用 unset()函数释放掉变量$v。

4.2.4　数组的删除

在数组定义完成后，有时也需要根据实际情况去除数组的某个元素。例如，一个保存全班学生信息的多维数组，若这个班级中有一个学生转学了，那么在这个班级学生信息管理中就需要删除此学生。此时，可以使用 PHP 提供的 unset()函数完成数据的删除，具体如例 4-1 所示。

【例 4-1】del.php

```
1   <?php
2   $data = [
3       1 => ['name' => 'Tom', 'hobby' => 'swimming'],
4       2 => ['name' => 'Lucy', 'hobby' => 'sing'],
5       3 => ['name' => 'Jacie', 'hobby' => 'running'],
6       4 => ['name' => 'Jimmy', 'hobby' => 'basketball']
7   ];
8   unset($data[2]);   // 删除键名为 2 的数组元素
9   echo '<pre>';
10  print_r($data);
11  echo '</pre>';
```

上述第 2~7 行代码定义了一个二维数组$data，第 8 行代码利用 unset()函数删除了$data 数组中键名为 2 的元素。接下来，通过第 9~11 行的代码打印删除元素后的数组，效果如图 4-3 所示。

图4-3　unset()删除单个元素

从图 4-3 可以看出，数组元素被删除后，数组中的数字键名不会自动填补空缺的数字。

另外，unset()函数除了可以删除指定键名的元素，还可以删除整个数组。例如，在例 4-1 的第 11 行代码后添加以下代码。

```
unset($data);
print_r($data);
```

然后在浏览器中访问时，就会出现"Notice: Undefined variable: data......"提示，表示该数组已经不存在了。

4.2.5　数组操作符

不仅前面讲解的标量数据类型可以进行比较运算，数组这种复合数据类型也可以进行运算，不过数组有其专门提供的数组操作符进行对应的运算。常见的数组操作运算符如表 4-1 所示。

表 4-1　数组操作符

运算符	含义	示例	说明
+	联合	$a + $b	$a 和$b 的联合
==	相等	$a == $b	如果$a 和$b 具有相同的键值对则为 true
===	全等	$a === $b	如果$a 和$b 具有相同的键值对并且顺序和类型都相同则为 true
!=	不等	$a != $b	如果$a 不等于$b 则为 true
<>	不等	$a <> $b	如果$a 不等于$b 则为 true
!==	不全等	$a !== $b	如果$a 不全等于$b 则为 true

表 4-1 列举了一些常用的数组操作符。其中，"+"为联合运算符，用于合并数组，如果出现下标相同的元素，则保留第 1 个数组内的元素，具体使用示例如下所示。

```
$num = [2, 4];
$alp = ['a', 'b', 'c'];
$mer1 = $num + $alp;
$mer2 = $alp + $num;
print_r($mer1);      // 输出结果: Array ( [0] => 2 [1] => 4 [2] => c )
print_r($mer2);      // 输出结果: Array ( [0] => a [1] => b [2] => c )
```

从上述示例可以看出，当数组$num 和$alp 的键名相同时，保留了运算符"+"左边数组内的元素，操作符右边数组内的元素会被覆盖。

4.3　数组查找

PHP 中数组类型的变量可以保存任意多个数据，而开发中经常需要在数组中查找到指定的数据进行对应的操作。这种查找数据的方法最常用的有顺序查找法和二分查找法。本节将针对这两种查找法的使用进行分析讲解。

4.3.1　顺序查找法

顺序查找法是最简单的查找法，只需按照数组中元素的保存顺序，利用待查的值与数组中的元素从前往后一个一个地进行比较，直到找到目标值或查找失败，如图 4-4 所示。

图4-4　顺序查找法

顺序查找法对数组中元素大小的排序无要求，这使得它的适应性比较高，但由于其每次查找都需要遍历一次数组，因此效率较低。为了让大家更好的理解顺序查找法的实现，通过例 4-2 进行讲解。

【例 4-2】search.php

```php
1  <?php
2  function search($arr, $find)
3  {
4      foreach ($arr as $k => $v) {
5          if ($find == $v) {
6              return "{$find}在数组中的键名为: $k";
7          }
8      }
9      return '查找失败';
10 }
11 $arr = [55, 9, 7, 62];
12 echo search($arr, 7);    // 输出结果: 7 在数组中的键名为: 2
13 echo search($arr, 10);   // 输出结果: 查找失败
```

从示例可知，顺序查找法的实现很简单。只需调用自定义的 search()函数，遍历传递的数组，让数组中的元素与待查找的值$find 进行比较，若有与$find 相等的元素，则返回其在数组中的键名$k，否则返回查找失败的提示。

4.3.2　二分查找法

二分查找法是针对有序数组的一种查找法，它的查询效率非常高。具体实现原理是，每次将查找值与数组中间位置元素的值进行比较，相等返回；不等则排除掉数组中一半的元素，然后根据比较结果大或小，再与数组中剩余一半中间位置元素的值进行比较，以此类推，直到找到目标值或查找失败。二分查找法的过程如图 4-5 所示。

在了解二分查找法的实现原理后，接下来使用递归函数的方式实现二分查找法，如例 4-3 所示。

【例 4-3】bsearch.php

```php
1  <?php
2  function bSearch($arr, $start, $len, $find)
3  {
4      $end = $len - 1;
5      $mid = round($len / 2);
6      if ($start > $end) {
```

```
 7          return '查找失败';
 8      } elseif ($arr[$mid] > $find) {
 9          return bSearch($arr, $start, $mid - 1, $find);
10      } elseif ($arr[$mid] < $find) {
11          return bSearch($arr, $mid + 1, $end, $find);
12      } else {
13          return $mid;
14      }
15  }
```

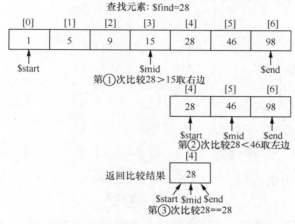

图4-5　二分查找法

上述代码中，bSearch()函数的参数依次表示为从小到大排序的数组、查找数组的开始键名、数组长度和待查找的值。第 4 行代码用于计算给定数组的结尾键名，第 5 行用于计算数组里中间元素的键名，并对小数的情况进行四舍五入。

第 6 行代码用于判断当开始与结尾键名不合法时，返回查找失败的提示信息；第 8 行用于判断中间元素的值大于查找值时，递归调用 bSearch()函数，修改结尾键名。第 10 行用于判断中间元素的值小于查找值时，递归调用 bSearch()函数，修改开始键名。第 13 行用于查找成功时，返回对应的键名。

接下来，调用函数 bSearch()，在数组中查找 28 和 10。如下所示。

```
$arr = [1, 5, 9, 15, 28, 46, 98];    // 定义待查找数组
$len = count($arr);                  // 获取数组长度
echo bSearch($arr, 0, $len, 28);     // 输出结果：4
echo bSearch($arr, 0, $len, 10)      // 输出结果：查找失败
```

在上述代码中，count()函数用于获取数组长度，例如上述案例给出的数组长度为 7。

4.4　数组排序

数组中元素的有序排列，可以方便开发中数据的定位和使用，避免很多不必要的麻烦。如

4.3 中讲解的二分查找法就必须是对一个有序排列的数组进行。本节将针对开发中常用的排序算法进行讲解。

4.4.1　冒泡排序

冒泡排序是计算机科学领域中较简单的排序算法。在冒泡排序的过程中，按照要求从小到大排序或从大到小排序，不断比较数组中相邻两个元素的值，较小或较大的元素前移。具体排序过程如图 4-6 所示。从图中可以看出，冒泡排序比较的轮数是数组长度减 1，每轮比较的对数等于数组的长度减当前的轮数。

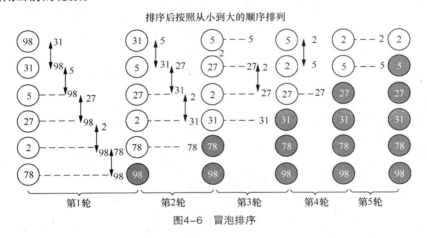

图4-6　冒泡排序

了解冒泡排序实现的原理后，下面使用 PHP 实现冒泡排序的功能，如例 4-4 所示。

【例 4-4】bubble.php

```php
1   <?php
2   function bubbleSort($arr)
3   {
4       // 外层循环控制需要比较的轮数
5       for ($i = 1, $len = count($arr); $i < $len; ++$i) {
6           for ($j = 0; $j < $len - $i; ++$j) {    // 内层循环控制参与比较的元素
7               if ($arr[$j] > $arr[$j + 1]) {      // 比较相邻的两个元素
8                   $temp = $arr[$j];
9                   $arr[$j] = $arr[$j + 1];
10                  $arr[$j + 1] = $temp;
11              }
12          }
13      }
14      return $arr;
15  }
```

上述第 5 行代码用于循环冒泡排序的轮数，第 6～12 行代码用于循环比较数组中两个相邻的元素，如果当前元素大于后一个元素时，则通过第 8～10 行代码交换两个元素的值。编写完成后，调用函数 bubbleSort()，将数组按照从小到大的顺序进行排序。如下所示。

```
$arr = [10, 2, 5, 27, 98, 31];
// 输出结果：Array ( [0] => 2 [1] => 5 [2] => 10 [3] => 27 [4] => 31 [5] => 98 )
print_r(bubble($arr));
```

需要注意的是，冒泡排序的效率很低，在实际中使用较少。

4.4.2　简单选择排序

简单选择排序是一种非常直观的排序算法。它的实现原理是，从待排序的数组中选出最小或最大的一个元素与数组的第 1 个元素互换，接着再在剩余的数组元素中选择最小的一个与数组的第 2 个元素互换，依次类推，直到全部待排序的数组元素排序完成。如按照从小到大的顺序完成简单选择排序，具体实现如图 4-7 所示。其中，图中利用箭头标注的两个元素就是在此次循环中互换的元素。

图4-7　简单选择排序

了解简单选择排序实现的原理后，下面使用 PHP 实现此排序算法的功能，如例 4-5 所示。

【例 4-5】select.php

```php
1   <?php
2   function selectSort($arr)
3   {
4       for ($i = 0, $len = count($arr); $i < $len; ++$i) {
5           $min = $i;                  // 先假设$arr[$i]是最小元素
6           for ($j = $i + 1; $j < $len; ++$j) {
7               if ($arr[$j] < $arr[$min]) {
8                   $min = $j;          // 选出值最小的元素
9               }
10          }
11          if ($min != $i) {           // 判断是否存在比$arr[$i]更小的值
12              $temp = $arr[$i];       // 交换$arr[$i]与最小值$arr[$min]
13              $arr[$i] = $arr[$min];
14              $arr[$min] = $temp;
15          }
16      }
17      return $arr;
18  }
```

在上述代码中，第 4 行用于遍历待排序数组，第 6~10 行用于遍历当前元素后所有的元素，选出值最小的元素，记录下来。如果找到了比$arr[$i]更小的元素，就进行交换。

接下来，调用函数 selectSort()，将数组按照从小到大的顺序进行排序，如下所示。

```
$arr = [9, 1, 2, 10, 4, 12];
// 输出结果: Array ( [0] => 1 [1] => 2 [2] => 4 [3] => 9 [4] => 10 [5] => 12 )
print_r(selectSort($arr));
```

值得一提的是，选择排序是不稳定的排序方法，在实际应用中使用也比较少。

4.4.3 快速排序

快速排序是对冒泡排序的一种优化。它的实现思路是，首先选择一个基准元素，通常选择待排序数组的第 1 个数组元素。通过一趟排序，将要排序的数组分成两个部分，其中一部分比基准元素小，另一部分比基准元素大，然后再利用同样的方法递归地排序划分出的两部分，直到将所有划分的数组排序完成，具体如图 4-8 所示。

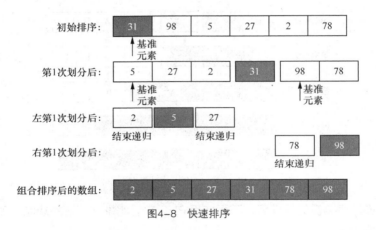

图4-8　快速排序

了解快速排序实现的原理后，下面使用 PHP 实现快速排序的功能，如例 4-6 所示。

【例 4-6】quick.php

```
1   <?php
2   function quickSort($arr)
3   {
4       // 获取待排序数组长度，当小于或等于 1 时直接返回数组（递归出口）
5       $len = count($arr);
6       if($len <= 1){
7           return $arr;
8       }
9       // 设置基准元素（使用第 1 个元素）
10      $pivot = $arr[0];
11      $small = $big = [];
12      // 根据基准元素，将数组分成 2 个部分：小于和大于
```

```
13      for ($i = 1; $i < $len; ++$i) {
14          if ($arr[$i] < $pivot) {            // 小于基准元素
15              $small[] = $arr[$i];
16          } else {                            // 大于等于基准元素
17              $big[] = $arr[$i];
18          }
19      }
20      //分别采用相同方案递归排序小于、大于部分的数组，然后进行合并
21      return array_merge(quickSort($small), [$pivot], quickSort($big));
22  }
```

在上述代码中，quickSort()函数传递的$arr 参数表示待排序数组，第 6～8 行用于设置递归出口，第 10 行用于设置基准元素，第 11～19 行用于根据基准元素将$arr 分为小于基准和大于等于基准元素两部分，第 21 行代码用于分别递归调用 quickSort()处理小于和大于基准元素的排列，然后使用 PHP 提供的内置数组函数 array_merge()完成排序后数组元素的合并。

编写完成后，调用函数 quickSort()，将数组按照从小到大的顺序进行排序，如下所示。

```
$arr = [31, 98, 5, 27, 2, 78];
// 输出结果：Array ( [0] => 2 [1] => 5 [2] => 27 [3] => 31 [4] => 78 [5] => 98 )
print_r(quickSort($arr));
```

4.4.4　插入排序

插入排序也是冒泡排序的优化，是一种直观的简单排序算法。它的实现原理是，通过构建有序数组元素的存储，对未排序数组的元素，在已排序的数组中从最后一个元素向第一个元素遍历，找到相应位置并插入。其中，待排序数组的第 1 个元素会被看作是一个有序的数组，从第 2 个至最后一个元素会被看作是一个无序数组。如按照从小到大的顺序完成插入排序，具体实现如图 4-9 所示。

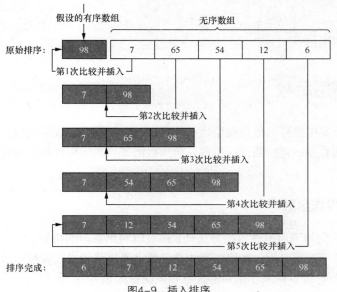

图4-9　插入排序

从图中可以看出，插入排序比较的次数与无序数组的长度相等，每次无序数组元素与有序数组中的所有元素进行比较，比较后找到对应位置插入，最后即可得到一个有序的数组。

了解插入排序实现的原理后，下面使用 PHP 实现插入排序的功能，这里假设有序数组的排列顺序为从小到大的顺序，具体如例 4-7 所示。

【例 4-7】insert.php

```php
1   <?php
2   function insertSort($arr)
3   {
4       for ($i = 1, $len = count($arr); $i < $len; ++$i) {      // 遍历无序数组
5           for ($j = $i; $j > 0; --$j) {                        // 遍历有序数组
6               if ($arr[$j] < $arr[$j - 1]) {                   // 无序与有序进行比较
7                   $temp = $arr[$j];
8                   $arr[$j] = $arr[$j - 1];
9                   $arr[$j - 1] = $temp;
10              }
11          }
12      }
13      return $arr;
14  }
```

在上述示例中，假设用户传递进来的数组$arr 的第 1 个元素是一个按从小到大排列的有序数组，$arr 中剩余的元素为无序数组。然后通过第 4～12 行代码进行循环。其中，第 5～11 行代码用于无序数组元素与有序数组中的所有元素进行比较，若无序元素$arr[$j]小于有序数组中的元素，则进行插入。最后通过第 13 行代码将排序后的数组返回。

编写完成后，调用函数 insertSort()，将数组按照从小到大的顺序进行排序，如下所示。

```php
$arr = [98, 7, 65, 54, 12, 6];
// 输出结果: Array ( [0] => 6 [1] => 7 [2] => 12 [3] => 54 [4] => 65 [5] => 98 )
print_r(insertSort($arr));
```

4.5 数组的常用函数

数组是 PHP 开发中重要的数据类型之一， PHP 为数组类型数据的操作提供了许多内置函数，如利用指针遍历数组、对数组进行排序，检索数组等。本节将针对数组的常用函数进行详细分类讲解。

4.5.1 指针操作函数

对数组元素的访问除了前面讲解的方法外，还可以利用数组的指针。数组指针用于指向数组中的某个元素，默认情况下，指向数组的第 1 个元素。通过移动或改变指针的位置，可以访问数组中的任意元素。PHP 提供的几个常用的指针相关函数如表 4-2 所示。

表 4-2　指针操作函数

函数名称	功能描述
current()	获取数组中当前指针指向的元素的值
key()	获取数组中当前指针指向的元素的键
next()	将数组中的内部指针向前移动一位
prev()	将数组中的内部指针倒回一位
each()	获取数组中当前的键值对并将数组指针向前移动一步
end()	将数组的内部指针指向最后一个元素
reset()	将数组的内部指针指向第一个元素

为了让大家更加清楚地了解这些常用指针函数的使用，下面通过示例的方式演示指针函数的应用，如下所示。

（1）通过指针函数访问数组

```php
$arr = ['a', 'b', 'c', 'd'];
echo key($arr) . ' - ' . current($arr);    // 获取当前指针指向的键和值：0 - a
echo next($arr);                            // 将当前指针向前移动一位：b
echo end($arr);                             // 将当前指针指向最后一个元素：d
echo prev($arr);                            // 将当前指针倒回一位：c
echo reset($arr);                           // 将指针指向第 1 个元素：a
```

（2）通过 each()函数访问数组

each()函数可以获取数组中当前元素的键和值，并以数组形式返回，具体如下。

```php
// 输出 each()返回的数组
$arr = ['sub' => 'PHP'];
echo '<pre>';
print_r(each($arr));
echo '</pre>';
```

```
// 输出结果
Array (
    [1] => PHP
    [value] => PHP
    [0] => sub
    [key] => sub
)
```

从上面可知，each()函数的返回值中包含了 4 个数组元素，分别为关联形式和索引形式保存的键和值。

（3）指针方式遍历数组

利用 list()语言结构、each()函数以及 while()循环可以对数组进行遍历，示例代码如下。

```php
$sweets = ['Muffin', 'cookie', 'cake'];
while (list($k, $v) = each($sweets)) {
    $curr = current($sweets);   // 此时指针已经被 each()移动到了下一位
    // 输出结果：0 => Muffin-cookie 1 => cookie-cake 2 => cake-
    echo "{$k} => {$v}-{$curr} ";
}
```

在上述示例中，list()结构可以将给定数组中的元素依次赋值给 list 小括号内从左到右定义的变量。each()函数在获取到了当前元素的键和值后，会自动将数组的指针指向下一个元素，直到没有数组元素时返回 NULL。

4.5.2　数组元素操作函数

在操作数组过程中，经常会遇到在数组的前面或后面添加或删除元素的情况。为此，PHP 提供了几个入栈和出栈的函数，具体如表 4–3 所示。

表 4-3　数组元素操作函数

函数名称	功能描述
array_pop()	将数组最后一个元素弹出（出栈）
array_push()	将一个或多个元素压入数组的末尾（入栈）
array_unshift()	在数组开头插入一个或多个元素
array_shift()	将数组开头的元素移出数组
array_unique()	移除数组中重复的值
array_slice()	从数组中截取部分数组
array_splice()	将数组中的一部分元素去掉并用其他值取代

为了让大家更好地理解数组元素操作函数的使用，接下来通过一段代码进行演示。

```php
$arr = ['puff', 'Tiramisu'];
array_pop($arr);               // 移出数组最后一个元素
print_r($arr);                 // 输出结果：Array ( [0] => puff )
array_push($arr, 'cookie');    // 在数组末尾添加元素
print_r($arr);                 // 输出结果：Array ( [0] => puff [1] => cookie )
array_unshift($arr, 22, 33);   // 在数组开头插入多个元素
print_r($arr);                 // 输出结果：Array ( [0] => 22 [1] => 33 [2] => puff [3] => cookie )
array_shift($arr);             // 移出数组第一个元素
print_r($arr);                 // 输出结果：Array ( [0] => 33 [1] => puff [2] => cookie )
```

从上述代码可以看出，array_shift()和 array_unshift()函数对于元素的数字键名会重新进行分配。

4.5.3　排序函数

对于开发中数组的排序，除了可以使用排序算法实现外。PHP 还提供了内置的数组排序函数，可以轻松对数组实现排序、逆向排序、按键名排序等操作。常用的排序函数如表 4–4 所示。

表 4-4　常用排序函数

函数名称	功能描述
sort()	对数组排序（从低到高）
rsort()	对数组逆向排序（从高到低）
asort()	对数组进行排序并保持键值关系
ksort()	对数组按照键名排序
arsort()	对数组进行逆向排序并保持键值关系
krsort()	对数组按照键名逆向排序
shuffle()	将数组元素顺序打乱
array_multisort()	对多个数组或多维数组进行排序

排序函数的使用也非常简单，下面以 sort()、rsort()和 asort()的使用为例进行讲解。具体如下。

```
$weather = ['sun', 'rain', 'haze'];
asort($weather);              // 保持键值关系正序排序
print_r($weather);            // 输出结果: Array ( [2] => haze [1] => rain [0] => sun )
sort($weather);               // 按正常类型正序排序
print_r($weather);            // 输出结果: Array ( [0] => haze [1] => rain [2] => sun )
rsort($weather);              // 按正常类型倒序排序:
print_r($weather);            // 输出结果: Array ( [0] => sun [1] => rain [2] => haze )
```

在上述代码中，sort()、rsort()和 asort()的第 1 个参数表示待排序的数组；第 2 个可选参数用于指定按照哪种方式进行排序，默认情况下按照数组中元素的类型正常排序。除此之外，它还有多种类型，常用的有 SORT_NUMERIC 表示数组元素将作为数字来比较，SORT_STRING 表示数组元素将作为字符串来比较。

4.5.4 检索函数

数组中元素的查找，除了前面讲解的查找算法外，PHP 还为其提供了内置函数，常用的如表 4-5 所示。

表 4-5　检索函数

函数名称	功能描述
in_array()	检查数组中是否存在某个值
array_search()	在数组中搜索给定的值，如果成功则返回相应的键名
array_key_exists()	检查给定的键名是否存在于数组中

下面以一个简单的案例演示如何使用检索函数检查指定的数据。如下所示。

```
$data = ['a' => 1, 'b' => 2, 'c' => 3];
var_dump(in_array(2, $data));           // 输出结果: bool(true)
var_dump(array_search(2, $data));       // 输出结果: string(1) "b"
var_dump(array_key_exists(2, $data));   // 输出结果: bool(false)
```

从上面的输出结果可以看出，in_array()和 array_key_exists()函数的返回值类型均为布尔型，检测的数据存在返回 true，否则返回 false。而函数 array_search()的返回值则是查找的"值"（如 2）对应的键名（如 b）。检索函数返回值类型对程序开发中的判断起着重要的作用。

4.5.5 其他数组函数

除了前面提到的几种类型外，PHP 还提供了很多其他常用的数组函数。如建立指定范围的数组，获取数组中所有元素的值或键名等。具体如表 4-6 所示。由于内置函数的使用非常简单，这里不再举例讲解，可根据实际需求参考手册。

表 4-6　常用的其他数组函数

函数名称	功能描述
count()	计算数组中的元素数目或对象中的属性个数
range()	建立一个包含指定范围元素的数组

续表

函数名称	功能描述
array_rand()	从数组中随机取出一个或多个元素
array_keys()	获取数组中部分的或所有的键名
array_values()	获取数组中所有的值
array_column()	获取数组中指定的一列
array_sum()	计算数组中所有值的和
array_reverse()	返回一个元素顺序相反的数组
array_merge()	合并一个或多个数组
array_flip()	交换数组中的键和值
array_combine()	创建数组，用一个数组的值作为其键名，另一个数组的值作为其值
array_chunk()	将一个数组分割成多个
array_fill()	用给定的值填充数组
array_replace()	使用传递的数组替换第一个数组的元素
array_map()	为数组中的每个元素应用回调函数
array_walk()	使用自定义函数对数组中的每个元素做回调处理

4.6 数组在字符串与函数中的应用

数组这种复合数据类型在 PHP 的开发中无处不在，它的灵活使用可以方便程序开发。例如，将字符串分隔成数组、将数组合并成字符串，以及利用数组保存用户定义的可变参数列表等。接下来将详细讲解数组在字符串与函数中的常见应用。

4.6.1 字符串与数组的转换

（1）字符串转换成数组

PHP 提供的 explode()函数用于根据指定字符对字符串进行分割，具体示例代码如下。

```
// ① 字符串分割成数组
var_dump(explode('n', 'banana'));
// 输出结果: array(3) { [0]=> string(2) "ba" [1]=> string(1) "a" [2]=> string(1) "a" }
// ② 分割时限制次数
var_dump(explode('n', 'banana', 2));
// 输出结果: array(2) { [0]=> string(2) "ba" [1]=> string(3) "ana" }
// ③ 返回除了最后 2 个元素外的所有元素
var_dump(explode('n', 'banana', -2));
// 输出结果: array(1) { [0]=> string(2) "ba" }
```

在上述代码中，explode()函数的返回值类型是数组类型，该函数的第 1 个参数表示分隔符，第 2 个参数表示要分割的字符串，第 3 个参数是可选的，表示返回的数组中最多包含的元素个数，当其为负数 m 时，表示返回除了最后的 m 个元素外的所有元素，当其为 0 时，则把它当作 1 处理。

（2）数组转换成字符串

PHP 提供的 implode() 函数用于利用指定字符将一维数组内的元素值连接成字符串，具体示例如下。

```
// ① 利用指定字符连接一维数组元素的值
echo implode('-', ['a', 'b', 'c']);            // 输出结果：a-b-c
echo implode(',', ['a' => 1, 'b' => 2]);       // 输出结果：1,2
// ② 省略指定字符
echo implode(['a', 'b', 'c']);                 // 输出结果：abc
// ③ 利用指定字符连接一个空数组
var_dump(implode('it', []));                   // 输出结果：string(0) ""
```

在上述代码中，implode() 函数的返回值类型为字符串型，该函数的第 1 个参数表示连接字符串，第 2 个参数表示待转换的数组。其中，不论指定字符是否存在，只要第 2 个参数是空数组，结果都为空字符串。值得一提的是，由于历史原因，该函数的第 1 个参数可以省略。

4.6.2 函数可变参数列表

用户在自定义函数时，除了可以指定具体数量的参数外，还可以将参数设置为可变数量的参数列表。在 PHP 5.5 及更早的版本中，可以使用表 4-7 所示的函数获取参数的相关信息。

表 4-7　可变参数的相关函数

函数声明	功能描述
int func_num_args (void)	获取当前函数的参数个数
array func_get_args (void)	将参数列表以索引数组形式返回
mixed func_get_arg (int $arg_num)	获取参数列表中的某一项

为了大家更加清晰地了解可变参数的使用，特举例如下。

```
function test()
{
  echo func_num_args();      // 获取传递的参数数量，输出结果：6
  // 输出传递的参数值
  foreach (func_get_args() as $v) {
    echo $v . ' ';           // 循环输出结果：A B C D E F
  }
  echo func_get_arg(1);      // 获取传递的第 2 个参数，输出结果：B
}
test('A', 'B', 'C', 'D', 'E', 'F');
```

从示例可知，利用 func_num_args() 可以获取用户传递参数的个数，func_get_args() 函数将用户参数保存到一个一维索引数组中，func_get_arg() 函数可以根据传递参数（在数组中的索引）获取数组元素的值。

另外，在 PHP 5.6 及以上的版本中，还可以使用 "…" 语法实现可变参数列表，具体如下。

```
function num(...$num)
{
    foreach ($num as $v) {
        echo $v . ' ';              // 循环输出结果：1 2 3 4 5 6 7 8 9 0
    }
}
num(1, 2, 3, 4, 5, 6, 7, 8, 9, 0);
```

4.6.3　将数组作为参数调用函数

在 PHP 中，call_user_func_array()函数可以实现回调函数的调用，并将一个数组作为回调函数的参数。回调函数执行后，其返回值将作为 call_user_func_array()函数的返回值进行返回。示例代码如下。

```
// 示例1，输出结果：10, 20
function test($a, $b)
{
    echo "$a, $b";
}
echo call_user_func_array('test', [10, 20]);
// 示例2，输出结果：int(1)  int(2)
call_user_func_array('var_dump', ['a' => 1, 'b' => 2]);
```

从上述代码可以看出，call_user_func_array()函数的第 1 个参数是函数名，第 2 个参数是数组，该数组的每一个元素对应 test()函数的每一个参数，如果是关联数组，会忽略键名。

动手实践：找猴王游戏

对于编程语言的学习来说，上课听懂，看书看懂，都不是真的懂；只有将其理论与实际相结合，动手实践出具体的功能，才是真的懂。接下来结合本章所学的知识实现找猴王的游戏。

【功能分析】

一群猴子排成一圈，按"1，2，……，n"依次编号。然后从第 1 只开始数，数到第 m 只，把它踢出圈，其后的猴子再从 1 开始数，数到第 m 只，再把它踢出去……，如此不停地进行下去，直到最后只剩下一只猴子为止，那只猴子就叫作大王，也就是我们要找的猴王。具体需求如下所示。
- 编写函数模拟找猴王的游戏。
- 根据用户输入的 m 和 n，指定猴子的总数 n 和踢出第 m 只猴子。
- 最后展示出猴子的总数、猴王编号以及要踢出圈的猴子。

【功能实现】

1．编写找猴王游戏函数
创建 monkey.php 文件，编写 king()函数实现找猴王游戏功能，具体如下所示。

```
1    <?php
2    function king($n, $m)    //编写函数获取猴王编号
3    {
4        $monkey = range(1, $n);
5        $i = 0;
6        while (count($monkey) > 1) {          // 循环猴子
7            ++$i;
8            $head = array_shift($monkey);     // 从前往后依次取出猴子
9            // 判断是否踢出猴子，不踢则把该猴子返回尾部
10           if ($i % $m != 0) {
11               array_push($monkey, $head);
12           }
13       }
14       return ['total' => $n, 'kick' => $m, 'king' => $monkey[0]];
15   }
```

第 2 行代码中，$n 表示猴子的总数，数到第$m 只猴子时，将其踢出。第 4 行用于创建一个猴子编号数组，第 6～13 行用于循环猴子，并判断当前的猴子编号是否等于$m，相等则将其踢出，不相等则将其放到猴子数组的末尾。第 14 行用于返回游戏的结果。

2．展示游戏结果

找猴王函数编写完成后，调用函数 king()并传递对应的参数，即可得到猴王的编号，具体如下。

```
//调用函数，取得数组结果
$data = king(10,7);
```

接着在编写好的 HTML 网页中展示获取到的数据，具体如下所示。

```
<table>
    <tr><th colspan="2">找猴王游戏</th></tr>
    <tr><td>猴子总数：</td><td><?=$data['total']?></td></tr>
    <tr><td>踢出第 m 只猴子：</td><td><?=$data['kick']?></td></tr>
    <tr><td>猴王编号：</td><td><?=$data['king']?></td></tr>
</table>
```

最后，设置网页的 CSS 样式，参考效果如图 4-10 所示。

图4-10　找猴王游戏

本章小结

　　本章首先讲解数组的概念和分类，然后介绍了数组的基本使用方法，主要包括数组的定义、访问、遍历等；接着讲解数组的顺序查找和二分查找法，以及快速排序、插入排序等算法；最后介绍指针操作函数、单元操作函数、排序函数以及检索函数等内置函数的使用。通过本章学习，大家应该能够了解什么是数组，掌握数组的常见操作，以及数组在实际开发中的应用方法。

课后练习

一、填空题

1. 现有数组$arr = array(1, 2, array('h'))，则 count($arr, 1)的返回值是_____。
2. 函数 array_product(array(2, 9, true, 5))的返回值是_____。
3. 若$str = 'Hello'，则$str[1]的值为_____。

二、判断题

1. 在数组中，键是数组元素的唯一标识。(　　)
2. sort()函数在默认情况下，按照数组中元素的类型从低到高进行排序。(　　)

三、选择题

1. 下列选项中，不能用来操作数组的运算符是 (　　)。
   A. 联合 "+"　　　　B. 相等 "=="　　　　C. 全等 "==="　　　　D. 自增 "++"
2. 下列函数中，可以将数组中各个元素连接成字符串的是 (　　)。
   A. implode()　　　B. explode()　　　C. str_repeat()　　　D. str_pad()
3. 下列函数中，可以对数组进行逆向排序的是 (　　)。
   A. sort()　　　　　B. asort()　　　　　C. ksort()　　　　　D. krsort()
4. 关于 array_merge()函数，下列说法中错误的是 (　　)。
   A. 该函数最多只能接收一个参数
   B. 当遇到相同的字符串键名，后面的值将会覆盖前面的值
   C. 如果数组是数字键名，会以连续方式重新分配
   D. 如果数组包含数字键名，后面的值将附加到数组的后面

四、编程题

创建一个长度为 10 的数组，数组中的元素满足斐波那契数列的规律。

5

Chapter

第 5 章
错误处理及调试

DEBUG

在使用 PHP 编写 Web 应用程序时，经常会遇到各种各样的
错误，错误处理是代码编写的一个重要部分。如果代码中缺少错
误检查，程序看上去很不专业，并且程序会存在很多安全隐患。
使用恰当的方法处理并调试错误，是开发路上的一把利器。本章
将针对 PHP 中的错误处理及调试进行详细讲解。

学习目标
● 熟悉常见的错误级别。
● 掌握如何进行错误处理。
● 掌握 PHP 的调试技术。

5.1　错误处理概述

如何能在编程过程中避免错误，是程序员必须要考虑的问题。使代码更加健壮和友好，最好的方法就是一边编写代码一边对错误进行处理。在处理错误之前，首先要认识什么是错误，错误有哪些种类和级别，本节将针对不同的错误类型和错误级别进行详细讲解。

5.1.1　常见的错误类型

在 PHP 中，错误用于指出语法、环境或编程问题。根据错误出现在编程过程中的不同环节，大致可以分为 4 类，具体如下。

1. 语法错误

语法错误是指编写的代码不符合 PHP 的编写规范。语法错误最常见，也最容易修复。例如，遗漏了一个分号，就会显示错误信息。这类错误会阻止 PHP 脚本执行，通常发生在程序开发时，可以通过错误报告进行修复，再重新运行检查。

2. 运行错误

运行错误一般不会阻止 PHP 脚本的执行，但会导致程序出现潜在的问题。例如，在一个脚本中定义了两次同名常量，PHP 通常会在第二次定义时提示一条错误信息。虽然 PHP 脚本继续执行，但第二次定义常量的操作没有执行成功。

3. 逻辑错误

逻辑错误是最让人头疼的，不但不会阻止 PHP 脚本的执行，也不会显示出错误信息。例如，在 if 语句中判断两个变量的值是否相等，如果错把比较运算符 "==" 写成赋值运算符 "=" 就是一种逻辑错误，很难被发现。

4. 环境错误

环境错误是由于 PHP 开发环境配置的问题引起的代码报错，比如用 mb_strlen() 这个函数时，如果 PHP 环境中没有启用 mbstring 扩展，就会导致程序出错。

5.1.2　错误级别

PHP 中的错误不仅有多种类型，并且每个错误都有一个错误级别与之关联，用于表示当前错误的等级。例如 Error、Warning、Notice 等错误。PHP 采用常量的形式来表示错误级别，每个错误级别都是一个整型。表 5-1 列出了 PHP 中常见的错误级别。

表 5-1　错误报告级别

级别常量	值	描述
E_ERROR	1	致命的运行时错误，这类错误不可恢复，会导致脚本停止运行
E_WARNING	2	运行时警告，仅提示信息，但是脚本不会停止运行
E_PARSE	4	编译时语法解析错误，说明代码存在语法错误，无法执行
E_NOTICE	8	运行时通知，表示脚本遇到可能会表现为错误的情况
E_CORE_ERROR	16	类似 E_ERROR，是由 PHP 引擎核心产生的
E_CORE_WARNING	32	类似 E_WARNING，是由 PHP 引擎核心产生的

续表

级别常量	值	描述
E_COMPILE_ERROR	64	类似 E_ERROR，是由 Zend 脚本引擎产生的
E_COMPILE_WARNING	128	类似 E_WARNING，是由 Zend 脚本引擎产生的
E_USER_ERROR	256	类似 E_ERROR，由用户在代码中使用 trigger_error() 产生的
E_USER_WARNING	512	类似 E_WARNING，由用户在代码中使用 trigger_error() 产生的
E_USER_NOTICE	1024	类似 E_NOTICE，由用户在代码中使用 trigger_error() 产生的
E_STRICT	2048	严格语法检查，确保代码具有互用性和向前兼容性
E_DEPRECATED	8192	运行时通知，对未来版本中可能无法正常工作的代码给出警告
E_ALL	32767	表示所有的错误和警告信息（在 PHP 5.4 之前不包括 E_STRICT）

需要注意的是，表 5-1 中的 E_ALL 级别常量在不同的 PHP 版本中，它的值也不同，在 PHP 5.3 中是 30719，在从 PHP 5.4 到目前的 PHP 7.1 版本中是 32767。

为了使读者更好地理解这些错误级别，下面针对开发过程中经常遇到的错误信息进行演示。

1. Notice（E_NOTICE）

遇到 Notice 提示信息通常是代码不严谨造成的，不会影响脚本继续运行，示例代码如下。

```
// ① 使用未定义的变量
echo $var;              // 提示信息 "Notice: Undefined variable..."
// ② 使用未定义的常量
echo PI;                // 提示信息 "Notice: Use of undefined constant..."
// ③ 访问不存在的数组元素
$arr = array();
echo $arr['age'];       // 提示信息 "Notice: Undefined index: age..."
```

对于上述错误，当使用一个不确定是否存在的变量或数组元素前，应先使用 isset() 判断是否存在。对于常量，使用 defined() 判断该常量是否已经定义，从而避免遇到这些错误。在实际开发中，建议大家对于 Notice 级别的错误不要忽略，要尽量保持代码的严谨和准确。

2. Warning（E_WARNING）

Warning 错误级别相比 Notice 更严重一些，不会影响脚本继续执行，示例代码如下。

```
// ① 除法运算时，除数为 0
echo 5 / 0;             // 提示信息 "Warning: Division by zero..."
// ② 使用 include 包含不存在的文件
include '1234';         // 提示信息 "Warning: include(): Failed opening..."
```

对于上述错误，在进行除法运算前，可以使用 if 判断除数是否为 0，若为 0 则拒绝执行除法运算；在使用 include 包含文件前，先使用 is_file() 函数判断该文件是否存在，防止错误发生。

3. Fatal error（E_ERROR）

Fatal error 是一种致命错误，在运行时发生。一旦发生该错误，PHP 脚本会立即停止执行。例如，调用未定义的函数时就会发生致命错误，示例代码如下。

```
display();              // Fatal error: Uncaught Error: Call to undefined function...
echo 'test';            // 前一行发生错误，此行代码不会执行
```

对于致命错误，由于是在运行时发生，而且一旦发生则程序会立即停止，具有一定的隐蔽性。因此，在开发时，需要对程序进行充分的测试。

4. Parse error（E_PARSE）

Parse error 是语法解析错误，当脚本存在语法错误时，无法解析成功，就会发生此错误。遇到此错误说明脚本没有执行。如代码中遗漏分号、使用了不合法的变量名，就会发生此错误，示例代码如下。

```
// 不合法的变量名
$123a = 'test';    // Parse error: syntax error...
```

对于这类错误，可以借助代码编辑器的语法高亮和检查功能，以提醒开发人员避免语法出错。

5.1.3 手动触发错误

PHP 的 E_ERROR、E_NOTICE、E_WARNING 等错误都是由 PHP 解释器自动触发的。实际上，除了 PHP 解释器自动触发的错误外，还可以根据不同的需求自定义错误，它们常用于协助调试，或在发布给其他人的代码中生成不推荐使用的通知等。

在程序开发中，可以使用 PHP 的内置函数 trigger_error() 来触发错误，该函数声明如下。

```
bool trigger_error ( string $error_msg [, int $error_type = E_USER_NOTICE ] )
```

在上述声明中，第 1 个参数是错误信息内容，第 2 个参数是错误类别，默认为 E_UESR_NOTICE。接下来通过一个案例来演示如何使用 trigger_error() 函数手动触发错误，如例 5-1 所示。

【例 5-1】trigger.php

```
1  <?php
2  function divide($num1, $num2)
3  {
4      if ($num2 == 0) {
5          trigger_error('除数不能为 0');
6          return false;
7      }
8      return $num1 / $num2;
9  }
10 echo divide(100, 0);
```

运行结果如图 5-1 所示。

图5-1　手动触发错误

从图 5-1 可以看出，手动触发了一个除数不能为 0 的错误。在程序中使用 trigger_error() 函数触发的错误也是有级别的，通过该函数的第 2 个参数来决定其错误级别，可以是 E_USER_NOTICE、E_USER_WARNING 或者 E_USER_ERROR 中的一种。如果触发的是 E_USER_ERROR 错误，在出现错误之后，会停止脚本的执行。

5.2 如何处理错误

5.2.1 显示错误报告

在实际开发过程中，不可避免的会出现各种各样的错误，为了提高开发效率，PHP 语言提供了显示错误的机制，该机制可以控制是否显示错误以及显示错误的级别等。在默认情况下，会将所有的错误显示在输出结果中。PHP 提供了控制错误报告显示和关闭的两种方式，接下来进行详细讲解。

1. 修改配置文件

通过直接配置 php.ini 文件来显示错误报告，代码如下所示。

```
error_reporting = E_ALL & ~E_NOTICE
display_errors = On
```

在上述代码中，error_reporting 用于设置报告的错误级别，display_errors 用于设置是否显示错误信息。第 1 行代码中 E_ALL & ~E_NOTICE 表示报告除 E_NOTICE 之外的所有级别的错误，第 2 行表示将错误报告显示在输出结果中。

2. error_reporting()和 ini_set()函数

通过 PHP 提供的 error_reporting()函数和 ini_set()函数来实现显示错误报告，代码如下所示。

```
error_reporting(E_ALL & ~E_NOTICE);
ini_set('display_errors', 1);
```

在上述代码中，ini_set()函数用来设置 php.ini 中指定选项的值，仅在本脚本周期内有效；error_reporting()函数用于设置错误级别。另外，若要获取 php.ini 中的指定选项值，可以使用 ini_get()函数进行获取。

接下来通过一个案例来演示错误报告的开启和关闭，如例 5-2 所示。

【例 5-2】report.php

```
1   <?php
2   // 报告所有错误
3   error_reporting(E_ALL);
4   echo $info;
5   // 报告除了 E_NOTICE 之外的其他所有错误
6   error_reporting(E_ALL & ~E_NOTICE);
7   echo $info;
```

上述第 4、7 行代码都会产生 Notice 错误，但经过设置错误报告级别控制后，只有第 4 行代码出现了错误报告，运行结果如图 5-2 所示。

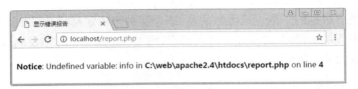

图5-2　显示错误报告

 多学一招：exit()函数输出信息并停止脚本

在 PHP 中，使用 exit()函数可以输出信息并停止脚本。exit()函数经常用于业务逻辑的错误显示，接下来通过代码进行演示，具体如下。

```php
1   <?php
2   $visitor = 'man';
3   // ① 仅停止脚本
4   if (!isset($visitor)) {
5       exit;
6   }
7   // ② 输出信息并停止脚本
8   if ($visitor !== 'woman') {
9       exit('仅限女士');
10  }
11  // ③ exit()与逻辑运算符配合使用
12  $result = is_string($visitor) or exit('变量$visitor 不合法！');
```

在上述代码中，第 12 行运用了逻辑运算符的短路特性，由于"="运算符的优先级要高于"or"运算符，所以先对 is_string($visitor)进行运算，如果判断结果为 true，or 后面的语句就不执行了，如果为 false 就执行 exit()输出信息并停止脚本。

5.2.2　记录错误日志

在 5.2.1 中学习了如何让程序显示错误报告，但是如果网站已经上线或者正在运行，错误显示出来会影响用户体验，这时就需要将这些错误记录下来，为后期解决这些错误提供帮助。在 PHP 语言中可以通过配置文件来记录错误日志信息，也可以通过 error_log()函数来记录错误日志信息，接下来将针对这两种方式进行详细讲解。

1. 修改配置文件
通过修改 php.ini 配置文件，可以直接设置记录错误日志的相关配置项，具体代码如下所示。

```
error_reporting = E_ALL
log_error = On
error_log = C:\web\php_errors.log
```

在上述代码中，error_reporting 用于设置显示错误级别，E_ALL 表示显示所有错误，log_error 用于设置是否记录日志，error_log 用于指定日志写入的文件路径。

2. error_log()函数
error_log()函数用于将错误记录到指定的日志文件中，示例代码如下。

```
// 将错误信息发送到 php.ini 中的 error_log 配置的日志中
error_log('error message a');
// 将错误信息发送到指定日志文件中
error_log('error message b', 3, 'C:/web/php.log');
```

在上述代码中，error_log()函数的第 2 个参数用于指定将错误信息发送到何处，当省略时默认为 php.ini 中的 error_log 配置的日志中，此处设置为 3，表示发送到指定的日志文件中。函数的第 3 个参数的设置取决于第 2 个参数，此处表示日志文件的路径。error_log()函数的第 2 个参数还可以设置为其他数字，这里就不再详细讲解，具体可参考 PHP 手册。

 注意

在默认情况下，php.ini 中的 error_log 的值为 syslog，表示将错误发送到系统日志。在 Windows 系统中，可以通过系统提供的事件查看器来查看日志信息。

5.2.3 自定义错误处理器

当一个错误发生时，PHP 会采取默认方式进行处理。当需要更改错误处理方式时，可以在 PHP 脚本中设置一个自定义错误处理器，实现在错误发生时自动调用一个函数进行处理。自定义错误处理器是通过 set_error_handler()函数来实现的，其函数声明如下。

```
mixed set_error_handler( callable $error_handler [, int $error_types = E_ALL | E_STRICT ])
```

在上述声明中，callable 表示参数$error_handler 为回调函数类型，$error_handler 是必选参数，用于指定发生错误时运行的函数；$error_types 用于指定处理错误的级别类型。

其中，$error_handler 回调函数的参数必须符合错误处理器函数的原型，如下所示。

```
function handler( int $errno , string $errstr [, string $errfile [, int $errline [, array $errcontext ]]] );
```

在上述代码中，参数$errno 表示错误级别，$errstr 表示错误说明，$errfile 表示发生错误代码的文件名称，$errline 表示错误发生的代码行的行号，$errcontext 表示在触发错误的范围内存在的所有变量的数组。其中，前两个参数是必选参数。

在了解 set_error_handler()函数的语法和 handler()函数的原型后，下面通过例 5-3 来演示如何自定义错误处理器。

【例 5-3】handler.php

```
1   <?php
2   // 定义一个处理错误的函数
3   function customError($errno, $errstr)
4   {
5     echo "<b>Error:</b> [$errno] $errstr";
6   }
7   // 设置自定义错误处理程序
8   set_error_handler('customError');
9   echo $student;        // 输出未定义的变量，触发错误
```

运行结果如图 5-3 所示。从图中可以看出，回调函数 customError()实现了对错误信息的自定义输出。

图5-3　自定义错误处理器

> **注意**
>
> （1）使用 set_error_handler()函数设置的错误处理器，无法处理 E_ERROR、E_PARSE、E_CORE_ERROR、E_CORE_WARNING、E_COMPILE_ERROR、E_COMPILE_WARNING 等错误类型。
>
> （2）在使用自定义错误处理器后，系统默认的错误处理就会失效，不显示和记录错误。如果自定义的错误处理函数返回 false，则会在自定义处理器函数处理完后交由系统默认的错误处理器来处理。

5.3　PHP 的调试工具

在程序开发阶段，必然会遇到各种各样的错误，此时就需要进行调试。所谓调试就是通过一定方法，在程序中找到错误并减少错误的数量，从而使程序正常运行。本节将围绕 PHP 开发过程中常用的调试工具进行详细讲解。

5.3.1　NetBeans 集成开发环境

NetBeans 是一个开放源代码、跨平台的开发工具，在官方网站可以获取软件。本书基于 NetBeans IDE for PHP 8.2 版本进行讲解，该版本包含了 HTML5、JavaScript、PHP 三个主要功能，其软件界面如图 5-4 所示。

图5-4　NetBeans软件界面

1. 在 NetBeans 中新建项目

NetBeans 以项目的形式来管理代码。执行【文件】→【新建项目】可以创建一个新项目，执行后会出现图 5-5 所示的"新建项目"对话框。

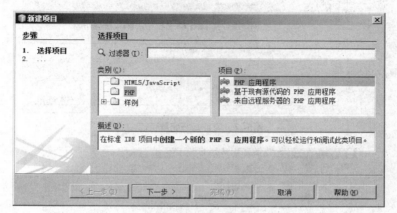

图5-5　新建项目

在对话框中选择"PHP 应用程序"，然后单击【下一步】按钮，配置项目信息，如图 5-6 所示。

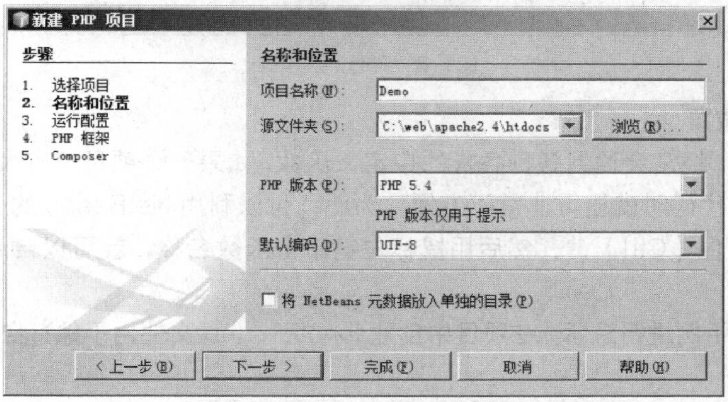

图5-6　配置项目名称和位置

在图 5-6 中，"项目名称"可以随意填写；"源文件夹"表示项目源代码的存放位置，选择 Apache 默认站点目录即可；"PHP 版本"用于语法检查和代码提示，如果考虑项目代码的向下兼容性，就选择一个早期的版本。值得一提的是，"将 NetBeans 元数据放入单独的目录"默认未选中，表示将元数据（即项目的配置信息）保存到项目的"nbproject"目录中，如果选中，则可以更改元数据的保存目录。

在完成配置信息后，单击【下一步】按钮进入运行配置页面，如图 5-7 所示。

在图 5-7 中，将项目 URL 配置为"http://localhost/"，然后单击【完成】按钮完成项目创建。

2. 实时语法检查

在通过 NetBeans 编写代码时，可以进行实时语法检查，帮助开发人员及时发现代码中存在的问题，提高工作效率。当代码出现语法错误时，NetBeans 会使用红色的波浪线进行提示，而当代码正确时，提示就会消失，如图 5-8 所示。

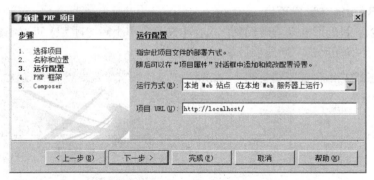

图5-7　项目运行配置页面

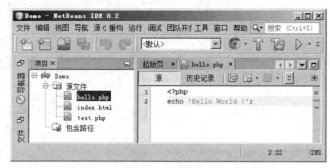

图5-8　实时语法检查

3. 查找函数位置

当阅读代码时，经常会遇到各种各样的自定义函数，如果一个项目中有大量的自定义函数，在查找这些函数的代码时就显得非常不方便。为此，可以利用 NetBeans 的函数定位功能，在调用函数的地方按住【Ctrl】键，然后用鼠标左键单击函数名称，就可以自动定位到函数的定义代码。

下面通过具体示例进行演示。在项目中创建 function.php 文件用于保存自定义函数，其代码如下。

```php
1  <?php
2  function add($a, $b)
3  {
4      return $a + $b;
5  }
```

接下来创建 test.php 文件，编写代码引入 function.php 并调用 add()函数，具体如下。

```php
1  <?php
2  include './function.php';
3  echo add(2, 3);
```

完成上述代码后，按住【Ctrl】键并用鼠标单击上述代码第 3 行的 add()函数，NetBeans 会自动跳转到 function.php 文件的第 2 行代码，这就说明 NetBeans 自动定位到了 add()函数的定义代码。

5.3.2　PHP 调试工具 Xdebug

Xdebug 是一个开放源代码的 PHP 程序调试器,用来调试和分析程序的运行状况。在 Xdebug
的官方网站可以获取软件。本书基于目前最新的 Xdebug 2.5.1 版本进行讲解,在官方网站中找
到该版本,并选择适合当前 PHP 环境的 PHP 7.1 VC14 TS (32 bit)版本下载即可。

1. Xdebug 的安装

将下载好的 php_xdebug-2.5.1-7.1-vc14.dll 文件放到 PHP 的 ext 目录中(C:\web\php7.1\
ext),然后在 php.ini 文件中添加配置信息,引入该扩展即可,具体如下。

```
[Xdebug]
zend_extension="C:\web\php7.1\ext\php_xdebug-2.5.1-7.1-vc14.dll"
```

上述信息配置完成后,需要重启 Apache 服务使 php.ini 配置生效。为了验证是否安装成功,
可以通过 phpinfo()函数查看配置信息。如果在页面中看到 Xdebug 信息,说明 Xdebug 安装成
功,如图 5-9 所示。

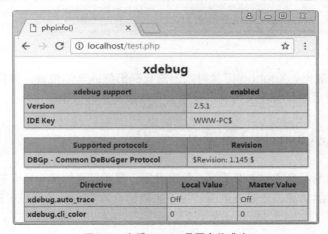

图5-9　查看Xdebug是否安装成功

2. Xdebug 的使用

为了演示 Xdebug 工具的使用,下面先创建一个出错的程序,具体如例 5-4 所示。

【例 5-4】Xdebug.php

```php
1  <?php
2  function aaa()
3  {
4      bbb();
5  }
6  function bbb()
7  {
8      require 'ccc.php';   // 引入不存在的文件,使程序出错
9  }
10 aaa();
```

通过浏览器进行访问测试，此时会发现 PHP 输出的错误信息变成了彩色表格形式，并且定位了出错的函数，如图 5–10 所示。

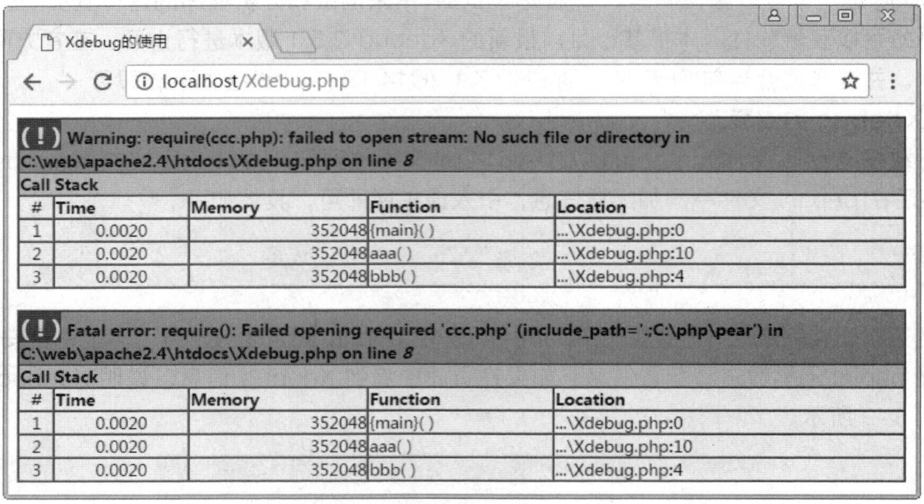

图5–10　Xdebug错误信息显示

从图 5–10 可以看出，Xdebug 工具可以追踪代码出错的具体位置，并具有迅速定位快速排错的功能。因此，使用 Xdebug 工具调试程序，可以提高工作效率。

动手实践：获取 PHP 脚本运行信息

对于编程语言的学习来说，上课听懂，看书看懂，都不是真的懂；只有将其理论与实际相结合，动手实践出具体的功能，才是真的懂。接下来请结合本章所学的知识实现 PHP 脚本运行信息的获取。

【功能分析】

在进行 PHP 开发时，经常需要获取一些与运行环境相关的信息。例如，需要获取当前脚本执行花费了多少时间、获取脚本使用的内存量、判断某一个函数是否存在、判断当前 PHP 版本是否符合要求等。获取到这些信息后，可以更好地调试程序。接下来，请按照如下要求获取 PHP 脚本的运行信息。

- 统计运行一段代码所花费的时间。
- 获取 PHP 脚本当前内存使用量，以及内存使用的峰值。
- 获取当前已加载文件的列表（如使用 include、require 加载过的文件）。
- 获取当前所有可用函数的列表（包括内置函数、自定义函数）。
- 获取当前所有可用常量的列表（包括预定义常量、自定义常量）。
- 判断某个函数名是否存在。
- 判断当前的 PHP 版本是否低于 5.4。
- 判断某个 PHP 扩展是否已经开启。

【功能实现】

1. 统计运行一段代码所花费的时间

若要统计一段代码运行所花费的时间，需要在该代码运行前获得开始时间，在代码运行后获得结束时间。但由于计算机的运行速度很快，为了更精确地获取到时间，可以用 microtime()函数将时间精确到微秒。

接下来编写代码，利用 microtime()函数来实现统计运行时间，具体代码如下。

```
1   <?php
2   // 记录开始时间
3   $start = microtime(true);
4   // 执行运算
5   for ($i = 0; $i < 3000000; ++$i) { }
6   // 记录结束时间
7   $end = microtime(true);
8   // 计算从开始到结束之间经过的时间
9   echo $end - $start;    // 参考输出结果: 0.43202495574951
```

在上述代码中，microtime()用于获取当前精确的微秒时间，参数 true 表示以浮点数的形式返回。通过结束时间减去开始时间，即可得到中间的代码运算所花费的时间。

2. 获取 PHP 脚本内存使用量

获取 PHP 脚本的内存使用量，可以更好地观察程序的运行情况，防止内存浪费。通过 PHP 提供的 memory_get_usage()函数可以获取当前分配给 PHP 脚本的内存使用量，利用 memory_get_peak_usage()函数可以获取分配给 PHP 脚本的内存使用峰值。函数返回值是整型表示的字节数，具体代码如下。

```
1   <?php
2   $a = ['a', 'b', 'c'];
3   echo memory_get_usage();        // 输出结果: 354880
4   $e = $d = $c = $b = $a;
5   echo memory_get_usage();        // 输出结果: 354880
6   $e[] = 'e';
7   echo memory_get_usage();        // 输出结果: 355152
8   unset($e);
9   echo memory_get_usage();        // 输出结果: 354880
10  echo memory_get_peak_usage();   // 输出结果: 388200（内存峰值）
```

通过上述代码可以看出，当在第 4 行对变量进行赋值时，内存量并没有增加，而在第 6 行对变量进行修改时，造成了内存量增加。这说明 PHP 对变量使用的内存进行了优化，防止无意义的内存量增加。

3. 获取当前已加载文件的列表

当项目的功能越来越多，文件结构复杂时，可能需要加载大量的 PHP 文件。那么如何知道当前脚本已经加载了哪些文件呢？利用 get_included_files()函数可以获取已加载文件列表。示例代码如下。

```php
1  <?php
2  include './a.php';
3  print_r(get_included_files());        // 获取已加载文件列表
```

为了更好地测试效果，接下来创建 a.php、b.php、c.php 和 d.php，代码分别如下。

a.php 文件内容

```php
1  <?php
2  include './b.php';
```

b.php 文件内容

```php
1  <?php
2  include './c.php';
```

c.php 文件内容

```php
1  <?php
2  include './d.php';
```

d.php 文件内容

```php
1  <?php
2  echo '<pre>';
```

通过浏览器访问进行测试，运行结果如图 5-11 所示。

4. 获取当前所有可用函数的列表

获取当前所有可用函数，可以调用 get_defined_functions()函数来实现，代码如下。

```php
1  <?php
2  echo '<pre>';
3  print_r(get_defined_functions());
4  echo '</pre>';
```

通过浏览器查看运行结果，如图 5-12 所示。

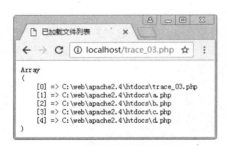

图5-11 已经加载文件列表

图5-12 可用函数列表

5. 获取当前所有可用常量的列表

获取当前所有可用常量，可以调用 get_defined_constants()函数来实现，代码如下。

```php
1  <?php
2  echo '<pre>';
3  print_r(get_defined_constants());
4  echo '</pre>';
```

通过浏览器查看运行结果，如图 5-13 所示。

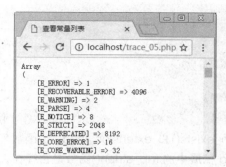

图5-13 可用常量列表

6. 判断某个函数名是否存在

在定义函数时，函数名称不能重复，否则会定义失败。那么，当无法确定某个函数是否已经被定义时，如何防止重复定义呢？这时可以通过 function_exists()函数来进行判断，代码如下。

```php
1   <?php
2   if (!function_exists('add')) {
3       function add($a, $b)
4       {
5           return $a + $b;
6       }
7   }
```

在上述代码中，第 3~6 行代码用于定义 add()函数，在定义前，通过 if 判断 function_exists()函数的返回值，该函数的参数是要检测的函数名，当函数存在时返回 true，否则返回 false。

7. 判断当前的 PHP 版本是否低于 5.4

当一个 PHP 程序写好后，发布给其他人使用时，若 PHP 版本与自己不同，有可能会出错。为了避免程序在运行过程中发生错误，可以在脚本最开始的位置判断当前使用的 PHP 版本是否符合要求。如果不符合要求，输出提示信息并停止执行。下面的代码实现了判断当前 PHP 版本是否低于 5.4。

```php
1   <?php
2   if (version_compare(PHP_VERSION, '5.4', '<')) {
3       exit ('您的 PHP 版本低于 5.4，无法运行此脚本！');
4   }
```

在上述代码中，version_compare()函数会按照第 3 个参数的比较规则，来比较前 2 个参数传入的版本号。其中，第 1 个参数使用常量 PHP_VERSION 传入当前 PHP 环境的版本号，按照比较规则，如果小于第 2 个参数的版本号，就会返回 true，否则返回 false。

8. 判断某个 PHP 扩展是否已经开启

当程序在其他不确定的环境中运行时，除了判断版本，还要注意 PHP 扩展问题。例如，当一个项目使用了 mbstring 扩展时，如果运行环境没有打开这个扩展，就会导致程序出错。为此，程序需要检测某个 PHP 扩展是否已经开启。下面介绍两种检测扩展是否开启的方法，具体如下。

```php
1  <?php
2  // 方式1
3  if (function_exists('mb_strlen')) {
4      echo 'mbstring 扩展已经开启';
5  } else {
6      echo 'mbstring 扩展没有开启';
7  }
```

```php
1  <?php
2  // 方式2
3  if (extension_loaded('mbstring')) {
4      echo 'mbstring 扩展已经开启';
5  }else{
6      echo 'mbstring 扩展没有开启';
7  }
```

上述代码分别用 function_exists()和 extension_loaded()函数来判断 mbstring 扩展是否开启，第 1 种方式判断 mbstring 扩展中的 mb_strlen()函数是否存在，若扩展没有开启则不会有此函数。第 2 种方式使用的 extension_loaded()函数用于直接判断某个扩展是否存在，参数为扩展的名称。以上两种方式读者可根据实际需要选择使用。

本章小结

本章首先介绍了错误处理的基本概念、常见的错误级别及如何触发错误，随后讲解了处理错误的几种常见方式以及 PHP 的调试工具。通过本章的学习，读者能够掌握调试错误并解决错误的方法。

课后练习

一、填空题

1. 在运行 PHP 文件时，如果遗漏了一个分号，这属于_____错误。
2. 在程序开发中，可以使用_____函数手动触发错误。
3. 在 php.ini 中控制错误信息显示的配置是_____。

二、判断题

1. PHP 采用常量的形式来表示错误级别。（　　）
2. 使用 exit 输出的错误信息会保存到错误日志中。（　　）
3. 错误级别常量的值是字符串类型。（　　）

三、选择题

1. 下列选项中，无法修改错误报告级别的一项是（　　）。
   A. 修改配置文件　　　　B. error_reporting()　　C. exit()　　　　D. ini_set()
2. 在 php.ini 配置文件中，用于控制是否记录错误日志的是（　　）。
   A. logError　　　　　　B. errorLog　　　　　　C. log_error　　　　D. error_log

四、简答题

1. 简述在 php.ini 文件中和错误相关的配置都有哪些？
2. 编写代码，实现当脚本退出时自动执行一个回调函数。

6 Chapter

第 6 章
阶段案例——Web 表单生成器

FORM

对于编程类语言来说，知识学习的目的不仅是要掌握知识，还要学会综合灵活地运用所学的知识开发各种各样的程序。接下来本章将利用前面 5 章学过的内容来实现 Web 表单生成器。

学习目标
- 掌握多维数组的数据存储方法。
- 掌握函数与数组的综合应用。

6.1 案例展示

Web 表单生成器是可以根据用户传递的不同参数，生成不同功能的表单。图 6-1 所示为 Web 表单生成器生成的个人信息填写表单。

图6-1　Web表单生成器效果展示

6.2 需求分析

在项目的实际开发中，经常需要设计各种各样表单。直接编写 HTML 表单虽然简单，但修改、维护相对麻烦。因此，可以利用 PHP 实现一个 Web 表单生成器，使其可以根据具体的需求定制不同功能的表单。具体实现需求如下。

- 使用多维数组保存表单的相关信息。
- 支持的表单项包括文本框、文本域、单选框、复选框和下拉列表 5 种类型。
- 保存每个表单项的标签、提示文本、属性、选项值、默认值等。
- 将功能封装成函数，根据传递的参数生成指定的表单。

在本案例中，数据的保存形式决定了程序实现的方式。因此，根据上述开发要求，可以将每个表单项作为一个数组元素，每个元素利用一个关联数组描述，分别为：标签 tag、提示文本 text、属性数组 attr、选项数组 option 和默认值 default，如图 6-2 所示。

图6-2　数组结构设计

6.3　案例实现

6.3.1　准备表单

表单在 Web 开发中是最基本和常用的功能，在互联网的时代随处可见。例如，购物结算、信息搜索等都是通过表单实现的。简单地说，表单就是在网页上用于输入信息的区域，主要的功能是收集用户输入的信息，并将其提交给后端的服务器进行处理，实现用户与服务器的交互。下面将对如何创建表单进行详细的讲解。

1．创建表单

一个完整的表单是由表单域和表单控件组成的。其中，表单域由 form 标签定义，用于实现用户信息的收集和传递。具体示例如下。

```
<form action="form.php" method="post" enctype="multipart/form-data">
    <!-- 各种表单控件 -->
</form>
```

在上述示例中，action、method 和 enctype 都是 form 标签的属性。具体含义如表 6-1 所示。其中，"<!-- -->" 是 HTML 的注释标签，用于解释和说明。

表 6-1　form 标签常用属性

属性	功能描述
action	指定接收并处理表单数据的服务器程序的 URL 地址
method	设置表单数据的提交方式，常用的有 GET 和 POST 方式，默认值为 GET
enctype	规定发送到服务器之前应该如何对表单数据进行编码

了解 form 标签各个属性的含义后，在使用时还需要注意以下几点。

● action 属性的值可以是绝对路径、相对路径，若省略该属性则表示提交给当前文件进行处理。

● GET 方式传递的表单在 URL 地址栏中可见。相比 GET 方式，POST 方式提交的数据是不可见的，在交互时相对安全。因此，通常情况下使用 POST 方式提交表单数据。

● enctype 属性的默认值为 application/x-www-form-urlencoded，表示在发送表单数据前编码所有字符。除此之外还可以设置为 multipart/form-data（POST 方式）表示不进行字符编码，尤其是含有文件上传的表单必须使用该值；设置为 text/plain（POST 方式）表示传输普通文本，不对特殊字符编码。

2．表单控件

（1）input 控件

通过 type 属性的设置，可以完成多种不同控件的实现。例如，文本框、密码框、文件上传功能等，具体设置如下所示。

```
<input type="text" name="user" value="test">  <!-- 文本框 -->
<input type="password" name="pwd" value="">    <!-- 密码框 -->
```

```
<input type="file" name="upload">              <!-- 文件上传域 -->
<input type="hidden" name="id" value="2">      <!-- 隐藏域 -->
<input type="reset"  value="重置">              <!-- 重置按钮 -->
<input type="submit" value="提交">              <!-- 提交按钮 -->
```

从上述示例可以看出，为 type 属性设置不同的值，即可得到不同的表单控件。其中，name 属性用于指定控件的名称，用来区分表单中多个相同的控件，value 属性用于设置表单控件的默认值。

除此之外，还可以设置单选框和复选框，完成诸如性别选择、兴趣爱好选择等功能，具体如下。

```
<!-- 单选框 -->
<input type="radio" name="gender" value="m" checked> 男
<input type="radio" name="gender" value="w"> 女
<!-- 复选框 -->
<input type="checkbox" name="hobby[]" value="swimming"> 游泳
<input type="checkbox" name="hobby[]" value="reading"> 读书
<input type="checkbox" name="hobby[]" value="running"> 跑步
```

上述示例中的 checked 属性用于设置默认选中项。值得一提的是，对于一组单选框和复选框来说，它们应该具有相同的 name 属性值和不同的 value 值，input 标签后的文字用于在 HTML 页面显示时，作为用户选择该项的描述信息，其实际提交的内容为 value 属性中设置的值。

（2）textarea 控件

虽然 input 控件设置的单行文本框可用于输入文本内容，但是对于类似自我介绍、评论等可能需要输入大量信息的功能时，单行文本框不再适用。为此，HTML 提供了 textarea 控件定义文本域，并可通过属性 cols 和 rows 定义文本域的高度和宽度，具体如下。

```
<textarea name="introduce" cols="5" rows="10">
    <!-- 文本内容 -->
</textarea>
```

（3）select 控件

在网站中，经常会看到包含多个选项的下拉列表，例如填写个人信息时选择的省份、城市等。若要实现这样的功能，需要使用 select 控件，具体示例如下。

```
<select name="area">
    <option selected>--请选择--</option>
    <option value="Beijing">北京</option>
    <option value="Shenzhen">深圳</option>
    <option value="Shanghai">上海</option>
</select>
```

在上述示例中，select 是定义下拉列表的标签，而 option 是定义下拉列表中具体选项的标签。其中，selected 属性用于设置默认选中项。

3. label 标签

在编写表单控件时，为了提供更好的用户体验，经常将 input 控件与 label 标签联合使用，以扩大控件的选择范围。例如，在选择性别时，单击提示文字"男"或"女"，也可选中相应的单选按钮。具体实现如下所示。

```
<label><input type="radio" name="gender" value="m">男</label>
<label><input type="radio" name="gender" value="w">女</label>
```

在上述示例中，使用 label 标签包裹单选按钮和提示文本，即可实现单击 label 标签里的内容时，相应的表单控件就会被选中。

6.3.2　多维数组保存数据

1. 数据的保存形式

根据案例的需求分析可知，表单项的相关数据将统一保存到一个多维数组中。其中，利用数字键名区分不同的表单项，每个表单项又是一个二维的关联数组，具体保存形式如下所示。

```
// 利用多维数组保存表单元素
[
    0 => [],        // 表单项
    1 => [],        // 表单项
    2 => [],        // 表单项
    3 => [],        // 表单项
    ......
];
```

```
// 每个表单项的数组结构
0 => [
    'tag' => '',        // 标签
    'text' => '',       // 提示文本
    'attr' => [],       // 属性数组
    'option' => [],     // 选项数组
    'default' => ''     // 默认值
],
```

在上述的数据保存形式中，每个表单项的 tag 元素用于保存标签，如 input、textarea、select；text 元素保存提示文本，如"姓名"和"性别"等；attr 元素保存表单元素的属性，如 type 属性、name 属性；option 元素保存单选框或复选框中的每个选项；default 保存默认值。

值得一提的是，表单项在数组中存储的顺序决定着 Web 表单定义后显示的顺序。因此，在保存表单项时要考虑好其所在具体位置。

2. 准备表单生成数据

在了解表单数据如何保存后，接下来通过数组保存图 6-1 所示的表单生成数据，具体步骤如下。

（1）准备表单数组

定义一个变量$elements 用于保存需要生成的表单项，具体如下。

```
// $elements 数组保存整个表单
$elements = [
    0 => [],       // 第 1 个表单项数组
    1 => [],       // 第 2 个表单项数组
];
```

在定义$elements 数组后，接下来开始填充文本框、单选框等表单项，每个表单项是一个数组。

（2）文本框

下面先定义一个文本框，具体如下。

```
0 => [
    'tag' => 'input',
    'text' => '姓    名：',
    'attr' => ['type' => 'text', 'name' => 'user']
],
```

在上述代码中，数组元素 tag 表示要生成的表单项为 input 标签；text 用于提示该表单项的功能；attr 利用一个关联数组保存 input 元素的相关属性设置。其中，type 值为 text 表示当前的表单项是一个文本框。按照这样的结构，继续设置"邮箱"和"手机号码"两个文本框即可，这里就不再展示代码。

（3）单选框

接着为 $elements 数组变量添加一个元素，用于生成一个单选框，具体如下。

```
3 => [
    'tag' => 'input',
    'text' => '性    别：',
    'attr' => ['type' => 'radio', 'name' => 'gender'],
    'option' => ['m' => '男', 'w' => '女'],
    'default' => 'm'
],
```

在上述代码中，数组元素 attr 利用关联数组保存了 input 标签的 type 属性，值为 radio，表示当前的表单项是单选框；option 利用关联数组保存具体的单选项，键名 m、w 为单选框的 value 属性值，对应的值"男""女"为该单选项的提示信息。default 的值为 option 关联数组中的一个键名，表示默认选中哪一项。

（4）复选框

继续为 $elements 数组添加一个元素，用于生成一个复选框，具体如下。

```
4 => [
    'tag' => 'input',
    'text' => '爱    好：',
    'attr' => ['type' => 'checkbox', 'name' => 'hobby[]'],
    'option' => ['swimming' => '游泳', 'reading' => '读书', 'running' => '跑步'],
    'default' => ['swimming', 'reading']
],
```

在上述代码中，复选框的 name 属性值为 hobby[]，表示该表单字段以数组形式提交；default 元素通过数组保存 option 中默认选中项。

（5）下拉列表

继续为 $elements 数组添加一个元素，用于生成一个下拉列表，具体如下。

```
5 => [
    'tag' => 'select',
    'text' => '住    址：',
    'attr' => ['name' => 'area'],
```

```
    'option' => ['' => '--请选择--', 'BJ'=>'北京', 'SH'=>'上海', 'SZ'=>'深圳']
],
```

（6）文本域

继续为 $elements 数组添加一个元素，用于生成一个文本域，具体如下。

```
6 => [
    'tag' => 'textarea',
    'text' => '自我介绍：',
    'attr' => ['name' => 'introduce', 'cols' => 50, 'rows' => 5]
],
```

（7）提交按钮

最后为 $elements 数组添加一个元素，用于生成一个提交按钮，具体如下。

```
7 => [
    'tag' => 'input',
    'attr' => ['type' => 'submit', 'value' => '提交']
]
```

按照上面的步骤完成数据的保存后，就可以编写函数来读取这个数组，按照数组中保存的表单项自动生成表单。

6.3.3　表单的自动生成

1. 定义表单生成函数

编写一个 generate.php 文件，专门用于保存表单生成函数，具体代码如下。

```
1  <?php
2  function generate($elements)
3  {
4      return '生成结果';
5  }
```

接下来编写 form.php，用于定义 $elements 数组，调用 generate() 函数展示表单，具体代码如下。

```
1   <?php
2   require 'generate.php';
3   $elements = [
4       // 定义表单元素……
5   ];
6   ?>
7   <!DOCTYPE html>
8   <html>
9     <head>
10      <meta charset="UTF-8">
11      <title>Web 表单生成器</title>
```

```
12    </head>
13    <body>
14        <div>个人信息</div>
15        <form method="post">
16            <?=generate($elements)?>
17        </form>
18    </body>
19    </html>
```

在上述代码中，第 2 行用于引入表单生成函数；第 3~5 行通过$elements 数组保存表单中的元素；第 16 行调用了 generate()函数，将$elements 数组作为参数传入，函数执行后将返回表单生成结果，然后通过<?=?>标记将返回结果输出到 HTML 中。

2. 读取$elements 数组

若要实现表单的自动生成，就需要读取$elements 数组，按照数组来生成表单。接下来在generate()函数中编写代码，具体如下。

```
1    function generate($elements)
2    {
3        $items = '';
4        $default = ['tag' => '', 'text'=>'', 'attr' => [], 'option' => [],
5                    'default' => ''];
6        foreach ($elements as $v) {
7            $v = array_merge($default, $v);
8            $generate = 'generate_' . array_shift($v);
9            $items .= '<tr>' . call_user_func_array($generate, $v) . '</tr>';
10       }
11       return "<table>$items</table>";
12   }
```

在上述代码中，变量$items 用于保存拼接结果；$default 保存了表单项的默认元素，用于在第 7 行与$elements 中的表单项$v 进行数组合并，从而确保待处理的数组结构符合要求。第 8 行利用 array_shift()函数将数组$v 中的第 1 个元素（即 tag）移出并返回，拼接到字符串"generate_"中，然后在第 9 行将这个字符串作为函数名调用，$v 数组作为参数传入。在拼接表单 HTML 时，generate()函数通过 table 标签进行布局，将每个表单项作为表格的一行，第 11行代码返回了所有表单项的拼接结果。

以上编写的 generate()函数，实现了根据 tag 键值的不同，将生成表单项的工作分派给了其他函数来完成。以 tag 值为 input 为例，为了完成该类表单项的生成，需要按照如下格式定义函数。

```
1    function generate_input($text, $attr, $option, $default)
2    {
3        return '生成结果';
4    }
```

在上述代码中，函数参数的顺序取决于 generate()函数中的$default 数组中指定的顺序，当

generate()函数的第 7 行代码使用 array_merge()函数合并数组时,会按照$default 数组中每个元素的顺序进行合并,从而实现了无论给定数组采用什么样的顺序,都不会影响此处函数参数的顺序。

3. 拼接表单元素的属性

在表单自动生成时,针对表单元素的属性拼接是每个表单项都需要编写的代码,因此可以将这些代码统一封装到函数中,以提高代码的复用性。

下面编写函数 generate_attr(),实现表单元素属性的拼接,具体代码如下所示。

```
1   function generate_attr($attr, $items = '')
2   {
3       foreach ($attr as $k => $v) {
4           $items .= " $k=\"$v\" ";
5       }
6       return $items;
7   }
```

在上述代码中,参数$attr 是一个一维关联数组保存的表单元素属性,参数$items 用于保存属性拼接的字符串。第 3~5 行代码用于遍历属性数组,并按照 HTML 标签中属性的编写格式进行拼接。其中,$k 表示属性名称,$v 表示属性的值,并且在属性拼接的前后要留出空格,用以区分多个属性。第 6 行代码用于返回拼接的结果。

接下来,为了让大家更加清晰地理解 generate_attr()的使用,通过如下代码进行测试。

```
$attr = ['type' => 'radio', 'name' => 'gender'];
echo generate_attr($attr);   // 输出结果: type="radio" name="gender"
```

完成 generate_attr()函数后,接下来在 generate()函数中的第 9 行代码的上面,添加如下代码,实现在调用生成表单项的函数前,将属性数组转换为 HTML 格式。

```
$v['attr'] = generate_attr($v['attr']);
```

4. 拼接 input 元素

继续编写函数 generate_input()完成指定 input 控件的生成,具体代码如下。

```
1   function generate_input($text, $attr, $option, $default)
2   {
3       if(empty($option)){
4           $items = "<input $attr value=\"$default\">";
5       } else {
6           $items = '';
7           foreach ($option as $k => $v) {
8               $checked = in_array($k, (array)$default, true) ? 'checked' : '';
9               $items .= "<label><input $checked $attr value=\"$k\">$v</label>";
10          }
11      }
12      return "<th>$text</th><td>$items</td>";
13  }
```

在上述代码中，第 3 行用于判断当前需要生成的是单个 input 元素（如文本框），还是组合元素（如单选框）。当$option 为空时，执行第 4 行代码拼接单个 input 元素，如果 type 属性值为 text、password、hidden、reset、submit 的元素属于此类型。当$option 不为空时，执行第 6 ~ 10 行代码，拼接 type 属性值为 radio、checkbox 的元素。

其中，第 8 行代码通过调用 in_array()函数判断当前 input 元素的 value 属性值$k 是否在默认值数组$default 中，如果存在则拼接"checked"表示该项默认处于选中状态；第 12 行返回完整的拼接结果。

5. 拼接 select 元素

继续编写函数 generate_select()完成下拉列表的拼接，具体代码如下所示。

```
1    function generate_select($text, $attr, $option, $default)
2    {
3        $items = '';
4        foreach ($option as $k => $v) {
5            $selected = ($default === $k) ? 'selected' : '';
6            $items .= "<option $selected value=\"$k\">$v</option>";
7        }
8        $select = "<select $attr>$items</select>";
9        return "<th>$text</th><td>$select</td>";
10   }
```

上述第 4 ~ 7 行代码用于拼接下拉列表的选项 option；第 8 行代码用于完成 select 标签的完整拼接；第 9 行代码用于返回含有描述信息的拼接结果。

6. 拼接 textarea 元素

最后编写函数 generate_textarea()完成文本域的拼接，具体代码如下所示。

```
1    function generate_textarea($text, $attr, $option, $default)
2    {
3        $textarea = "<textarea $attr>$default</textarea>";
4        return "<th>$text</th><td>$textarea</td>";
5    }
```

上述第 3 行代码用于实现 textarea 元素的完整拼接，第 4 行代码返回拼接结果。

至此，一个简易的 Web 表单生成器已经完成了，通过浏览器访问 http://localhost/form.php，即可得到图 6-1 所示的效果。该表单的 CSS 样式可以参考本书的配套源代码。

本章小结

本阶段案例设计的主要目的是训练初学者能够根据开发需求，利用数组的知识设计出合理的数据保存结构，并能根据保存数据的形式完成对应功能函数的定义。大家在完成此案例后，可以尝试利用函数生成其他类型的表单，或者为表单生成器扩充更多的功能。

7
Chapter

HTTP

第 7 章
PHP 与 Web 页面交互

在第 6 章完成了 Web 表单生成器的开发后，相信大家对于 Web 表单已经非常熟悉了。当用户填写表单进行提交后，如何利用 PHP 接收表单并进行处理呢？这就需要学习 PHP 与 Web 交互以及 HTTP 的相关知识。本章将针对 PHP 与 Web 交互以及 HTTP 相关的知识内容进行详细讲解。

学习目标
● 熟悉表单的接收与处理方法。
● 掌握超全局变量的使用方法。
● 掌握 HTTP 的请求与响应方法。

7.1 Web 交互

7.1.1 Web 表单交互

当用户在网站上填写了表单后，需要将数据提交给网站服务器对数据进行处理或保存。通常表单都会通过 method 属性指定提交方式，当表单提交时，浏览器就会按照指定的方式发送请求。例如，当提交方式为 POST 时，浏览器发送 POST 请求，当提交方式为 GET 时，浏览器发送 GET 请求。

当 PHP 收到来自浏览器提交的数据后，会自动保存到超全局变量中。超全局变量是 PHP 预定义好的变量，可以在 PHP 脚本的任何位置使用。常见的超全局数组变量有$_POST、$_GET 等，通过 POST 方式提交的数据会保存到$_POST 中，通过 GET 方式提交的数据会保存到$_GET 中。

为了使大家更好地掌握如何获取表单数据，接下来通过一个用户登录的案例来演示，如例 7-1 所示。

【例 7-1】login.php

```
1   <?php
2       var_dump($_POST);
3   ?>
4   <form method="post">
5     用户名：<input type="text" name="username">
6     密码：<input type="password" name="password">
7     <input type="submit" value="登录">
8   </form>
```

在浏览器中打开，会看到 var_dump()打印的$_POST 是一个空数组。如果在表单中填写用户名"test"和密码"123456"后提交，会看到图 7-1 所示的结果。

图7-1　显示表单提交的数据

在例 7-1 中，当表单被提交时，表单中具有 name 属性的元素会将用户填写的内容提交给服务器，PHP 会将表单数据保存在$_POST 数组中。$_POST 是一个关联数组，数组的键名对应表单元素的 name 属性，值是用户填写的内容。因此，当要接收表单提交的用户名和密码时，可以用如下代码来实现。

```
if (isset($_POST['username']) && isset($_POST['password'])) {
    $username = $_POST['username'];
    $password = $_POST['password'];
}
```

在上述代码中，第 1 行的 if 语句用于判断表单是否提交了用户名和密码，第 2 ~ 3 行用于将 $_POST 数组中的数据取出来，保存到变量中。若客户端没有提交用户名和密码，则 if 条件不满足，不进行处理。

7.1.2　URL 参数交互

当表单以 GET 方式提交时，会将用户填写的内容放在 URL 参数中进行提交。以例 7-1 为例，将表单的 method 属性删除（或将其值改为 get），然后提交表单，会得到如下 URL。

```
http://localhost/login.php?username=test&password=123456
```

在上述 URL 中，"?" 后面的内容为参数信息。参数是由参数名和参数值组成的，中间使用等号 "=" 进行连接。多个参数之间使用 "&" 分隔。其中，username 和 password 是参数名，对应表单中的 name 属性；test 和 123456 是参数值，对应用户填写的内容。

接下来在 PHP 中使用 $_GET 数组接收 URL 参数，并进行输出，示例代码如下。

```
if (isset($_GET['username']) && isset($_GET['password'])) {
    echo $_GET['username'];        // 输出结果: test
    echo $_GET['password'];        // 输出结果: 123456
}
```

需要注意的是，在实际开发中通常都不会使用 GET 方式提交表单，因为 GET 方式提交的数据在 URL 中是可见的，并且传送的数据大小有限制。GET 方式更多的是用在获取信息时传递一些参数，下面以一个计算器的案例为例进行演示，如例 7-2 所示。

【例 7-2】calc.php

```
1  <?php
2  $action = isset($_GET['action']) ? $_GET['action'] : '';
3  $num1 = isset($_GET['num1']) ? (int)$_GET['num1'] : 0;
4  $num2 = isset($_GET['num2']) ? (int)$_GET['num2'] : 0;
5  switch ($action) {
6      case 'add':
7          echo "$num1 + $num2 = ", $num1 + $num2;
8          break;
9      case 'sub':
10         echo "$num1 - $num2 = ", $num1 - $num2;
11         break;
12     case 'mul':
13         echo "$num1 * $num2 = ", $num1 * $num2;
14         break;
15     case 'div':
16         echo "$num1 / $num2 = ", $num2 ? ($num1 / $num2) : '除数不能为 0';
17         break;
18     default:
19         echo '参数不正确';
20 }
```

在上述代码中，第 2～4 行用于接收参数，第 5～20 行用于根据参数进行处理。其中，参数 action 表示计算规则，值可以是 add（加法）、sub（减法）、mul（乘法）、div（除法）；参数 num1 和 num2 是用于计算的两个操作数。

为了测试程序是否正确运行，通过如下 URL 进行访问测试。

```
// 计算 22 + 33 的结果
http://localhost/calc.php?action=add&num1=22&num2=33
// 计算 33.2 - 22.1 的结果
http://localhost/calc.php?action=sub&num1=33.2&num2=22.1
// 计算 12 * 23 的结果
http://localhost/calc.php?action=mul&num1=12&num2=23
// 计算 50 / 25 的结果
http://localhost/calc.php?action=div&num1=50&num2=25
```

以计算 22 + 33 为例，程序的运行结果如图 7-2 所示。

图7-2　计算22 + 33

通过例 7-2 可以看出，PHP 处理用户提交信息的过程与函数的使用类似，如果将脚本 calc.php 看作一个函数，则 URL 参数相当于传递给函数的参数，脚本执行后返回给浏览器的结果相当于函数的返回值。用户可以通过传递不同的 URL 参数，获得不同的访问结果，这就是 URL 参数的交互。

7.1.3　数组方式提交数据

在 Web 表单中，复选框是一种支持提交多个值的表单控件，在编写表单时应将其 name 属性设置为数组，示例代码如下。

```
<input type="checkbox" name="hobby[]" value="swimming"> 游泳
<input type="checkbox" name="hobby[]" value="reading"> 读书
<input type="checkbox" name="hobby[]" value="running"> 跑步
```

当提交表单时，hobby 会以数组形式提交。假设用户选中了"游泳""跑步"后，以 POST 方式提交表单，则 PHP 收到后执行 "print_r($_POST['hobby']);" 的打印结果如下。

```
Array ( [0] => swimming [1] => running )
```

从上述代码可以看出，$_POST 中的 hobby 元素是一个索引数组，数组中的元素是用户所选复选框对应的 value 属性值。需要注意的是，当用户未选中任何复选框时，$_POST 数组中将不存在 hobby 元素。

除此之外，表单控件的 name 属性值还可以指定为键名是字符串的数组，支持多维数组，示例如下。

```
<!-- 表单控件 -->                                    // 接收代码
<input type="text" name="user[name]">               $_POST['user']['name'];
<input type="text" name="user[a][1]">               $_POST['user']['a'][1];
<input type="text" name="user[1][b]">               $_POST['user'][1]['b'];
<input type="text" name="user[c][]">                $_POST['user']['c'][0];
<input type="text" name="user[][d]">                $_POST['user'][2]['d'];
<input type="text" name="user[][]">                 $_POST['user'][3][0];
<input type="text" name="user[3][][]">              $_POST['user'][3][1][0];
<input type="text" name="user[3][][]">              $_POST['user'][3][2][0];
<input type="text" name="user[][][2]">              $_POST['user'][4][0][2];
<input type="text" name="user[4][0][]">             $_POST['user'][4][0][3];
```

从上述示例可以看出，在需要处理的表单内容非常多的情况下，表单中 name 属性的命名可以采用多维数组的形式，便于开发，其使用方式与 PHP 中的数组非常相似。例如，开发在线考试系统时，表单中有填空题、单选题、多选题、判断题等多种题型，这时可以将每种题型放到一个数组里面进行提交，PHP 收到后分别遍历每种题型的数组即可。

另外，通过 URL 地址传递的参数也可以是数组形式的，参数名的写法与表单 name 属性相同。为了让大家更好地理解和掌握，接下来通过案例 7-3 "自动求和" 进行演示，具体步骤如下。

【例 7-3】创建 sum.php 文件，通过如下 URL 进行访问。

```
http://localhost/sum.php?num[]=123&num[]=456
```

在 sum.php 中利用 "print_r($_GET);" 接收并打印 URL 参数，输出结果如下。

```
Array ( [num] => Array ( [0] => 123 [1] => 456 ) )
```

通过输出结果可以看出，PHP 成功接收到了数组方式提交的参数。接下来删除 sum.php 中的测试内容，然后编写如下代码，实现根据用户传递的参数进行自动求和。

```
1    <?php
2    $nums = isset($_GET['num']) ? (array)$_GET['num'] : [];
3    $sum = 0;
4    foreach ($nums as $v) {
5        $sum += (int)$v;
6    }
7    echo 'sum = ' . $sum;
```

在浏览器中访问 "http://localhost/sum.php?num[]=1&num[]=2&num[]=3"，运行结果如图 7-3 所示。

图7-3　自动求和

通过例 7-3 可以看出，对于来自外部的不确定的数组，使用 foreach 对其进行遍历即可。在操作这些外部数据时，应注意进行类型转换，以防止 PHP 遇到不合理的类型而报错。

7.1.4 HTML 特殊字符处理

在将用户输入的内容输出到 HTML 中显示时，会遇到特殊字符问题。例如，用户提交一段 HTML 代码时，为了将代码原样显示，需要将里面的特殊字符串转换为实体字符，防止被浏览器解析。若没有对这些特殊字符进行处理，会给网站的安全带来风险，下面通过例 7-4 来演示这种情况。

【例 7-4】xss.php

```php
1   <?php
2   if (isset($_POST['content'])) {
3       echo $_POST['content'];
4       exit;
5   }
6   ?>
7   <form method="post">
8       <p>留言内容:</p>
9       <textarea name="content" cols="40" rows="10"></textarea>
10      <p><input type="submit" value="提交"></p>
11  </form>
```

按照上述代码编写完成后，通过浏览器访问该文件，并在留言框中输入以下内容。

```
<script>
    while (true) {
        alert('哈哈，中招了吧！');
    }
</script>
```

然后单击"提交"按钮，PHP 就会将这些 JavaScript 代码输出到 HTML 中，导致浏览器循环地弹出对话框，无法正常浏览网页。由于 Chrome 浏览器默认开启了安全审计功能，无法测试结果，使用火狐浏览器进行测试，效果如图 7-4 所示。

上述这种情况会导致网站出现很多安全问题，而且会使用户无法正常访问页面。为了解决这类问题，PHP 提供了一些专门用于处理 HTML 特殊字符的函数，如表 7-1 所示。

图7-4 循环弹出对话框

表 7-1 HTML 特殊字符处理函数

函数名	说明
nl2br()	将字符串中的换行符前插入 HTML 换行标签
strip_tags()	从字符串中去除 HTML 和 PHP 标签
htmlspecialchars()	将字符串中的特殊字符转换为 HTML 实体字符

续表

函数名	说明
htmlspecialchars_decode()	将字符串中的 HTML 实体字符转换回原来的字符
urlencode()	编码 URL 字符串
urldecode()	解码已编码的 URL 字符串
http_build_query()	生成 URL 编码后的字符串

为了使大家更好地掌握这些函数的使用，下面通过具体的代码示例进行演示。

（1）nl2br()

若在表单的 textarea 标签中输入多行文本，然后将文本显示在 div 标签中时，会遇到换行显示成空格的问题，这是因为 textarea 中的换行符是 "\r\n"，而不是 HTML 中的换行标签 "<br>"。因此，当需要正确显示换行时，需要通过 nl2br() 函数进行转换，示例代码如下。

```
echo nl2br("123\n456", false);
```

上述代码执行后，在浏览器中可以看到 123 和 456 各占一行，HTML 源代码如下。

```
123<br>
456
```

值得一提的是，nl2br() 函数的第 2 个参数用于指定换行符的格式，默认为 true，表示使用 XHTML 兼容换行符 "<br />"，设为 false 则使用 "<br>" 换行符。

（2）strip_tags()

strip_tags() 函数可以去除字符串中的标签部分，通常用于读取一段 HTML 代码后，去除其中的 HTML 标签，只保留文本，示例代码如下。

```
$html = <<<'EOD'
<ul><li>苹果</li><li>香蕉</li></ul>
123<test>456</test><aaa>789
EOD;
echo strip_tags($html);
```

上述代码执行后，输出的 HTML 源代码如下。

```
苹果香蕉
123456789
```

需要注意的是，strip_tags() 函数并不会验证 HTML 标签的有效性，如示例中的 "<test>" 和 "<aaa>" 标签都会被删除。

（3）htmlspecialchars() 和 htmlspecialchars_decode()

htmlspecialchars() 函数和 htmlspecialchars_decode() 函数分别用于转换和还原字符串中的 HTML 特殊字符，具体包括 "&"、单引号、双引号、"<" 和 ">"，其中，单引号需要将函数的第 2 个参数设置为 ENT_QUOTES 常量才会进行转换，示例代码如下。

```
$html = "123<br>4'56";
$html = htmlspecialchars($html, ENT_QUOTES | ENT_HTML5);
```

```
echo $html, "\n";
$str = htmlspecialchars_decode($html, ENT_QUOTES | ENT_HTML5);
echo $html;
```

上述代码执行后，输出的 HTML 源代码如下所示。

```
123&lt;br&gt;4&apos;56
123<br>4'56
```

在示例代码中，常量 ENT_HTML5 表示按照 HTML5 标准进行转换，该常量从 PHP 5.4 开始可以使用，当设置该常量时，单引号将被转换为 "'"。

另外，由于 htmlspecialchars()函数不会对空格进行转换，必要时可以通过如下代码实现。

```
$html = ' 123 ';
echo str_replace(' ', ' ', $html);   // 转换结果:  123 
```

（4）urlencode()和 urldecode()

urlencode()函数和 urldecode()函数主要用于在 HTML 中输出 URL 参数时进行编码转换，前者用于编码，后者用于解码，具体使用示例如下。

```
$name = 'A&B C';
$name = urlencode($name);   // URL 编码
echo "http://localhost/test.php?name=$name", "\n";
echo urldecode($name);      // URL 解码
```

上述代码执行后，输出的 HTML 源代码如下。

```
http://localhost/test.php?name=A%26B+C
A&B C
```

在经过 URL 编码后，"&" 被转换为 "%26"，空格被转换为 "+"，从而解决了在 URL 参数中使用特殊字符的问题。值得一提的是，当使用$_GET 接收参数时，获得的数据已经是 URL 解码后的结果，无需手动进行处理。

（5）http_build_query()

利用 http_build_query()函数可以将 PHP 关联数组转换为 URL 参数字符串，具体使用示例如下。

```
$params = [
    'name' => 'test',
    'hobby' => ['reading', 'running']
];
$query = http_build_query($params);
echo "http://localhost/test.php?$query";
```

上述代码执行后，输出的 HTML 源代码如下。

```
http://localhost/test.php?name=test&hobby%5B0%5D=reading&hobby%5B1%5D=running
```

在输出结果中，"%5B" 和 "%5D" 分别表示 "[" 和 "]"，即数组形式的 URL 参数。通过本示例可看出，使用 http_build_query() 函数可以很方便地将数组转换为 URL 参数，同时还支持多维数组。

7.2　HTTP 协议

在前面的开发中，当浏览器提交表单后，PHP 直接通过 $_POST 数组就可以获取表单数据了，非常方便。那么，为什么浏览器和 Apache、PHP 这几种不同的软件能够如此紧密协同地工作呢？这是因为它们都遵守了 HTTP 协议。对于从事 Web 开发的人员来说，只有深入理解 HTTP，才能更好地开发、维护、管理 Web 应用程序。本节将围绕 HTTP 协议的相关知识进行讲解。

7.2.1　什么是 HTTP

超文本传输协议（HyperText Transfer Protocol，HTTP）是浏览器与 Web 服务器之间数据交互需要遵循的一种规范。它是由 W3C 组织推出的，专门用于定义浏览器与 Web 服务器之间数据交换的格式。其交互过程如图 7-5 所示。

从图 7-5 中可以看出，HTTP 是一种基于"请求"和"响应"的协议，当客户端与服务器建立连接后，由客户端（浏览器）向服务器端发送一个请求，

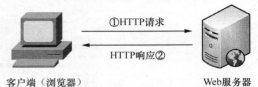

图7-5　浏览器与Web服务器交互过程

被称作 HTTP 请求，服务器接收到请求后会做出响应，称为 HTTP 响应。而 HTTP 之所以在 Web 开发中占据重要的位置，其原因如下。

① 支持主流软件架构：支持 B/S、C/S 软件架构。

② 简单快速：客户端向服务器请求服务时，只需传送请求方式和路径即可。常用的请求方式有 GET、POST 等，每种方式规定了客户端与服务器联系的类型不同。由于 HTTP 协议简单，使得 HTTP 服务器的程序规模小，通信速度快。

③ 灵活：HTTP 允许传输任意类型的数据，传输的数据类型由 Content-Type 标记。

除此之外，由于 HTTP 是无状态协议，因此若后续处理需要前面的信息，则必须重新传递，这样可能导致每次连接传送的数据量增大，这是在程序开发中需要注意的地方。

7.2.2　查看 HTTP 消息

当用户在浏览器中访问某个 URL 地址、单击某个超链接或者提交表单时，浏览器都会向服务器发送请求数据，即 HTTP 请求消息。服务器接收到请求数据后，将处理后的数据回送给客户端，这就是 HTTP 响应消息。HTTP 请求消息和 HTTP 响应消息统称为 HTTP 消息。

在 HTTP 消息中，除了服务器的响应实体内容（如 HTML 网页、图片等）以外，其他信息对用户都是不可见的，要想观察这些"隐藏"的信息，需要借助一些工具。这里使用的是 Chrome 浏览器的开发者工具，按 F12 键打开这个工具，然后切换到【Network】页面刷新网页，就可以看到当前网页从第 1 个请求开始，依次发送的所有请求。其中，第 1 个请求的 HTTP 消息如图 7-6 所示。

在图 7-6 中，"General"是基本信息，"Response Headers"是响应头，"Request Headers"是请求头。这 3 组信息是浏览器自动解析后的，若要查看源格式，可以单击"view source"。

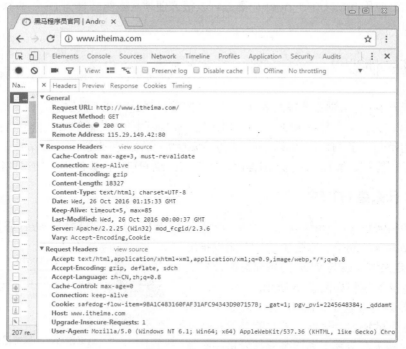

图7-6　查看HTTP消息

7.2.3　PHP 处理过程

在浏览器与服务器的交互过程中，Web 服务器通过 HTTP 协议与浏览器进行交互，PHP 只用于处理动态请求。当用户通过 HTML 页面输入数据并提交表单后，输入的内容就会从浏览器传送到服务器，经过服务器中的 PHP 程序处理后，再将处理后的信息返回给浏览器。图 7-7 演示了 PHP 的处理过程。

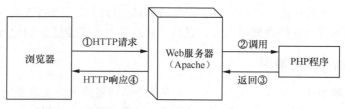

图7-7　PHP处理过程

从图 7-7 可以看出，当浏览器向 Web 服务器发送一个请求时，Web 服务器会对请求做出处理，并返回处理结果。在这个交互过程中，浏览器是通过 URL 地址来访问服务器的，并且数据在传输过程中需要遵循 HTTP。当数据传输到 Web 服务器时，Web 服务器中的 PHP 程序会对数据进行处理，然后将处理好的数据返回给浏览器。接下来对处理过程中的关键部分进行讲解。

1. HTTP 请求

当在客户端浏览器输入 URL 地址后，就会向指定服务器发起 HTTP 请求。在请求的同时，会附带请求消息头、请求消息体等相关信息。

2. Web 服务端处理

当请求到达服务器之后，Apache 就会判断客户端请求的是静态资源还是 PHP 文件。如果请求的是静态资源如 HTML、CSS、JavaScript 和图片等文件，Apache 就直接在服务器目录下获取这些文件。如果请求的是 PHP 文件，Apache 则会将其交给 PHP 模块来处理，PHP 模块将处理得到的结果返回给 Apache。

3. 返回 HTTP 响应数据

Apache 将获取到的资源（包括直接获取的静态资源和 PHP 处理的结果）通过 HTTP 响应发送到客户端浏览器。

4. 浏览器显示

浏览器将服务器返回的资源，包括 HTML、CSS、JavaScript 和图片下载到本地，进行解析并显示。

 多学一招：HTTP/1.0 和 HTTP/1.1

HTTP 自诞生以来，先后经历了很多版本，目前互联网中应用最多的是 HTTP/1.0 和 HTTP/1.1 版本，下面将针对这两种版本进行介绍。

（1）HTTP/1.0

基于 HTTP/1.0 协议的客户端与服务器在交互过程中需要经过建立连接、发送请求信息、回送响应信息和关闭连接 4 个步骤，如图 7-8 所示。

在交互步骤中，建立和关闭连接基于 TCP（传输控制协议），由操作系统实现，而发送请求是由客户端软件（如浏览器）按照 HTTP 规定的格式向服务器发送请求消息，由服务器端

图7-8　HTTP/1.0交互过程

软件（如 Apache）收到后按照 HTTP 协议解析出具体的内容进行处理。当 Web 服务器处理完成后，为了告知浏览器处理结果，再按照 HTTP 协议回送响应消息，从而完成了交互。

HTTP/1.0 方式每次建立 TCP 连接后，只能处理一个 HTTP 请求，这种通信方式对于内容越来越丰富的网页来说，效率十分低下。以下面一段 HTML 代码为例。

```
<html>
  <body>
    <img src="/image01.jpg">
    <img src="/image02.jpg">
    <img src="/image03.jpg">
  </body>
</html>
```

上述 HTML 文档中包含了 3 个 <img> 标签，src 属性指定了图片的来源是本站目录下的图片地址。当浏览器访问这个网页时，除了网页本身建立了 1 次连接，这 3 张图片还要再建立 3 次连接。如此一来，必然会导致客户端与服务器端交互的耗时，影响网页访问速度。

（2）HTTP/1.1

为了克服 HTTP/1.0 的缺陷，HTTP/1.1 版本应运而生。HTTP/1.1 支持持久连接，能够在一

个 TCP 连接上传送多个 HTTP 请求和响应，从而减少建立和关闭连接的消耗和延时。其交互过程如图 7-9 所示。

从图 7-9 可以看出，当客户端与服务器建立连接后，客户端可以发送多个 HTTP 请求，并且在发送下一个请求时无需等待上次请求的返回结果。服务器必须按照接收请求的先后顺序依次返回响应结果，以保证客户端区分每次的响应内容。因此，HTTP/1.1 有效地提高了交互效率。

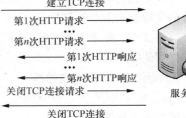

图7-9　HTTP/1.1交互过程

7.2.4　HTTP 请求消息

在浏览器中查看 HTTP 请求消息的源格式，示例如下。

```
GET /index.php HTTP/1.1
Host: localhost
Connection: keep-alive
Cache-Control: max-age=0
Upgrade-Insecure-Requests: 1
User-Agent: Mozilla/5.0 (Windows NT 6.1; WOW64) AppleWebKit/537.36 (KHTML, like Gecko)
Chrome/56.0.2924.87 Safari/537.36
Accept: text/html,application/xhtml+xml,application/xml;q=0.9,image/webp,*/*;q=0.8
Accept-Encoding: gzip, deflate, sdch
Accept-Language: zh-CN,zh;q=0.8
```

在上述示例中，第 1 行是请求行，后面几行是请求头，空行表示请求头的结束。每个请求头都是由头字段名称和对应的值构成，中间用冒号 "：" 和空格分隔。这些头字段大部分是 HTTP 规定的，每个都有特定的用途，一些应用程序也可以添加自定义的字段。另外，当通过 POST 方式提交表单时，在请求消息中还会包含实体内容，实体内容位于空行的后面。

在了解 HTTP 基本格式后，接下来对请求行、请求头和实体内容分别进行介绍。

1. 请求行

请求行位于请求消息的第一行，如下所示。

```
GET /index.php HTTP/1.1
```

上述示例中的请求行共分为 3 个部分，分别是请求方式（GET）、请求资源路径（/index.php）和 HTTP 协议版本（HTTP/1.1）。其中，请求方式有许多种，GET 是浏览器打开网页默认使用的方式，其他方式如表 7-2 所示；请求资源路径是指当访问 "http://域名/index.php" 地址时，域名右边包括参数的部分。

表7-2　HTTP 请求方式

请求方式	含义
GET	获取 "请求资源路径" 对应的资源
POST	向 "请求资源路径" 提交数据，请求服务器进行处理

续表

请求方式	含义
HEAD	获取"请求资源路径"的响应消息头
PUT	向服务器提交数据，存储到"请求资源路径"的位置
DELETE	请求服务器删除"请求资源路径"的资源
TRACE	请求服务器回送收到的请求信息，主要用于测试或诊断
CONNECT	保留将来使用
OPTIONS	请求查询服务器的性能，或者查询与资源相关的选项和需求

2. 请求头

请求头位于请求行之后，主要用于向服务器传递附加消息。例如，浏览器可以接受的数据类型、压缩方法、语言以及系统环境。常见的请求头字段和说明如表 7-3 所示。

表 7-3　常见的请求头

请求头	含义
Accept	客户端浏览器支持的数据类型
Accept-Charset	客户端浏览器采用的编码
Accept-Encoding	客户端浏览器支持的数据压缩格式
Accept-Language	客户端浏览器所支持的语言包，可以指定多个
Host	客户端浏览器想要访问的服务器主机
If-Modified-Since	客户端浏览器对资源的最后缓存时间
Referer	客户端浏览器是从哪个页面过来的
User-Agent	客户端的系统信息，包括使用的操作系统、浏览器版本号等
Cookie	客户端需要带给服务器的数据
Cache-Control	客户端浏览器的缓存控制
Connection	请求完成后，客户端希望是保持连接还是关闭连接

3. 实体内容

通过 POST 方式提交表单时，浏览器会将用户填写的数据放在实体内容中发送。以下面的表单为例。

```
<form method="post" action="/test.php">
  <input type="text" name="name" value="test">
  <input type="password" name="password" value="123456">
  <input type="submit">
</form>
```

提交表单后，发送的 HTTP 请求消息如下。

```
POST /test.php HTTP/1.1
Host: localhost
Content-Type: application/x-www-form-urlencoded
Content-Length: 25
```

```
name=test&password=123456
```

从上述示例可以看出，当使用 POST 方式提交表单时，Content-Type 消息头字段会自动设置为"application/x-www-form-urlencoded"，表示以 URL 编码的表单，Content-Length 消息头会自动设置为实体内容的长度（25 字节）。

 多学一招：超全局变量$_SERVER

PHP 提供的超全局变量$_SERVER 可以查看服务器信息和当前请求的信息。该变量是一个关联数组，对于不同的 Web 服务器，数组中包含的变量也会有所不同，其常用的变量如表 7-4 和表 7-5 所示。

表 7-4　$_SERVER 常用变量（请求头类）

变量名	对应请求头
HTTP_HOST	Host
HTTP_USER_AGENT	User-Agent
HTTP_ACCEPT	Accept
HTTP_ACCEPT_ENCODING	Accept-Encoding
HTTP_ACCEPT_LANGUAGE	Accept-Language
HTTP_REFERER	Referer

表 7-5　$_SERVER 常用变量（服务器信息类）

变量名	说明	示例
SERVER_NAME	服务器名称	www.itheima.com
SERVER_ADDR	服务器地址	192.168.78.3
SERVER_PORT	服务器端口	80
REMOTE_ADDR	来源地址	192.168.78.1
REMOTE_PORT	来源端口	60100
DOCUMENT_ROOT	服务器文档根目录	C:/web/apache2.4/htdocs
SERVER_ADMIN	服务器管理员邮箱地址	admin@example.com
SCRIPT_FILENAME	脚本文件的绝对路径	C:/web/apache2.4/htdocs/index.php
SCRIPT_NAME	脚本文件的相对路径	/index.php
GATEWAY_INTERFACE	网关接口	CGI/1.1
SERVER_PROTOCOL	HTTP 版本	HTTP/1.1
REQUEST_METHOD	请求方式	GET
QUERY_STRING	"?"后面的 URL 参数	a=1&b=2
REQUEST_URI	请求 URI	/index.php?a=1&b=1
PHP_SELF	脚本文件的相对路径	/index.php
REQUEST_TIME	客户端发出请求的时间戳	1489478821

以上列举了$_SERVER 中常用的变量，这些变量在实际开发中非常重要。例如，当需要获取

客户端 IP 地址时，可以通过"$_SERVER['REMOTE_ADDR']"进行获取。

7.2.5 HTTP 响应消息

HTTP 响应消息由响应状态行、响应头、实体内容组成，其源格式示例如下。

```
HTTP/1.1 200 OK
Date: Wed, 26 Oct 2016 01:15:33 GMT
Server: Apache/2.2.25 (Win32) mod_fcgid/2.3.6
Vary: Accept-Encoding,Cookie
Cache-Control: max-age=3, must-revalidate
Content-Length: 18327
Content-Type: text/html; charset=UTF-8


<!DOCTYPE html>
<html><body></body></html>
```

在上面的响应消息中，第 1 行是响应状态行，后面几行是响应头，空行表示响应头结束。实体内容位于空行后面，网页的 HTML 文档就保存在实体内容中。

1. 响应状态行

在 HTTP 响应消息中，位于第一行的是状态行，用于告知客户端本次响应的状态，如下所示。

```
HTTP/1.1 200 OK
```

上述示例中，HTTP/1.1 是协议版本，200 是状态码，OK 是状态的描述信息。

响应状态码表示服务器对客户端请求的各种不同的处理结果和状态，由一个三位十进制数表示。响应状态码共分为 5 个类别，通过最高位的 1~5 来分类，其具体作用如下所示。

- 1xx：成功接收请求，要求客户端继续提交下一次请求才能完成整个处理过程。
- 2xx：成功接收请求并已完成整个处理过程。
- 3xx：为完成请求，客户端需进一步细化请求。
- 4xx：客户端的请求有错误。
- 5xx：服务器端出现错误。

HTTP 协议定义的状态码非常多，对于普通用户来说无需每个都要深入研究，但对于一些经常遇到的状态码要了解，具体如表 7-6 所示。

表 7-6　常见响应状态码

状态码	含义	说明
200	正常	客户端的请求成功，响应消息返回正常的请求结果
301	永久移动	被请求的文档已经被移动到别处，此文档的新 URL 地址为响应头 Location 的值，浏览器以后对该文档的访问会自动使用新地址
302	找到	和 301 类似，但是 Location 返回的是一个临时的、非永久 URL 地址
304	未修改	浏览器在请求时会通过一些请求头描述该文档的缓存情况，当服务器判断文档没有修改时，就通过 304 告知浏览器继续使用缓存，否则服务器将使用 200 状态码返回修改后的新文档

状态码	含义	说明
401	未经授权	当浏览器试图访问一个受密码保护的页面时，且在请求头中没有 Authorization 传递用户信息，就会返回 401 状态码要求浏览器重新发送带有 Authorization 头的信息
403	禁止	服务器理解客户端的请求，但是拒绝处理。通常由服务器上文件或目录的权限设置导致
404	找不到	服务器上不存在客户端请求的资源
500	内部服务器错误	服务器内部发生错误，无法处理客户端的请求
502	无效网关	服务器作为网关或者代理访问上游服务器，但是上游服务器返回了非法响应
504	网关超时	服务器作为网关或者代理访问上游服务器，但是未能在规定时间内获得上游服务器的响应

2. 响应头

响应头位于响应状态行的后面，用于告知浏览器本次响应的一个基本信息，包括服务程序名、内容的编码格式、缓存控制等。常见的 HTTP 响应头如表 7-7 所示。

表 7-7　常见 HTTP 响应头

响应头	含义
Server	服务器的类型和版本信息
Date	服务器的响应时间
Expires	控制缓存的过期时间
Location	控制浏览器显示哪个页面（重定向到新的 URL）
Accept-Ranges	服务器是否支持分段请求，以及请求范围
Cache-Control	服务器控制浏览器如何进行缓存
Content-Disposition	服务器控制浏览器以下载方式打开文件
Content-Encoding	实体内容的编码格式
Content-Length	实体内容的长度
Content-Language	实体内容的语言和国家名
Content-Type	实体内容的类型和编码类型
Last-Modified	请求文档的最后一次修改时间
Transfer-Encoding	文件传输编码
Set-Cookie	发送 Cookie 相关的信息
Connection	是否需要持久连接

HTTP 的请求头和响应头是浏览器与服务器之间交互的重要信息，由浏览器和 Web 服务器自动处理，通常不需要人为干预。但有时开发者会需要手动更改一些响应消息，以实现网站项目的某些功能需求，或者进行浏览器缓存方面的优化。

在 PHP 中，通过 header()函数可以自定义响应消息头，示例代码如下。

```php
// 设定编码格式
header('Content-Type: text/html; charset=UTF-8');
// 响应 404 消息
header('HTTP/1.1 404 Not Found');
```

```
// 页面重定向
header('Location: login.php');
```

以上代码演示了 HTTP 响应消息头的发送。以重定向为例，当浏览器收到 Location 时，就会自动重定向到目标地址，如 login.php。

3. 实体内容

服务器响应的实体内容有多种编码格式。当用户请求的是一个网页时，实体内容的格式就是 HTML。如果请求的是图片，则响应图片的数据内容。服务器为了告知浏览器内容类型，会通过响应消息头中的 Content-Type 来标识。例如，网页的类型通常是"text/html; charset=UTF-8"，表示内容的类型为 HTML，字符集是 UTF-8，其中"text/html"是一种 MIME 类型表示方式。

MIME 是目前在大部分互联网应用程序中一种通用的标准，其表示方法为"大类别/具体类型"。接下来列举一些常见的 MIME 类型，如表 7-8 所示。

表 7-8　常见 MIME 类型

MIME 类型	说明	MIME 类型	说明
text/plain	普通文本（.txt）	text/css	CSS 文件（.css）
text/xml	XML 文档（.xml）	application/javascript	JavaScript 文件（.js）
text/html	HTML 文档（.html）	application/x-httpd-php	PHP 文件（.php）
image/gif	GIF 图像（.gif）	application/rtf	RTF 文件（.rtf）
image/png	PNG 图像（.png）	application/pdf	PDF 文件（.pdf）
image/jpeg	JPEG 图像（.jpg）	application/octet-stream	任意的二进制数据

浏览器对于服务器响应的不同 MIME 类型会有不同的处理方式，如遇到普通文本时直接显示，遇到 HTML 时渲染成网页，遇到 GIF、PNG、JPEG 等类型时显示为图像。如果浏览器遇到无法识别的类型时，在默认情况下会执行下载文件的操作。

 多学一招：输出缓冲机制

在 PHP 中，输出缓冲（Output Buffer）是一种缓冲机制，它通过内存预先保存 PHP 脚本的输出内容，当保存的数据量达到设定的大小时，再将数据传输到浏览器。输出缓冲机制解决了当有实体内容输出后，再使用 header() 等函数无法设置 HTTP 响应头的问题，因为消息头必须在实体内容之前被发送，通过输出缓冲，可以使实体内容延缓到消息头的后面被发送。

输出缓冲在 PHP 中是默认开启的。在 php.ini 中，它的配置项为"output_buffering = 4096"，表示输出缓冲区的内存空间为 4KB。通过 PHP 的 ob_*() 函数可以控制输出缓冲，常用的函数如表 7-9 所示。

表 7-9　常用输出缓冲函数

函数名	作用
ob_start()	启动输出缓冲
ob_get_contents()	返回当前输出缓冲区的内容
ob_end_flush()	向浏览器发送输出缓冲的内容，并关闭输出缓冲
ob_end_clean()	清空输出缓冲区的内容，不进行发送，并关闭输出缓冲

通过以上函数可以控制输出缓冲，实现在脚本中动态地开启或关闭输出缓冲，以及获取输出缓冲区的内容并保存到变量中。

动手实践：利用 cURL 扩展发送请求

对于编程语言的学习来说，上课听懂，看书看懂，都不是真的懂；只有将其理论与实际相结合，动手实践出具体的功能，才是真的懂。接下来结合本章所学的知识完成 cURL 扩展的应用。

【功能分析】

HTTP 是一种通信协议，除了浏览器，其他软件也可以通过 HTTP 与服务器交换信息。虽然 PHP 运行于服务器端，但有时服务器也需要向另一台服务器请求数据，这时可以通过 PHP 来实现。使用 PHP 提供的 cURL 扩展可以高效地进行远程请求，在使用前应确保 php.ini 中已经开启了 cURL 扩展。接下来，请参考 PHP 手册，利用 cURL 扩展完成如下需求。

- 向一个网站发送请求，获取网站返回的响应信息（包括响应头和实体）。
- 向一个网站发送请求，并添加自定义请求头 Referer。
- 向一个网站发送 POST 请求，模拟浏览器的表单提交操作。

【功能实现】

1. cURL 发送请求并获取响应信息

cURL 的使用流程主要包括初始化、设定选项、执行和关闭，分别通过 curl_init()函数、curl_setopt()函数、curl_exec()函数和 curl_close()函数来完成。下面编写一个 cURL.php 来实现发送请求并获取响应，具体代码如下。

```php
1   <?php
2   // 初始化一个 cURL 会话
3   $ch = curl_init();
4   // 设定请求的 URL
5   curl_setopt($ch, CURLOPT_URL, 'http://www.itheima.com');
6   // 设定返回信息中包含响应消息头
7   curl_setopt($ch, CURLOPT_HEADER, 1);
8   // 设定 curl_exec()函数将响应结果返回，而不是直接输出
9   curl_setopt($ch, CURLOPT_RETURNTRANSFER, 1);
10  // 执行一个 cURL 会话
11  $html = curl_exec($ch);
12  // 关闭一个 cURL 会话
13  curl_close($ch);
14  // 输出返回信息
15  echo $html;
```

接下来通过浏览器访问进行测试，运行结果的 HTML 源代码如图 7-10 所示。

```
1  HTTP/1.1 200 OK
2  Date: Tue, 14 Mar 2017 09:46:46 GMT
3  Server: Apache/2.4.23 (Win64) OpenSSL/1.0.2h PHP/5.6.28
4  X-Powered-By: PHP/5.6.28
5  Vary: Accept-Encoding,Cookie
6  Cache-Control: max-age=3, must-revalidate
7  WP-Super-Cache: Served supercache file from PHP
8  Content-Length: 186189
9  Last-Modified: Tue, 14 Mar 2017 08:32:36 GMT
10 Content-Type: text/html; charset=UTF-8
11
12 <!DOCTYPE html>
13 <html lang="zh-CN">
14 <head>
15     <meta charset="UTF-8">
16     <meta name="viewport" content="width=device-width">
17     <title>黑马程序员官网 | Android培训|Java培训|JavaEE培训|iOS培训|UI设计培训|C++培训|PHP|前端移动开发</title>
18     <meta name="keywords" content="黑马程序员Android培训,Java培训,JavaEE培训,iOS培训,UI设计培训,PHP培训,C++培训,
19 WEB前端培训,移动端WEB前端培训" />
```

图7-10　cURL执行结果

从运行结果可以看出，cURL 成功请求了 http://www.itheima.com，并返回了响应消息头和实体内容。

2. cURL 发送请求并自定义请求头

利用 cURL 提供的预定义常量可以发送指定的请求头，修改 cURL.php 代码如下。

```php
1  <?php
2  $ch = curl_init();
3  curl_setopt($ch, CURLOPT_URL, 'http://localhost/test.php');
4  // 自定义请求头 Referer
5  curl_setopt($ch, CURLOPT_REFERER, 'http://www.test.test/');
6  curl_exec($ch);
7  curl_close($ch);
```

为了测试自定义请求头 Referer 是否发送成功，在 test.php 中输出接收到的请求头，代码如下。

```php
1  <?php
2  echo $_SERVER['HTTP_REFERER'];
```

接下来通过浏览器访问进行测试，运行结果如图 7-11 所示。

图7-11　自定义请求头

3. cURL 模拟表单提交

利用 cURL 扩展还可以模拟表单的 POST 方式提交数据。修改 cURL.php，具体代码如下。

```php
1  <?php
2  // 准备发送的数据
3  $data = [
4      'name' => 'test',
```

```
5        'password' => '123456'
6    ];
7    $ch = curl_init();
8    curl_setopt($ch, CURLOPT_URL, 'http://localhost/test.php');
9    // 设定请求方式为 POST
10   curl_setopt($ch, CURLOPT_POST, 1);
11   // 将数据编码后发送
12   curl_setopt($ch, CURLOPT_POSTFIELDS, http_build_query($data));
13   curl_exec($ch);
14   curl_close($ch);
```

为了验证上述代码是否发送成功，修改 test.php 代码如下。

```
1    <?php
2    print_r($_POST);
```

接下来通过浏览器进行访问测试，运行结果如图 7-12 所示。

通过以上操作可以看出，对于来自客户端发送的信息，无论是 Referer 请求头还是表单提交的数据，都可以被随意伪造。为了保证系统的安全，一定不要信任任何外部数据，避免将未经 HTML 转义的请求头信息直接输出到页面中。对于 HTML 中使用的单选框、复选框，以

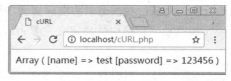

图7-12 自定义请求头

及 JavaScript 表单验证，都无法限制客户端实际提交的内容，只有服务器端的表单验证才能确保数据的合法性。

本章小结

本章首先讲解了 PHP 的 Web 交互，主要包括表单和 URL 参数两种交互方式，以及特殊字符的处理。然后介绍了 HTTP 协议，包括 HTTP 基本概念、请求和响应消息等。通过本章的学习，希望读者可以熟悉 PHP 的 Web 交互开发，了解 HTTP 通信原理，熟练掌握并编写具有高安全性的各种表单应用程序。

课后练习

一、填空题

1. HTTP 请求消息是由_____、请求头和实体内容三部分组成。
2. 在 URL 参数中，多个参数之间使用_____符号分隔。
3. 去除字符串中的 HTML 和 PHP 标签的函数是_____。

二、判断题

1. 响应状态码 200 表示被请求的缓存文档未修改。(   )
2. URL 参数中含有中文时，需要编码处理后才能使用。(   )
3. GET 提交方式是将 URL 参数作为实体内容发送的。(   )

三、选择题

1. 下列选项中，不属于消息头中可以包含的内容是（　　）。

　　A. 消息时间　　　　B. 内容大小　　　C. 实体数据　　　　D. 系统环境

2. 关于响应头的描述错误的是（　　）。

　　A. 用于告知浏览器本次响应的服务程序名、内容的编码格式等信息

　　B. 响应头 Connection 表示是否需要持久连接

　　C. 响应头 Content-Length 表示实体内容的长度

　　D. 响应头位于响应状态行的前面

四、简答题

1. 请概括 HTTP 协议的主要特点。

2. 请简要说明 GET 与 POST 提交方式的区别。

8 Chapter

第 8 章
PHP 操作 MySQL 数据库

MySQL

任何一种编程语言都需要对数据进行操作，实现数据的存储和获取，PHP 也不例外。PHP 所支持的数据库类型较多，在这些数据库中，由于 MySQL 的跨平台性、可靠性、适用性、开源性以及免费等特点，一直被认为是 PHP 的最佳搭档。本章将完整地讲解如何安装 MySQL 数据库，以及如何使用 PHP 操作数据库。

学习目标

● 了解数据库以及相关软件的特点。
● 掌握 MySQL 数据库的安装及常用操作方法。
● 掌握 PHP 操作数据库的基本步骤。
● 掌握 MySQLi 扩展的预处理操作。

8.1　MySQL 的安装和使用

在通过 PHP 操作数据库之前，需要在开发环境中安装和配置 MySQL 数据库，并且掌握数据库常用操作命令，能够对数据表进行增加、删除、修改和查看等操作。下面将详细讲解 MySQL 的安装和使用方法。

8.1.1　数据库概述

数据库（Database）简称 DB，是按照数据结构来组织、存储和管理数据的仓库，其本身可看作电子化的文件柜。数据库管理系统（Database Management System，DBMS）是数据库系统的核心，是一种操作和管理数据库的大型软件，用于建立、使用和维护数据库，对数据进行增加、删除、修改、查找等操作，以及保证数据库的安全性和完整性。

随着数据库技术的不断发展，数据库产品越来越多，常见的有 Oracle、SQL Server、MySQL 等，它们各自的特点如下。

（1）Oracle

Oracle 数据库是 Oracle 公司推出的数据库管理系统，在数据库领域一直处于领先地位，同时也是目前世界上流行的关系型数据库管理系统之一。它的优势在于移植性好、使用方便、功能性强，适用于各类大、中、小、微机环境。对于要求高效率、吞吐量大的项目而言是一个不错的选择。

（2）SQL Server

SQL Server 是 Microsoft 公司推出的关系型数据库管理系统，广泛应用于电子商务、银行、保险、电力等行业。因其易操作、界面良好等特点深受广大用户喜爱，但其只能在 Windows 平台上运行，并对操作系统的稳定性要求较高。

（3）MySQL

MySQL 数据库是开放源码的关系型数据库管理系统。它由瑞典 MySQL AB 公司开发，先后被 Sun 和 Oracle 公司收购。尽管如此，MySQL 依然是最受欢迎的关系型数据库之一。尤其是在 Web 开发领域，MySQL 依然占据着举足轻重的地位。

MySQL 之所以受到大多数企业和开发人员的喜爱，是因为具有以下几个关键特性。

- 低成本：MySQL 是开源的，开发人员可根据需求自由进行修改，降低了开发成本。
- 跨平台：不仅可在 Windows 平台上使用，还可在 Linux、Mac OS 等多达 14 种平台上使用。
- 高性能：多线程以及 SQL 算法的设计，使其可以充分利用 CPU 资源，提高查询速度。
- 上手快：MySQL 使用标准的 SQL 数据语言形式，方便用户操作。
- API 接口：提供多种编程语言的 API，方便操作数据库。例如 Java、C、C++、PHP 等。

8.1.2　获取 MySQL

打开 MySQL 的官方网站进行软件的下载。在网站中找到"Downloads"下载页面，可以看到 MySQL 各种版本的下载地址。如图 8-1 所示。

在下载页面，MySQL 主要提供了企业版（Enterprise）和社区版（Community）产品，其中社区版是通过 GPL 协议授权的开源软件，可以免费使用，而企业版是需要收费的商业软件。本书选择 MySQL 社区版进行讲解，在下载页面找到"MySQL Community Server"版本进行下载，如图 8-2 所示。

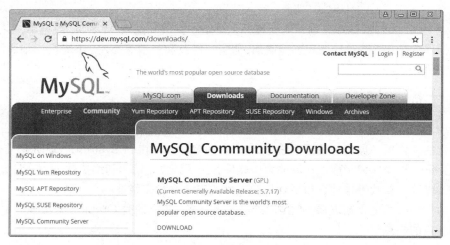

图8-1　获取MySQL

图8-2　下载MySQL

从图 8-2 中可以看出，MySQL 提供了 MSI（安装版）和 ZIP（压缩包）两种版本，本书以 ZIP 版本为例进行讲解。

8.1.3　命令安装方式

1. 解压文件

首先创建"C:\web\mysql5.7"作为 MySQL 的安装目录，然后打开"mysql-5.7.17-win32.zip"压缩包，将里面的"mysql-5.7.17-win32"目录中的文件解压到"C:\web\mysql5.7"路径下，如图 8-3 所示。

在图 8-3 中，"bin"是 MySQL 的应用程序目录，保存了 MySQL 的服务程序"mysqld.exe"、命令行工具"mysql.exe"等；而"my-default.ini"是 MySQL 的默认配置文件，用于保

图8-3　MySQL安装目录

存默认设置。

2. 配置 MySQL

在安装 MySQL 前，先进行基本的配置。创建 "C:\web\mysql5.7\my.ini" 文件，编写如下配置。

```
[mysqld]
basedir = C:/web/mysql5.7
datadir = C:/web/mysql5.7/data
port = 3306
```

在上述配置中，"basedir" 表示 MySQL 的安装目录，"datadir" 表示数据库文件的保存目录，"port" 表示访问 MySQL 服务的端口号。MySQL 数据库的默认端口号为 3306。值得一提的是，在没有上述配置的情况下，MySQL 也可以自动检测安装目录、数据文件目录，并使用默认端口号 3306。

3. 安装 MySQL

MySQL 安装是指将 MySQL 安装为 Windows 系统的服务项，可以通过 MySQL 的服务程序 "mysqld.exe" 来进行安装，具体步骤如下。

STEP 1 执行【开始】菜单→【所有程序】→【附件】，找到【命令提示符】并单击鼠标右键，在弹出的快捷菜单中选择【以管理员身份运行】，启动命令行窗口。

STEP 2 在命令模式下，切换到 MySQL 安装目录下的 bin 目录。

```
cd C:\web\mysql5.7\bin
```

STEP 3 输入以下命令开始安装。

```
mysqld.exe -install
```

默认情况下，MySQL 将自动读取安装目录下的 "my.ini" 配置文件。安装效果如图 8-4 所示。

值得一提的是，如果需要卸载 MySQL 服务，可以使用 "mysqld.exe –remove" 命令进行卸载。

图8-4　通过命令行安装MySQL

4. 启动 MySQL 服务

（1）初始化数据库

在安装 MySQL 后，数据文件目录 "c:\web\mysql5.7\data" 还没有创建。因此，接下来要通过 MySQL 的初始化功能，自动创建数据文件目录，具体命令如下。

```
mysqld.exe --initialize-insecure
```

在上述命令中，"--initialize" 表示初始化数据库，"-insecure" 表示忽略安全性。当省略 "-insecure" 时，MySQL 将自动为默认用户 "root" 生成一个随机的复杂密码，如果不省略 "-insecure"，"root" 用户的密码为空。

（2）管理 MySQL 服务

MySQL 安装后，就可以作为 Windows 的服务项进行启动或关闭了。通过 Windows 的系统的【控制面板】→【管理工具】→【服务】对 MySQL 服务进行管理，也可以使用如下命令实现。

```
net start MySQL          # 启动 "MySQL" 服务
net stop MySQL           # 停止 "MySQL" 服务
```

当 MySQL 服务成功启动后，运行结果如图 8-5 所示。

管理员：C:\Windows\System32\cmd.exe
C:\web\mysql5.7\bin>net start MySQL
MySQL 服务正在启动 .
MySQL 服务已经启动成功。
C:\web\mysql5.7\bin>_

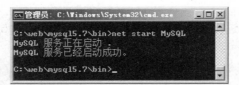

图8-5 启动MySQL服务

8.1.4 MySQL 命令行工具

1. MySQL 登录与密码设置

（1）登录 MySQL

在 MySQL 的“bin”目录中的“mysql.exe”是 MySQL 提供的命令行工具，用于访问数据库。在访问前，需要先登录 MySQL 服务器，具体命令如下。

```
mysql -h localhost -u root
```

在上述命令中，“-h localhost”表示登录的服务器主机地址为 localhost（本地服务器），可换成服务器的 IP 地址，如“-h 127.0.0.1”，也可以省略，MySQL 在默认情况下会自动访问本地服务器；“-u root”表示以“root”用户的身份登录。成功登录 MySQL 服务器后，运行效果如图 8-6 所示。

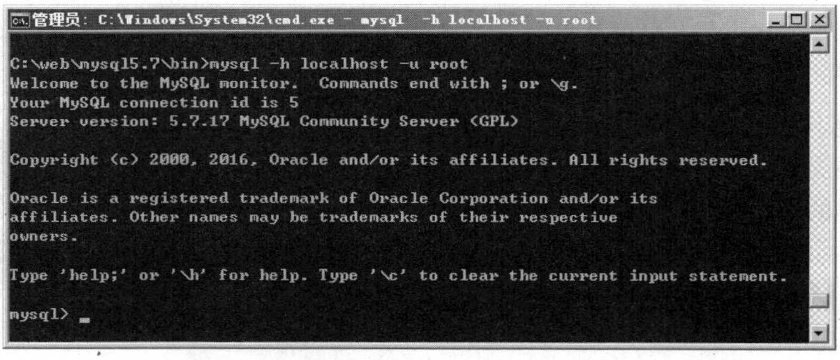

管理员：C:\Windows\System32\cmd.exe - mysql -h localhost -u root
C:\web\mysql5.7\bin>mysql -h localhost -u root
Welcome to the MySQL monitor. Commands end with ; or \g.
Your MySQL connection id is 5
Server version: 5.7.17 MySQL Community Server (GPL)
Copyright (c) 2000, 2016, Oracle and/or its affiliates. All rights reserved.
Oracle is a registered trademark of Oracle Corporation and/or its
affiliates. Other names may be trademarks of their respective
owners.
Type 'help;' or '\h' for help. Type '\c' to clear the current input statement.
mysql> _

图8-6 登录MySQL数据库

值得一提的是，如果需要退出 MySQL，可以直接使用“exit”或“quit”命令退出登录。

（2）设置密码

为了保护数据库的安全，需要为登录 MySQL 服务器的用户设置密码。下面以设置 root 用户的密码为例，具体执行的命令如下。

```
SET PASSWORD FOR 'root'@'localhost' = PASSWORD('123456');
```

上述命令表示为“localhost”主机中的“root”用户设置密码，密码为“123456”。当设置密码后，退出 MySQL，然后重新登录时，就需要输入刚才设置的密码。

登录有密码的用户时，需要使用的命令如下。

```
mysql -h localhost -u root -p123456
```

在上述命令中，"-p123456"表示使用密码"123456"进行登录。如果在登录时不希望被直接看到密码，可以省略"-p"后面的密码，然后按【Enter】键，MySQL 会提示输入密码，并且在输入时不会回显。

 脚下留心

由于 MySQL 命令行工具在简体中文版 Windows 系统中是运行在 GBK 编码环境的，而 MySQL 服务器默认并非使用这种编码，为了避免不同编码导致的问题，推荐大家在登录 MySQL 后执行 "SET NAMES gbk;" 语句，告诉 MySQL 服务器使用 GBK 编码进行通信。其中，SET NAMES 命令只对本次访问有效，如果退出访问，下次登录还需要再次输入此命令。

2. MySQL 的基本使用

（1）数据库管理

数据库的管理主要包括查看数据库、创建数据库、选择数据库和删除数据库，如表 8-1 所示。

表 8-1　数据库的管理

功能	示例	描述
查看数据库	SHOW DATABASES;	显示 MySQL 数据库服务器中已有的数据库
创建数据库	CREATE DATABASE `itheima`;	创建一个名称为 itheima 的数据库
选择数据库	USE `itheima`;	选择数据库 itheima 进行操作
删除数据库	DROP DATABASE `itheima`;	删除数据库 itheima

在创建和删除指定数据库时，为了防止创建的数据库已存在或删除的数据库不存在，导致程序报错，可以在操作的数据库名称前添加 "IF NOT EXISTS" 或 "IF EXISTS"，具体如下。

```
CREATE DATABASE IF NOT EXISTS `itheima`;
DROP DATABASE IF EXISTS `itheima`;
```

需要注意的是，为了避免用户自定义的名称与系统命令冲突，最好使用反引号（`）包裹数据库名称、字段名称和数据表名称。在键盘中，反引号（`）与单引号（'）是两个不同的键，如图 8-7 所示。

图8-7　反引号与单引号的键盘位置

（2）创建数据表

数据表是数据库中最基本的数据对象，用于存放数据。若想要使用数据表，首先要选择数据库，确定是在哪个数据库中创建的数据表；其次要根据项目需求创建数据表，然后才能对数据表中的数据进行具体操作。MySQL 中数据表的基本创建方式如下。

① 创建并选择数据库

```
CREATE DATABASE IF NOT EXISTS `itheima`;
USE `itheima`;
```

② 创建学生信息表

```
CREATE TABLE IF NOT EXISTS `student` (
  `id` INT UNSIGNED PRIMARY KEY AUTO_INCREMENT COMMENT '学号',
  `name` VARCHAR(32) NOT NULL COMMENT '姓名',
  `gender` ENUM('男', '女') DEFAULT '男' NOT NULL COMMENT '性别'
) DEFAULT CHARSET=utf8;
```

在上述 SQL 语句中,关键字 "CREATE TABLE" 用于创建数据表,创建的表名为 student,字段名分别为 id、name 和 gender,关于字段后的描述,如表 8-2 所示。

表 8-2 SQL 语句解读

语句	说明
INT	常规整数,有符号取值范围:$-2^{31} \sim 2^{31} - 1$,无符号取值范围:$0 \sim 2^{32} - 1$
VARCHAR(32)	用于表示可变长度的字符串,最多保存 32 个字符
ENUM('男','女')	枚举类型,其值只能男或女
UNSIGNED	用于设置字段数据类型是无符号的
PRIMARY KEY	用于设置主键,唯一标识表中的某一条记录
AUTO_INCREMENT	用于表示自动增长,每增加一条记录,该字段会自动加 1
NOT NULL	表示该字段不允许出现 NULL 值
DEFAULT	用于设置字段的默认值
DEFAULT CHARSET=utf8	用于设置该表的默认字符编码为 "utf8"
COMMENT	用于表示注释内容

表 8-2 对 SQL 语句中的数据类型、约束等内容进行了简单的讲解。SQL 的相关知识还有很多,这里不再一一介绍,大家可查看其他资料进行系统的学习。

(3)数据表的管理

对于一个创建好的数据表,可以查看表结构、修改表结构,或者删除不需要的数据表。常用的操作如表 8-3 所示。

表 8-3 数据表的管理

功能	示例	描述
查看数据表	SHOW TABLES;	查看数据库中已有的表
查看表结构	DESC `student`;	查看指定表的字段信息
	DESC `student` `name`;	查看指定表的某一列信息
	SHOW CREATE TABLE `student`\G	查看数据表的创建语句和字符编码
	SHOW COLUMNS FROM `student`;	查看表的结构
修改表结构	ALTER TABLE `student` ADD `area` VARCHAR(100);	添加字段
	ALTER TABLE `student` CHANGE `area` `desc` CHAR(50);	修改字段名称

续表

功能	示例	描述
修改表结构	ALTER TABLE `student` MODIFY `desc` VARCHAR(255);	修改字段类型
	ALTER TABLE `student` DROP `desc`;	删除指定字段
	ALTER TABLE `student` RENAME `stu`;	修改数据表名称
重命名	RENAME TABLE `stu` TO `student`;	将名字为 stu 的表重命名为 student
删除数据表	DROP TABLE IF EXISTS `student`;	删除存在的数据表 student

（4）数据管理

数据的添加、查询、修改以及删除操作在项目开发中是必不可少的。接下来，为方便讲解，以学生信息表 student 的操作为例进行演示。

① 添加数据

为数据表添加数据时，可以根据实际需求确定是指定字段插入还是省略字段插入，具体 SQL 语句如下。

```
# 指定字段插入
INSERT INTO `student` (`name`, `gender`) VALUES
('Tom', '男'), ('Lucy', '女'), ('Jimmy', '男'), ('Amy', '女');
# 省略字段插入
INSERT INTO `student` VALUES
(NULL, 'Elma', '女'), (NULL, 'Ruth', '女');
```

上述 SQL 语句中，当省略字段列表执行插入操作时，必须严格按照数据表定义字段时的顺序，在值列表中为字段指定相应的数据。若字段设置为自动增长，添加数据时可以使用 NULL 进行占位。

② 查询数据

在对数据进行查询时，不仅可以查询所有数据，还可以指定字段或按照特定条件进行查询。下面演示几种常用的查询示例，具体如下。

```
SELECT * FROM `student`;                          # 查询表中所有数据
SELECT `name` FROM `student`;                     # 查询表中指定字段
SELECT * FROM `student` WHERE `id`=2;             # 查询 id 等于 2 的学生信息
SELECT * FROM `student` WHERE `id`IN(4,5);        # 查询 id 为 4 或 5 的学生信息
SELECT * FROM `student` WHERE NAME LIKE '%y';     # 查询名字以 y 结尾的学生信息
SELECT * FROM `student` ORDER BY `name` ASC;      # 将查询结果按照名字升序排序
SELECT * FROM `student` LIMIT 1, 2;               # 查询结果从第 2 个开始，至多有 2 个
SELECT `gender`, COUNT(*) FROM `student` GROUP BY `gender`; # 按性别查询男女各有多少人
```

在上述 SQL 语句中，FROM 用于指定待查询的数据表，WHERE 用于指定查询条件，IN 关键字用于判断某个字段的值是否在指定集合中；LIKE 用于模糊查询，"%" 表示一个或多个字符；ORDER BY 用于将查询结果按照指定字段进行排序，ASC 表示升序，DESC 表示降序；LIMIT 用于限定查询结果，GROUP BY 用于按照指定字段进行分组查询。

③ 修改数据

修改数据是数据库中常见的操作。例如，将学生信息表中学号为 6 的学生改名为 Tess，具

体如下。

```
UPDATE `student` SET `name`='Tess' WHERE `id`=6;    # 有条件修改
UPDATE `student` SET `name`='Tess';                 # 无条件修改
```

需要注意的是，在执行 UPDATE 语句时，若没有使用 WHERE 子句，则会更新表中所有记录的指定字段，因此在实际开发中请谨慎使用。

④ 删除数据

在数据库中，若有些数据已经失去意义或者错误时，就需要将它们删除。常用的几种方式如下所示。

```
DELETE FROM `student` WHERE `gender`='女';    # 删除部分数据
DELETE FROM `student`;                         # 删除全部数据
TRUNCATE `student`;                            # 清空数据表
```

在上述 SQL 语句中，DELETE 和 TRUNCATE 的区别是，前者可以加上 WHERE 子句，只删除满足条件的部分记录，再次向表中添加记录时，不影响自动增长值；而后者只能用于清空表中的所有记录，且再次向表中添加记录时，自动增加字段的默认初始值将重新由 1 开始。

8.2 PHP 访问 MySQL

在 Web 开发中，PHP 如何从数据库中获取数据？如何将用户提交的数据保存到指定的数据库中？带着这些疑问，本节将针对 PHP 操作 MySQL 数据库进行详细讲解。

8.2.1 PHP 的相关扩展

PHP 作为一门编程语言，其本身并不具备操作数据库的功能。因此，若想要在项目开发中，完成 PHP 应用和 MySQL 数据库之间的交互，则需借助 PHP 提供的数据库扩展。在 PHP 中提供了多种数据库扩展，其中常用的分别有 MySQL 扩展、MySQLi 扩展和 PDO 扩展，它们各自的特点如下。

1. MySQL 扩展

MySQL 扩展是针对 MySQL 4.1.3 或更早版本设计的，是 PHP 与 MySQL 数据库交互的早期扩展。由于其不支持 MySQL 数据库服务器的新特性，且安全性差，在项目开发中不建议使用，可用 MySQLi 扩展代替。并且在 PHP 7 中，已经彻底淘汰了 MySQL 扩展。

2. MySQLi 扩展

MySQLi 扩展是 MySQL 扩展的增强版，它不仅包含了所有 MySQL 扩展的功能函数，还可以使用 MySQL 新版本中的高级特性。例如，多语句执行和事务的支持，预处理方式解决了 SQL 注入问题等。MySQLi 扩展只支持 MySQL 数据库，如果不考虑其他数据库，该扩展是一个非常好的选择。

虽然 MySQLi 扩展默认已经安装，但使用时还需要开启。打开 PHP 的配置文件 php.ini，找到如下一行配置取消注释，然后重新启动 Apache 服务使配置生效。

```
;extension=php_mysqli.dll
```

接着编写一个测试文件，通过调用 phpinfo()函数，查看 MySQLi 扩展是否开启成功，成功即可看到图 8-8 所示的信息。

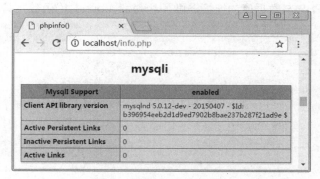

图8-8　查看MySQLi扩展

3. PDO 扩展

PDO 是 PHP Data Objects（PHP 数据对象）的简称，它提供了一个统一的 API 接口，只要修改其中的 DSN（数据源），就可以实现 PHP 应用与不同类型数据库服务器之间的交互。解决了早期 PHP 版本中不同数据库扩展的应用程序接口互不兼容的问题，提高了程序的可维护性和可移植性。

8.2.2　PHP 访问 MySQL 的基本步骤

通过前面的学习，我们了解到，想要完成对 MySQL 数据库的操作，首先需要启动 MySQL 数据库服务器，输入用户名和密码；然后选择要操作的数据库，执行具体 SQL 语句，获取到结果。

同样的，在 PHP 应用中，要想完成与 MySQL 服务器的交互，也需要经过上述步骤。PHP 访问 MySQL 的基本步骤具体如图 8-9 所示。

图8-9　PHP访问MySQL的基本步骤

8.3　MySQLi 扩展的使用

MySQLi 扩展根据 PHP 操作 MySQL 的基本操作步骤，提供了大量的函数，用于完成对应步骤的功能实现，使项目开发变得轻松便捷。本节将针对 MySQLi 扩展的常用函数进行讲解。

8.3.1 连接数据库

MySQLi 扩展为 PHP 与数据库的连接提供了 mysqli_connect()函数，其声明方式如下。

```
mysqli mysqli_connect (
    string $host = ini_get('mysqli.default_host'),        // 主机名或 IP
    string $username = ini_get('mysqli.default_user'),    // 用户名
    string $passwd = ini_get('mysqli.default_pw'),        // 密码
    string $dbname = '',                                  // 数据库名
    int $port = ini_get('mysqli.default_port'),           // 端口号
    string $socket = ini_get('mysqli.default_socket')     // socket 通信
)
```

上述语法中，mysqli_connect()函数共有 6 个可选参数，当省略参数时，将自动使用 php.ini 中配置的默认值。连接成功时，该函数返回一个表示数据库连接的对象；连接失败时，函数返回 false，并提示 Warning 级错误信息。其中，参数$socket 表示 mysql.sock 文件路径（用于 Linux 环境），通常不需要手动设置。

为了让大家更好地掌握 mysqli_connect()函数的用法，接下来通过一个案例来演示如何进行数据库的连接，如例 8-1 所示。

【例 8-1】link.php

```
1   <?php
2   // 连接数据库
3   $link = mysqli_connect('localhost', 'root', '123456', 'itheima', '3306');
4   // 查看连接数据库是否正确
5   echo $link ? '连接数据库成功' : '连接数据库失败';
```

上述代码表示连接的 MySQL 服务器主机为 "localhost"，用户为 "root"，密码为 "123456"，选择的数据库为 "itheima"，端口号为 3306。其中，在数据库连接时，若服务器的端口号为 3306，则可以省略此参数的传递。

接下来在浏览器中运行此文件，成功时返回 "连接数据库成功" 的提示；但若将密码修改为 "abc" 则会出现图 8-10 所示的连接失败提示。

图8-10　连接数据库失败

从图中可以看出，当数据库连接失败时，mysqli_connect()函数给出的错误提示信息并不友好。为此，修改例 8-1，利用 "@" 屏蔽错误信息，让程序只输出指定的提示信息，代码如下。

```
$link = @mysqli_connect('localhost', 'root', '1') or exit('数据库连接失败');
```

上述代码中，"or"是比较运算符，只有左边表达式的值为 false 时，才会执行右边的表达式；"exit"用于停止脚本，同时可以输出错误信息。另外，当需要详细的错误信息时，可以通过 mysqli_connect_error()函数来获取。

值得一提的是，在使用 MySQL 命令行工具操作数据库时，需要使用"SET NAMES"设置字符集，同样也需要在 PHP 中设置字符集，具体代码如下。

```
// 连接数据库
$link = mysqli_connect('localhost', 'root', '123456');
// 设置字符集
mysqli_set_charset($link, 'utf8');  // 成功返回 true，失败返回 false
```

上述代码通过 mysqli_set_charset()函数将字符集设置为"utf8"。

 注 意

　　只有保持 PHP 脚本文件、Web 服务器返回的编码、网页的<meta>标签、PHP 访问 MySQL 使用的字符集都统一时，才能避免出现中文乱码问题。

8.3.2　执行 SQL 语句

完成 PHP 与 MySQL 服务器的连接后，就可以通过 SQL 语句操作数据库了。在 MySQLi 扩展中，通常使用 mysqli_query()函数发送 SQL 语句，获取执行结果，函数的声明方式如下。

```
mixed mysqli_query (
    mysqli $link,                             // 数据库连接
    string $query,                            // SQL 语句
    int $resultmode = MYSQLI_STORE_RESULT     // 结果集模式（可选）
)
```

在上述声明中，$link 表示通过 mysqli_connect()函数获取的数据库连接，$query 表示 SQL 语句。当函数执行 SELECT、SHOW、DESCRIBE 或 EXPLAIN 查询时，返回值是查询结果集，而对于其他查询，执行成功返回 true，否则返回 false。此外，可选参数$resultmode 表示结果集模式，其值可以是以下两种常量。

● MYSQLI_STORE_RESULT 模式：会将结果集全部读取到 PHP 端。

● MYSQLI_USE_RESULT 模式：仅初始化结果集检索，在处理结果集时进行数据读取。

接下来通过一个案例来演示如何使用函数 mysqli_query()执行 SQL 语句，具体如例 8-2 所示。

【例 8-2】query.php

```
1   <?php
2   // 连接数据库
3   $link = mysqli_connect('localhost', 'root', '123456');
4   mysqli_set_charset($link, 'utf8');              // 设置字符集
5   mysqli_query($link, 'USE `itheima`');           // 选择数据库
6   // 执行 SQL 语句，并获取结果集
7   $result = mysqli_query($link, 'SHOW TABLES');
```

```
8    if (!$result) {
9        exit('错误信息: ' . mysqli_error($link));
10   }
```

从示例的第 5 行代码可知，PHP 通过 mysqli_query()函数也可以实现数据库的选择。第 7 行用于查询当前数据库 itheima 中已有的数据表；第 8 行代码用于对获取的结果集进行判断，若 $result 的值为 false，说明 SQL 执行失败，然后在第 9 行调用 mysqli_error()函数获取错误信息。

8.3.3　处理结果集

由于函数 mysqli_query()在执行 SELECT、SHOW、EXPLAIN 或 DESCRIBE 的 SQL 语句后，返回的是一个资源类型的结果集，因此，需要使用函数从结果集中获取信息。MySQLi 扩展中常用的处理结果集的函数如表 8-4 所示。

表 8-4　MySQLi 扩展处理结果集的函数

函数名	描述
mysqli_num_rows()	获取结果中行的数量
mysqli_fetch_all()	获取所有的结果，并以数组方式返回
mysqli_fetch_array()	获取一行结果，以数组方式返回
mysqli_fetch_assoc()	获取一行结果并以关联数组返回
mysqli_fetch_row()	获取一行结果并以索引数组返回

在表 8-4 中，函数 mysqli_fetch_all()和函数 mysqli_fetch_array()的返回值，都支持关联数组和索引数组两种形式，它们的第 1 个参数表示结果集，第 2 个参数是可选参数，用于设置返回的数组形式，其值是一个常量，具体形式如下所示。

- MYSQLI_ASSOC：表示返回的结果是一个关联数组。
- MYSQLI_NUM：表示返回的结果是一个索引数组。
- MYSQLI_BOTH：表示返回的结果中包含关联和索引数组，该常量为默认值。

下面以 8.1 节中创建的学生信息表为例，讲解处理结果集函数的具体方法，如例 8-3 所示。

【例 8-3】student.php

```
1    <?php
2    // 连接数据库、设置字符集
3    $link = mysqli_connect('localhost', 'root', '123456', 'itheima');
4    mysqli_set_charset($link, 'utf8');
5    // 获取查询结果集
6    $result = mysqli_query($link, 'SELECT * FROM `student`');
7    // 一次查询一行记录
8    echo '<table><tr><th>id</th><th>name</th><th>gender</th></tr>';
9    while ($row = mysqli_fetch_assoc($result)) {
10       echo '<tr><td>' . $row['id'] . '</td>';
11       echo '<td>' . $row['name'] . '</td>';
12       echo '<td>' . $row['gender'] . '</td></tr>';
13   }
14   echo '</table>';
```

上述示例第 9 ~ 13 行代码中，mysqli_fetch_assoc()函数每次获取结果集中的一行，与 while 循环配合使用，可以将结果集中的数据全部取出来，直到该函数返回 false，跳出 while 循环。最终显示效果如图 8-11 所示。

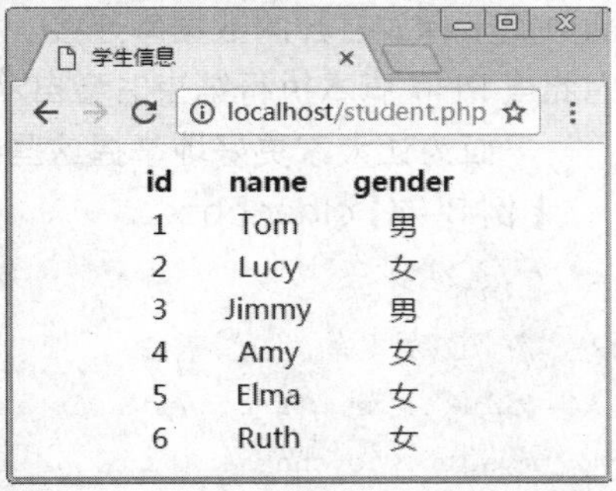

另外，当需要一次查询一行记录时，还可以使用 mysqli_fetch_row()函数或 mysqli_fetch_array()函数来实现，它们与 mysqli_fetch_assoc()函数的用法类似，这里不再演示。

除了上述的方式外，当需要一次查询出所有的记录时，可以通过 mysqli_fetch_all()函数来实现，修改案例 8-3，将第 7~14 行代码替换成如下形式。

图8-11　一次查询一行记录

```
// 一次查询所有记录
$data = mysqli_fetch_all($result, MYSQLI_ASSOC);
// 输出查询结果
var_dump($data);
```

按照上述代码修改完成后，$data 中存入了一个包含所有行的二维数组，其中每一行记录都是一个数组。使用 var_dump()函数可以查看该数组的结构，如图 8-12 所示。

```
array(6) {
    [0]=> array(3) { ["id"]=> string(1) "1" ["name"]=> string(3) "Tom" ["gender"]=> string(3) "男" }
    [1]=> array(3) { ["id"]=> string(1) "2" ["name"]=> string(4) "Lucy" ["gender"]=> string(3) "女" }
    [2]=> array(3) { ["id"]=> string(1) "3" ["name"]=> string(5) "Jimmy" ["gender"]=> string(3) "男" }
    [3]=> array(3) { ["id"]=> string(1) "4" ["name"]=> string(3) "Amy" ["gender"]=> string(3) "女" }
    [4]=> array(3) { ["id"]=> string(1) "5" ["name"]=> string(4) "Elma" ["gender"]=> string(3) "女" }
    [5]=> array(3) { ["id"]=> string(1) "6" ["name"]=> string(4) "Ruth" ["gender"]=> string(3) "女" }
}
```

图8-12　一次查询所有记录

8.3.4　其他操作函数

MySQLi 扩展不仅为 PHP 连接数据库、执行 SQL 语句提供了函数，还为方便开发提供很多其他常用的操作函数。例如，获取插入操作时产生的 ID 号、SQL 语句中特殊字符的转义等。表 8-5 列举了 MySQLi 扩展的其他常用函数，大家也可以参考 PHP 手册了解更多内容。

表 8-5　MySQLi 扩展常用操作函数

函数	描述
mysqli_insert_id()	获取上一次插入操作时产生的 ID 号
mysqli_affected_rows()	获取上一次操作时受影响的行数
mysqli_real_escape_string()	用于转义 SQL 语句字符串中的特殊字符
mysqli_error()	返回最近函数调用的错误代码
mysqli_free_result()	释放结果集
mysqli_close()	关闭数据库连接

在表 8-5 中，mysqli_free_result()函数用于释放结果集占用的系统内存资源，mysqli_close()函数用于释放打开的数据库连接。需要注意的是，由于 PHP 访问 MySQL 使用了非持久连接，因此当 PHP 脚本执行结束时会自动释放，一般情况下不需要使用 mysqli_close()函数。

下面为让大家更好地掌握这些函数的使用，通过例 8-4 进行演示。

【例 8-4】other.php

```php
1   <?php
2   // 连接数据库、设置字符集
3   $link = mysqli_connect('localhost', 'root', '123456', 'itheima');
4   mysqli_set_charset($link, 'utf8');
5   // ① 执行查询操作、处理结果集
6   if (!$result = mysqli_query($link, 'SELECT * FROM `student`')) {
7       exit('执行失败。错误信息：'.mysqli_error($link));  // 获取错误信息
8   }
9   $data = mysqli_fetch_all($result, MYSQLI_ASSOC);
10  // ② 用完后，释放结果集
11  mysqli_free_result($result);
12  // ③ 执行插入操作，拼接 SQL 语句
13  $name = mysqli_real_escape_string($link, "PHP'学习者'coming");  // 转义特殊符号
14  if (!mysqli_query($link, "INSERT INTO `student` (`name`) VALUES ('$name')")) {
15      exit('执行失败。错误信息：' . mysqli_error($link));
16  }
17  // ④ 获取最后插入的 ID
18  $id = mysqli_insert_id($link);  // 获取 AUTO_INCREMENT 字段的自增值
19  // ⑤ 执行修改操作
20  if (!mysqli_query($link, "UPDATE `student` SET `name`='Garner' WHERE `id`>5")) {
21      exit('执行失败。错误信息：' . mysqli_error($link));
22  }
23  // ⑥ 获取受影响的行数
24  $num = mysqli_affected_rows($link);  // 可获取 UPDATE、DELETE 等操作影响的行数
25  // ⑦ 关闭连接
26  mysqli_close($link);
```

在上述代码中，第 5～11 行演示了 mysqli_error()函数、mysqli_free_result()函数的使用，第 13 行演示了 mysqli_real_escape_string()函数的使用，第 18～26 行演示了 mysqli_insert_id()函数、mysqli_affected_rows()函数、mysqli_close()函数的使用。其中，第 9 行$data 保存了查询出的数据，因此第 11 行释放了$result 结果集后数据依然存在。第 26 行关闭$link 连接后，$link 将不能继续使用。

 多学一招：对比 MySQLi 与 MySQL 扩展

MySQLi 扩展支持两种语法，一种是面向过程语法，另一种是面向对象语法。其中，上面讲解的都是 MySQLi 面向过程的语法，它与 MySQL 扩展用法非常相似，都是用函数完成 PHP

与 MySQL 的交互。

下面以 PHP 操作 MySQL 的基本操作步骤所涉及的函数为例，对比 MySQL 扩展和 MySQLi 扩展的使用区别，具体如表 8-6 所示。

表 8-6　对比 MySQLi 与 MySQL 扩展

基本步骤	MySQL 扩展	MySQLi 扩展
连接和选择数据库	mysql_connect()	mysqli_connect()
执行 SQL 语句	mysql_query()	mysqli_query()
处理结果集	mysql_num_rows()	mysqli_num_rows()
	mysql_fetch_array()	mysqli_fetch_array()
	mysql_fetch_assoc()	mysqli_fetch_assoc()
	mysql_fetch_row()	mysqli_fetch_row()
释放结果集	mysql_free_result()	mysqli_free_result()
关闭连接	mysql_close()	mysqli_close();

从上表可以看出，MySQLi 扩展在函数名上保持了和 MySQL 扩展相同的风格，可以帮助只会用 MySQL 扩展的开发者快速上手使用 MySQLi 扩展。

8.4　预处理和参数绑定

在项目开发中，每当需要将用户输入的数据添加到 SQL 语句中时，就需要 PHP 拼接字符串。这种方式不仅效率低，而且安全性差，一旦忘记转义外部数据中的特殊符号，就会导致 SQL 注入的风险。为此，MySQLi 扩展提供了预处理的解决方式，实现了 SQL 语句与数据的分离，并且支持批量操作，本节将对其进行详细讲解。

8.4.1　什么是预处理

在了解预处理前，首先要清楚，当 PHP 需要执行 SQL 时，传统方式是将发送的数据和 SQL 写在一起，这种方式每条 SQL 都需要经过分析、编译和优化的周期；而预处理方式则是预先编译一次用户提交的 SQL 模板，在操作时，发送相关数据即可完成更新操作，这极大地提高了运行效率，而且无需考虑数据中包含特殊字符（如单引号）导致的语法问题。

为了方便大家对预处理方式与传统方式实现的理解，将两者的区别列出，如图 8-13 所示。

图8-13　传统方式与预处理的对比

从图 8-13 中可以清晰地看出，要实现 SQL 语句的预处理，首先需要预处理一个待执行的 SQL 语句模板，然后为该模板进行参数绑定，最后将用户提交的数据内容发送给 MySQL 执行，完成预处理的执行。

8.4.2 预处理的实现

（1）预处理 SQL 模板

mysqi_prepare()函数用于预处理一个待执行的 SQL 语句，函数声明如下。

```
mysqli_stmt mysqli_prepare ( mysqli $link , string $query )
```

在上述语法中，参数$link 表示数据库连接，$query 表示 SQL 语句模板。当函数执行后，成功时返回预处理对象，失败时返回 false。

在编写 SQL 语句模板时，其语法是将数据部分使用"？"占位符代替。示例代码如下。

```
# SQL 正常语法
UPDATE `student` SET `name`='Ileana' WHERE `id`=1;
# SQL 模板语法
UPDATE `student` SET `name`=? WHERE `id`=?;
```

从以上示例可以看出，将 SQL 语句修改为模板语法时，对于字符串内容，"？"占位符的两边无需使用引号包裹。

（2）模板的参数绑定

mysqli_stmt_bind_param()函数用于将变量作为参数绑定到预处理语句中。函数的声明如下。

```
bool mysqli_stmt_bind_param (
    mysqli_stmt $stmt,        // 预处理对象
    string $types,           // 数据类型
    mixed &$var1,            // 绑定变量 1（引用传参）
     [, mixed&$... ]         // 绑定变量 n...（可选参数，可绑定多个，引用传参）
)
```

在上述语法中，参数$stmt 表示由 mysqli_prepare()函数返回的预处理对象；$types 用于指定被绑定变量的数据类型，它是由一个或多个字符组成的字符串，具体参见表 8-7；$var（可以是多个参数）表示需要绑定的变量，且其个数必须与$types 字符串的长度一致。该函数执行成功时返回 true，失败时返回 false。

表 8-7　参数绑定时的数据类型字符

字符	描述
i	描述变量的数据类型为 MySQL 中的 integer 类型
d	描述变量的数据类型为 MySQL 中的 double 类型
s	描述变量的数据类型为 MySQL 中的 string 类型
b	描述变量的数据类型为 MySQL 中的 blob 类型

为了更好地理解 mysqli_stmt_bind_param()函数的使用方法，下面通过代码进行演示。

```
// 连接数据库、设置字符集
$link = mysqli_connect('localhost', 'root', '123456', 'itheima');
mysqli_set_charset($link, 'utf8');
// 预处理 SQL 模板
$stmt = mysqli_prepare($link, 'UPDATE `student` SET `name`=? WHERE `id`=?');
// 参数绑定（将变量$name、$id 按顺序绑定到 SQL 语句"?"占位符上）
mysqli_stmt_bind_param($stmt, 'si', $name, $id);
```

在上述代码中，SQL 语句中有两个"?"占位符，分别表示 name 字段和 id 字段，name 字段是字符串类型，id 字段是整型。因此，函数 mysqli_stmt_bind_param()的第 2 个参数为"si"。当代码执行后，变量$name 和$id 就已经通过引用传参的方式进行了参数绑定。

（3）实现预处理的执行

在完成参数绑定后，接下来应该将数据内容发送给 MySQL 执行。mysqli_stmt_execute()函数用于执行预处理，其声明如下。

```
bool mysqli_stmt_execute ( mysqli_stmt $stmt )
```

在上述语法中，$stmt 参数表示由 mysqli_prepare()函数返回的预处理对象。函数执行成功返回 true，执行失败返回 false。

为了让大家更好地掌握预处理语句的使用，接下来通过一个案例来演示，如例 8-5 所示。

【例 8-5】prepare.php

```
1   <?php
2   // 连接数据库、设置字符集、预处理 SQL 模板
3   $link = mysqli_connect('localhost', 'root', '123456', 'itheima');
4   mysqli_set_charset($link, 'utf8');
5   $stmt = mysqli_prepare($link, 'UPDATE `student` SET `name`=? WHERE `id`=?');
6   // 参数绑定，并为已经绑定的变量赋值
7   mysqli_stmt_bind_param($stmt, 'si', $name, $id);
8   $name = 'Ileana';
9   $id = 1;
10  // 执行预处理（第 1 次执行）
11  mysqli_stmt_execute($stmt);
12  // 为第 2 次执行重新赋值
13  $name = 'Dirk';
14  $id = 2;
15  //执行预处理（第 2 次执行）
16  mysqli_stmt_execute($stmt);
```

按照上述代码执行完成后，对比执行前后数据库中数据表数据的变化，如图 8-14 所示。

通过例 8-5 可以看出，MySQLi 扩展提供的预处理方式，实现了数据与 SQL 的分离。这种方式解决了直接用字符串拼接 SQL 语句带来的安全问题。

另外，对于为绑定变量赋值的方式，除了上述讲解的方式外，还可以将用户传递的数据保存到一个数组中，通过遍历数组的方式为绑定的参数赋值。例如，将上述案例中第 7～16 代码修改

成如下形式。

```
$data = [['name' => 'Ileana', 'id' => 3], ['name' => 'Dirk', 'id' => 4]];
foreach ($data as $v) {
    $name = $v['name'];
    $id = $v['id'];
    mysqli_stmt_execute($stmt);
}
```

执行前   执行后

图8-14　预处理执行前后对比

动手实践：安装 phpMyAdmin

在对 MySQL 数据库直接操作时，对于初学者来说，命令行工具的使用相对比较困难，也不方便。因此，大多数开发者会选择直接使用图形化管理工具进行操作。其中，以 PHP 为基础的 MySQL 数据库管理工具 phpMyAdmin 是初学者常用的工具之一，接下来动手完成 phpMyAdmin 的安装部署。

【功能分析】

phpMyAdmin 是一个以 PHP 为基础的 MySQL 数据库管理工具。该工具为 Web 开发人员提供了图形化的数据库操作界面，通过该工具可以很方便地对 MySQL 数据库进行管理操作。例如，可以实现数据库的创建、数据表结构的查看、修改等具体操作。具体需求如下所示。

- 获取 phpMyAdmin 的安装软件，解压 phpMyAdmin 到 Apache 的网站目录下。
- 在部署 phpMyAdmin 时，要确保 php.ini 中已经开启了 mbstring 和 MySQLi 扩展。
- 访问 phpMyAdmin，登录 MySQL 数据库进行数据的管理。

【功能实现】

1. 部署 phpMyAdmin

在 phpMyAdmin 的官方网站进行软件的下载，下载后解压到 "C:\web\apache2.4\htdocs\phpmyadmin" 目录中即可，如图 8-15 所示。

2. 访问 phpMyAdmin

在浏览器中访问 "http://localhost/phpmyadmin/index.php"，可以看到 phpMyAdmin 的登

录页面，如图 8-16 所示。在 phpMyAdmin 的登录页面中输入 MySQL 服务器的用户名 "root"
和密码 "123456" 进行登录即可。

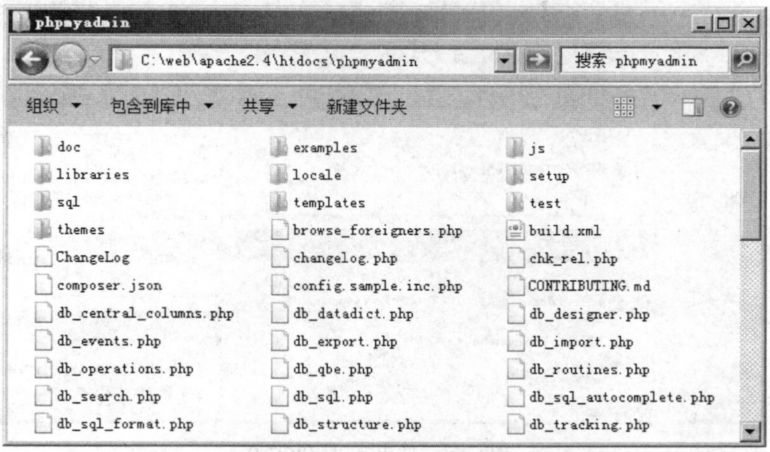

图8-15　部署phpMyAdmin

图8-16　访问phpMyAdmin

需要注意的是，在使用 phpMyAdmin 之前，必须已经开启了 PHP 的 mbstring、MySQLi 扩
展。如果此时 phpMyAdmin 无法启动并提示缺少上述扩展，修改 php.ini 文件开启扩展即可。

3. 使用 phpMyAdmin

在登录后，即可看到 phpMyAdmin 的主界面，如图 8-17 所示。phpMyAdmin 有中文语言
界面，管理数据库非常简单和方便，可以进行 SQL 语句的调试、数据导入/导出等操作。

图8-17　使用phpMyAdmin

本章小结

本章首先简单介绍了 MySQL 数据库的安装以及常用的操作命令。接着讲解了 PHP 如何操作 MySQL 数据库，各数据库扩展的特点。最后按照 PHP 访问 MySQL 的基本步骤，讲解了 MySQLi 扩展的相关函数以及对批量数据的预处理操作方式。希望大家通过本章的学习，在项目开发中能够熟练地掌握 PHP 操作 MySQL 数据库的方法。

课后练习

一、填空题

1. 数据库管理系统的简称为_____。

2. 数据表中的每一行内容被称为_____。

3. PHP 操作 MySQL 数据库的扩展有 MySQL 扩展、_____和 PDO 扩展。

二、判断题

1. 目前 PDO 扩展只可以操作 MySQL 数据库。（　　）

2. 3306 是 MySQL 数据库服务器的默认端口号。（　　）

3. PRIMARY KEY 可以唯一标识表中的某一条记录。（　　）

三、选择题

1. 下列选项中，可以用于代替 SQL 语句模板中数据部分的符号是（　　）。

    A. ?　　　　　　　　　　B. *　　　　　　　　　　C. &　　　　　　　　　　D. %

2. 下列选择中，是 mysqli_fetch_array()函数默认返回的数组形式是（　　）。

    A. MYSQLI_ASSOC　　　　　　　　　　B. MYSQLI_ROW

    C. MYSQLI_NUM　　　　　　　　　　　D. MYSQLI_BOTH

3. 下列选项中，将所有数据都存储在内存中的存储引擎是（　　）。

　　A. InnoDB　　　　B. MyISAM　　　C. MEMORY　　　D. ARCHIVE

四、编程题

1. 假设 MySQL 数据库安装在端口为 3307、IP 为 156.53.62.15 的服务器上，其用户名是 php，密码是 123456，现有一个名称为 data 的数据库，请使用 MySQLi 扩展函数编写程序，实现输出 data 数据库中所有数据表的功能。

2. 假设 MySQL 数据库安装在本地服务器上，数据库名称是 test，数据库在默认端口上运行，用户名是 root，密码是 111111，数据库中有名为 stu 的表，表的创建方式如下所示。

```
CREATE TABLE IF NOT EXISTS `stu` (
  `id` int(11) NOT NULL AUTO_INCREMENT,
  `name` varchar(10) DEFAULT NULL,
  `gender` char(1) DEFAULT NULL,
  PRIMARY KEY (`id`)
) ENGINE=InnoDB DEFAULT CHARSET=utf8 AUTO_INCREMENT=1;
```

请使用 MySQLi 提供的预处理方式，为该表插入如下两条记录。

```
[ [1, '张三', '男'], [2, '谢七', '女']]
```

9 Chapter

WISH

第 9 章
阶段案例——"许愿墙"

在学习了 Web 表单和 MySQL 数据库以后，就可以运用这些技术开发一个完整的项目。接下来，通过讲解一个基于 PHP + MySQL 的"许愿墙"阶段案例，将前面所学的知识运用到实际项目的开发中，达到学以致用的效果。

学习目标
- 掌握表单在项目中的运用。
- 掌握基于 PHP + MySQL 的网站开发技术。

?

9.1 案例展示

"许愿墙"的功能主要包括查看愿望、发表愿望、修改愿望和删除愿望，并且在修改和删除时需要输入密码，防止其他用户误删除别人的愿望。下面展示"许愿墙"的运行效果，如图 9-1 至图 9-3 所示。

图9-1 "许愿墙"首页

图9-2 发表愿望表单

图9-3 修改或删除愿望时输入密码

9.2 需求分析

在生活中，"许愿墙"是一种承载愿望的实体，来源于"许愿树"的习俗——人们制作宝牒，写上愿望，在诚心许愿后将其抛上树干，希望愿望得以实现。后来人们逐渐改变观念，开始将愿望写在小纸片上，然后贴在墙上，这就是"许愿墙"。随着互联网的发展，人们又将"许愿墙"搬到了网络上，通过网站上的一个空间页面，来发表和展示愿望。

在本案例中，对于"许愿墙"的具体需求如下。

- 配置一个虚拟主机"www.wish.test"用于测试和运行项目。
- 通过 MySQL 数据库保存用户的数据。
- 提供展示愿望、发表愿望、修改愿望和删除愿望 4 个主要功能。
- 提供绿色、蓝色、黄色、红色 4 种颜色的心愿贴纸。
- 显示愿望的发表时间，以形如"10 分钟前 16:21"的友好格式显示。
- 在展示愿望时，为了避免单个页面的数据过多，以分页的方式进行展示。
- 为了防止自己的愿望被其他人随意修改，在发表愿望时可以设置保护密码。
- 当愿望设置了保护密码后，在对其修改、删除时，需要验证密码。

9.3 案例实现

9.3.1 准备工作

1. 创建虚拟主机

在进行项目开发时，为了使开发环境接近真实的运行环境，推荐在本机中创建一个虚拟主机来运行项目，并为项目配置域名。

假设本项目的域名为"www.wish.test"，编辑 Apache 虚拟主机配置文件，具体配置如下。

```
<VirtualHost *:80>
    DocumentRoot "C:/web/www.wish.test"
    ServerName www.wish.test
    ServerAlias wish.test
</VirtualHost>
<Directory "C:/web/www.wish.test">
    Require all granted
</Directory>
```

为了使域名在本机内生效，更改系统的 hosts 文件，添加如下两条解析记录。

```
127.0.0.1 www.wish.test
127.0.0.1 wish.test
```

接下来重启 Apache 服务使配置生效，然后在项目目录"C:\web\www.wish.test"中编写一个测试文件，通过浏览器访问虚拟主机进行测试，确保配置已经生效。

2. 目录结构划分

一个完整的项目不仅需要 PHP 程序，还需要 HTML、CSS、JavaScript 等文件。因此，在项目开发时，需要对项目文件进行合理的管理。本项目的目录结构划分如表 9-1 所示。

表 9-1　目录结构说明

类型	文件名称	作用
目录	common	保存公共的 PHP 文件
	css	保存项目的 CSS 文件

续表

类型	文件名称	作用
目录	js	保存项目的 JavaScript 文件
	view	保存项目的 HTML 文件
文件	common\init.php	保存项目初始化代码（设置时区、连接数据库）
	common\function.php	保存项目的公共函数
	view\index.html	展示愿望的 HTML 模板
	view\common\add.html	添加愿望的 HTML 模板
	view\common\edit.html	修改愿望的 HTML 模板
	view\common\password.html	修改或删除愿望时，验证密码的 HTML 模板
	index.php	提供展示愿望、验证密码、删除愿望功能
	save.php	提供添加、修改愿望功能

从表 9-1 可以看出，项目的功能主要通过 index.php 和 save.php 来完成，其中 index.php 是系统的首页，提供了展示愿望、验证密码、删除愿望的功能，save.php 专门用于添加和修改愿望。值得一提的是，以上目录结构划分只是一个参考，大家可以根据自己的习惯进行划分，确保合理、易于维护即可。

 注 意

由于本书的侧重点不是网页设计，关于项目的 HTML 模板、CSS 样式、JavaScript 等文件，大家可通过本书配套源代码获取，这里就不再进行阐述。

3. 连接数据库

在 MySQL 中创建名称为"php_wish"的数据库，用于保存本项目中的数据。然后在 common\init.php 文件中编写连接数据库的代码，具体如下。

```php
1  <?php
2  // 连接数据库
3  $link = mysqli_connect('localhost', 'root', '123456', 'php_wish');
4  if (!$link) {
5      exit('数据库连接失败：' . mysqli_connect_error());
6  }
7  mysqli_set_charset($link, 'utf8');
```

上述代码第 5 行用于在连接数据库失败时显示错误信息。值得一提的是，当项目上线时，最好不要将 MySQL 错误信息直接输出到网页中，这样会泄露服务器的信息，给黑客可乘之机。建议只在项目开发阶段显示详细的错误信息便于调试，而在上线阶段显示简单、友好的错误提示信息即可。

4. 准备公共函数

公共函数是项目中通用的函数库，保存在 common\function.php 文件中，用于封装一些常用的代码，以提高代码的可复用性、可维护性等。在项目开发中，对于$_GET、$_POST 等外部变量的接收和过滤是常用的操作，可以编写一个 input() 函数来完成这个功能，具体代码如下。

```php
<?php
/**
 * 接收输入的函数
 * @param array $method 输入的数组（可用字符串 get、post 来表示）
 * @param string $name 从数组中取出的变量名
 * @param string $type 表示类型的字符串
 * @param mixed $default 变量不存在时使用的默认值
 * @return mixed 返回的结果
 */
function input($method, $name, $type = 's', $default = '')
{
    switch ($method) {
        case 'get': $method = $_GET; break;
        case 'post': $method = $_POST; break;
    }
    $data = isset($method[$name]) ? $method[$name] : $default;
    switch ($type) {
        case 's':
            return is_string($data) ? $data : $default;
        case 'd':
            return (int)$data;
        case 'a':
            return is_array($data) ? $data : [];
        default:
            trigger_error('不存在的过滤类型"' . $type . '"');
    }
}
```

在上述代码中，第 2～9 行是参考 PHPDoc 格式书写的函数注释；第 12～15 行用于根据 $method 来确定外部数据的来源，第 15 行用于判断待接收的变量$name 是否存在，不存在时使用默认值$default。第 17～26 行用于根据$type 指定的类型进行过滤，目前支持字符串型（用 "s" 表示）、整型（用 "d" 表示）和数组型（用 "a" 表示），大家也可以添加更多的类型，如用 "b" 表示布尔型、"f" 表示浮点型等。

5. 引入公共文件

在编写了 common 目录下的公共文件后，为了能够在 index.php 和 save.php 中使用，应在这两个文件中引入公共文件，具体代码如下。

```php
<?php
require './common/init.php';
require './common/function.php';
```

上述代码执行后，即可使用数据库连接 $link 和公共函数。input() 的使用示例如下。

```
1    // 接收$_POST['name']并指定类型为字符串
2    $name = input('post', 'name', 's');
3    // 接收$_GET['id']并指定类型为整型
4    $id = input('get', 'id', 'd');
5    //接收$_GET['page']并指定类型为整型，默认值为1
6    $page = input('get', 'page', 'd', 1);
```

从上述代码可以看出，通过 input()函数可以很方便地接收外部数据，并进行类型过滤。

9.3.2 数据库设计

数据库设计在项目开发过程中起着至关重要的作用，如果设计不合理、不完善，在项目开发和维护过程中可能出现很多问题。通过具体分析，本项目需要创建的"wish"数据表其结构如表 9-2 所示。

表 9-2   wish 表结构说明

字段	数据类型	说明
id	INT UNSIGNED PRIMARY KEY AUTO_INCREMENT	愿望 id
name	VARCHAR(12) DEFAULT '' NOT NULL	作者名字
content	VARCHAR(80) DEFAULT '' NOT NULL	许愿内容
time	INT UNSIGNED DEFAULT 0 NOT NULL	发表时间
color	VARCHAR(10) DEFAULT '' NOT NULL	贴纸颜色
password	VARCHAR(6) DEFAULT '' NOT NULL	保护密码

上表中，保存时间的 time 字段没有使用 MySQL 的时间戳类型，而是直接用整型来保存时间戳具体的数值。这种方式是为了便于 PHP 进行处理，大家也可以根据自己的习惯来设定。

接下来为数据表中插入几条测试数据，具体如下。

```
INSERT INTO `wish` VALUES
(1, '张三', '天天开心、心想事成、大吉大利、一帆风顺。', 1490240257, 'red', '111'),
(2, 'PHP 爱好者', '祝愿 PHP 越来越好！', 1490241675, 'yellow', ''),
(3, '匿名', '争取毕业月薪过万！', 1490251234, 'blue', '000000'),
(4, '小明', '考上清华大学', 1490252675, 'green', '123');
```

在插入测试数据后，就可以通过 PHP 将数据查询出来，显示在许愿墙中。

9.3.3 "许愿墙"展示

1. 查询所有愿望

"许愿墙"的首页是 index.php，当页面打开后，就会显示所有的愿望贴纸。为了便于讲解，分页功能在 9.3.4 节中实现。我们先在 index.php 中查询出 wish 表中所有的记录，具体代码如下。

```
1    // 查询所有愿望
2    $sql = 'SELECT `id`,`name`,`content`,`time`,`color` FROM `wish`';
3    if (!$res = mysqli_query($link, $sql)) {
4        exit("SQL[$sql]执行失败： " . mysqli_error($link));
```

```
5   }
6   $data = mysqli_fetch_all($res, MYSQLI_ASSOC);
7   mysqli_free_result($res);
8   // 输出查询结果
9   print_r($data);
```

上述代码执行后，结果如图 9-4 所示。由于密码不需要显示，因此没有查询密码字段。

```
Array (
    [0] => Array ( [id] => 1 [name] => 张三 [content] => 天天开心、心想事成、大吉大利、一帆风顺。 [time] => 1490240257 [color] => red )
    [1] => Array ( [id] => 2 [name] => PHP爱好者 [content] => 祝愿PHP越来越好！ [time] => 1490241675 [color] => yellow )
    [2] => Array ( [id] => 3 [name] => 匿名 [content] => 争取毕业月薪过万！ [time] => 1490251234 [color] => blue )
    [3] => Array ( [id] => 4 [name] => 小明 [content] => 考上清华大学 [time] => 1490252675 [color] => green )
)
```

图9-4　查询结果

观察图 9-4 会发现，time 字段查询出来的是时间戳数字，并不是需求分析中要求的形如 "10 分钟前 16:21" 这样的格式，为此需要对该字段进行处理后再输出。

2. 格式化日期

考虑到对时间戳进行格式化处理是一个独立的功能，我们将这个功能封装成函数，从而使代码更好维护。接下来在 common\function.php 中定义 format_date()函数，具体代码如下。

```
1   /**
2    * 格式化日期
3    * @param type $time 给定时间戳
4    * @return string 从给定时间到现在经过了多长时间（天/小时/分钟/秒）
5    */
6   function format_date($time)
7   {
8       $diff = time() - $time;
9       $format = [86400 => '天', 3600 => '小时', 60 => '分钟', 1 => '秒'];
10      foreach ($format as $k => $v) {
11          $result = floor($diff / $k);
12          if ($result) {
13              return $result . $v;
14          }
15      }
16      return '0.5秒';
17  }
```

上述代码通过计算当前时间戳和给定时间戳之间的差距，从而获得从给定时间到现在经过了多长时间。在计算时，判断如果超过了 1 天就返回天数，如果不满 1 天且满 1 个小时就返回小时数，如果不满 1 个小时且满 1 分钟就返回分钟数。以此类推，直到不满 1 秒时返回 0.5 秒结束。

在完成格式化日期的函数后，接下来继续编写 index.php，关闭已经用完的数据库连接，然后将已经查询出来的数据输出到 HTML 模板中，具体代码如下。

```
1  mysqli_close($link);
2  require './view/index.html';
```

上述代码通过 require 语句包含了以 ".html" 为扩展名的文件。需要注意的是，无论被包含文件是什么扩展名，里面的内容都会被当成 PHP 代码执行。

3. 编写 HTML 模板

接下来编写 common\index.html 文件，通过 foreach 遍历$data 数组，具体代码如下。

```
1  <!-- 输出许愿墙 -->
2  <?php foreach ($data as $v): ?>
3    <div class="<?=$v['color']?>">
4      <ul>
5        <li>FORM: <?=htmlspecialchars($v['name'])?></li>
6        <li><?=htmlspecialchars($v['content'])?></li>
7        <li>(<?=format_date($v['time'])?>前 <?=date('H:i', $v['time'])?>)</li>
8      </ul>
9    </div>
10 <?php endforeach; ?>
```

在上述代码中，对于 name、content 字段，通过 htmlspecialchars()函数进行 HTML 转义；对于 time 字段，分别调用 format_date()和 date()函数进行格式化输出；对于 color 字段，将其值作为用于显示成贴纸效果的 div 标签的 class 属性。值得一提的是，心愿贴纸的颜色是给出的固定颜色供用户选择，时间是自动获取的系统时间，都不会出现 HTML 特殊字符，因此在列表展示时无需进行 HTML 转义。

在完成 HTML 模板的输出后，通过浏览器访问进行测试，效果如图 9-5 所示。

图9-5 "许愿墙"展示

4. 设置时区

在使用 date()函数时，为了避免不同服务器环境因配置的时区不同，造成显示的时间有误，推荐在 common\init.php 文件中进行时区配置，代码如下。

```
1  // 在项目中设置时区，以适应各种服务器环境
2  date_default_timezone_set('Asia/Shanghai');
```

添加上述代码后，data()函数就会按照"Asia/Shanghai"（亚洲/上海）的时区进行时间显示。

9.3.4 分页查询

1. 分页查询原理

当"许愿墙"中的愿望越来越多时，一个页面中承载了大量的数据，这将导致网页打开缓慢，消耗大量的系统资源。为了防止数据量过大，可以为"许愿墙"添加分页功能，一次只查询指定数量的数据。

分页实现的原理是利用 LIMIT 限制 SELECT 语句查询出的数据，SQL 示例如下。

```
SELECT `content` FROM `wish` LIMIT 0, 10;     # 查询第 1 页的 10 条数据
SELECT `content` FROM `wish` LIMIT 10, 10;    # 查询第 2 页的 10 条数据
SELECT `content` FROM `wish` LIMIT 20, 10;    # 查询第 3 页的 10 条数据
SELECT `content` FROM `wish` LIMIT 30, 10;    # 查询第 4 页的 10 条数据
```

上述 SQL 语句中，LIMIT 的第 2 个参数"10"表示每次查询的最大条数；第 1 个参数与页码之间存在一定的数学关系，具体如下。

```
LIMIT 第 1 个参数 = (页码 - 1) * 每页查询的条数
```

根据上述示例总结出的规律，接下来在 common\function.php 文件中编写 page_sql()函数，用于实现数据分页展示功能，具体代码如下。

```
1    /**
2     * 获取 LIMIT 的参数
3     * @param int $page 当前页码值
4     * @param int $size 每页显示的条数
5     * @return string 生成后的结果
6     */
7    function page_sql($page, $size)
8    {
9        return ($page - 1) * $size . ',' . $size;
10   }
```

从上述代码可以看出，当 page_sql()函数执行后，返回了 LIMIT 后面的两个参数。

2. 实现分页查询

接下来修改 index.php 中的代码实现分页查询，通过 GET 参数 page 来传递当前查询的页码，通过变量$size 保存每页显示的条数，具体代码如下。

```
1    // 获取当前页码，限制最小值为 1
2    $page = max(input('get', 'page', 'd'), 1);
3    $size = 4;        // 每页显示的条数
4    // 分页查询愿望
5    $sql = 'SELECT `id`,`name`,`content`,`time`,`color` FROM `wish`
6          ORDER BY `id` DESC LIMIT ' . page_sql($page, $size);
```

上述代码在拼接 SQL 时，通过 ORDER BY 对查询进行了排序，将查询结果以 id 字段降序

排列，从而使最新发布的愿望在最前面显示。

完成上述代码后，大家可以在数据库中添加足够分页的测试数据，通过浏览器访问 index.php 并传递 page 参数进行测试，观察程序的运行结果。

另外，为了防止用户查询到空白页，在获取$data 数组后，可以通过如下代码进行控制。

```
1   // 查询结果为空时，自动返回第 1 页
2   if (empty($data) && $page > 1) {
3       header('Location: index.php?page=1');
4       exit;
5   }
```

上述代码在使用 header()函数实现重定向后，又通过 exit 停止了脚本执行。这是因为浏览器发生跳转后，服务器端的 PHP 脚本还会继续执行到最后，这显然没有必要，因此推荐使用 exit 停止脚本。

3. 生成分页导航

在实现分页查询的功能后，为了方便用户在网页中进行翻页浏览，需要提供分页导航。通常分页导航中包括"首页""上一页""下一页""尾页"链接，其中"尾页"需要用到最后一页的页码值。

（1）获取总页数

为了获取总页数，先查询出 wish 表中的总记录数。继续编写 index.php，新增代码如下。

```
1   $sql = 'SELECT count(*) FROM `wish`';
2   if (!$res = mysqli_query($link, $sql)) {
3       exit("SQL[$sql]执行失败：" . mysqli_error($link));
4   }
5   $total = (int)mysqli_fetch_row($res)[0];
```

获取到总记录数后，就可以计算出总页数，计算公式为"总记录数÷每页条数"，然后向上取整。例如，总记录数为 9，每页显示 4 条，则 9 除以 4 的结果大于 2 且小于 3，由于超出第 2 页的记录需要在第 3 页显示，因此总页数为 3。

（2）生成分页导航

由于分页导航在许多程序中都会用到，我们可以将代码封装到函数中。接下来在 common\function.php 中编写一个 page_html()函数，具体代码如下。

```
1   /**
2    * 生成分页导航 HTML
3    * @param string $url 链接地址
4    * @param int $total 总记录数
5    * @param init $page 当前页码值
6    * @param int $size 每页显示的条数
7    * @return string 生成的 HTML 结果
8    */
9   function page_html($url, $total, $page, $size)
10  {
```

```
11        // 计算总页数
12        $maxpage = max(ceil($total / $size), 1);
13        // 如果不足 2 页，则不显示分页导航
14        if ($maxpage <= 1) {
15            return '';
16        }
17        if ($page == 1) {
18            $first = '<span>首页</span>';
19            $prev = '<span>上一页</span>';
20        } else {
21            $first = "<a href=\"{$url}1\">首页</a>";
22            $prev = '<a href="' . $url . ($page - 1) . '">上一页</a>';
23        }
24        if ($page == $maxpage) {
25            $next = '<span>下一页</span>';
26            $last = '<span>尾页</span>';
27        } else {
28            $next = '<a href="' . $url . ($page + 1) . '">下一页</a>';
29            $last = "<a href=\"{$url}{$maxpage}\">尾页</a>";
30        }
31        // 组合最终样式
32        return "<p>当前位于: $page/$maxpage</p>$first $prev $next $last";
33    }
```

上述代码中，参数$url 是链接地址，用于和 page 参数的页码值拼接在一起。例如，当前是第 2 页，链接地址为 "./index.php?page="，则生成的 "下一页" 的链接地址为 "./index.php?page=3"。其中，在生成链接时，第 17 行和第 24 行分别用于判断当前是否为首页或尾页，当位于首页时，取消 "首页" 和 "上一页" 的链接；当位于尾页时，取消 "下一页" 和 "尾页" 的链接。

在完成分页导航生成函数后，在 view\index.html 中调用函数，具体代码如下。

```
1    <!-- 分页链接 -->
2    <div>
3      <?=page_html('./index.php?page=', $total, $page, $size)?>
4    </div>
```

上述代码将 page_html()函数返回的结果输出到 HTML 模板中，从而实现分页导航的显示。大家可以通过浏览器访问 index.php 进行测试，如果看到图 9-1 所示的效果，说明分页导航生成成功。

9.3.5 发表愿望

1. 创建发表愿望表单

当单击 "许愿墙" 页面中的 "我要许愿" 按钮时，就会出现一个用于填写信息的表单，这个

效果是通过 JavaScript 实现的。为了便于程序维护，表单的 HTML 代码保存在 view\common 目录下的 add.html 文件中，然后在 index.html 中引入该文件即可。在 view\index.html 中引入 add.html 的代码如下。

```
1   <!-- 添加愿望表单 -->
2   <?php require './view/common/add.html'; ?>
```

接下来打开 view\common\add.html，该文件中的 HTML 表单的关键代码如下。

```
1   我要许愿
2   <form method="post" action="./save.php">
3     我的名字：
4     <input type="text" name="name" placeholder="匿名">
5     贴纸颜色：
6     <input type="radio" name="color" value="green" checked>
7     <input type="radio" name="color" value="blue">
8     <input type="radio" name="color" value="yellow">
9     <input type="radio" name="color" value="red">
10    我的愿望：
11    <textarea name="content" placeholder="80 个字符以内（中文占 2 个字符位）"></textarea>
12    保护密码：
13    <input type="password" name="password" placeholder="6 个字符以内">
14    <input type="submit" value="提交">
15    <input type="button" value="取消">
16  </form>
```

上述表单将会提交给 save.php，在该脚本中接收表单数据。

2. 接收表单并进行过滤

编写 save.php，在引入公共文件后，通过如下代码接收来自表单提交的信息。

```
1   // 接收变量
2   $name = trim(input('post', 'name', 's'));
3   $color = input('post', 'color', 's');
4   $content = trim(input('post', 'content', 's'));
5   $password = input('post', 'password', 's');
```

接收到表单提交的 name、color、content 和 password 字段后，还需要对数据进行一次过滤，防止用户提交内容过长等不合理的情况导致程序出错。代码如下。

```
1   // 限制名称最多占用 12 个字符位置（1 个汉字占用 2 个位置）
2   $name = mb_strimwidth($name, 0, 12);
3   // 当名称为空时，使用 "匿名" 作为默认值
4   $name = $name ?: '匿名';
5   // 限制颜色值在合法范围内，使用 "green" 作为默认值
6   if (!in_array($color, ['blue', 'yellow', 'green', 'red'])) {
7       $color = 'green';
```

```
8    }
9    // 限制内容长度最多占用 80 个字符位置
10   $content = mb_strimwidth($content, 0, 80);
11   // 限制密码长度最多为 6 位
12   $password = (string)substr($password, 0, 6);
13   // 保存用户的发布时间
14   $time = time();
```

在上述代码中，mb_strimwidth()函数用于截取指定宽度的字符串，所谓宽度是指普通半角的英文字符、数字占用 1 个字符宽度，全角字符、中文占用 2 个字符宽度。通过宽度截取字符串，可以避免在网页中显示时遇到文本过长超出容器的情况。

默认情况下，mbstring 扩展的内置编码为 UTF-8，但为了使程序兼容更多的服务器环境，可以在 common\init.php 中再设置一下编码，具体代码如下。

```
1    // 设置 mbstring 扩展的内置编码
2    mb_internal_encoding('UTF-8');
```

3. 保存到数据库中

完成对输入数据的过滤后，就可以将数据保存到数据库中。继续编写 save.php，具体代码如下。

```
1    $sql = 'INSERT INTO `wish` (`name`,`color`,`content`,`password`,`time`)
2            VALUES (?,?,?,?,?)';
3    if (!$stmt = mysqli_prepare($link, $sql)) {
4        exit("SQL[$sql]预处理失败：" . mysqli_error($link));
5    }
6    mysqli_stmt_bind_param($stmt, 'ssssi', $name, $color, $content, $password, $time);
7    if (!mysqli_stmt_execute($stmt)) {
8        exit('数据库操作失败：' . mysqli_stmt_error($stmt));
9    }
10   header('Location: index.php');
```

上述代码通过 MySQLi 扩展的预处理方式向数据库中插入新记录，当执行成功后，就会通过第 10 行代码自动跳转到"许愿墙"首页。

为了测试发表愿望功能是否开发完成，在"许愿墙"首页单击"我要许愿"按钮，会出现图 9-2 所示的表单，在填写信息后提交表单，然后就会在"许愿墙"首页看到新发布的一条愿望，如图 9-6 所示。

图9-6　发布新愿望

9.3.6　修改愿望

1．验证保护密码

"许愿墙"提供了修改愿望的功能，为了防止愿望被作者以外的人修改，在发表愿望时可以设置保护密码，当愿望受到密码保护后，在修改和删除愿望时就要先验证密码。

为了有更好的用户体验，这里将验证密码的功能放在 index.php 中完成。在输出愿望贴纸时，为每个愿望提供一个修改链接。编辑 view\index.html，在"许愿墙"中新增以下代码。

```
<a href="./index.php?id=<?=$v['id']?>&page=<?=$page?>" title="修改">✎</a>
```

上述代码通过铅笔字符表示修改链接，单击链接后就会为 index.php 传递 id 和 page 参数，其中 id 参数表示待修改的愿望 id，page 参数用于在跳转页面后保持当前的页码值。

接下来在 index.php 中接收愿望 id，代码如下。

```
1   // 获取待编辑的愿望 id
2   $id = max(input('get', 'id', 'd'), 0);
```

在定义了 $id 变量后，就可以在 view\index.html 中判断当前是否显示输入密码的表单，具体如下。

```
<?php if ($id): require './view/common/password.html'; endif; ?>
```

打开 view\common\password.html 文件，该文件的主要代码如下。

```
1   验证密码
2   <form method="post">
3     输入密码：
4     <input type="password" name="password" placeholder="6 个字符以内">
5     <input type="submit" value="验证">
6     <input type="button" value="取消">
7   </form>
```

接下来通过浏览器访问进行测试。在单击愿望贴纸上的修改链接后，可以看到图 9-3 所示的效果。当用户填写表单并提交后，在 PHP 端进行密码验证。继续编写 index.php，具体代码如下。

```
1   if ($id) {
2       // 根据 id 查询出愿望信息
3       $password = input('post', 'password', 's');
4       $sql = 'SELECT `name`,`content`,`color`,`password` FROM `wish`
5               WHERE `id`=' . $id;
6       if (!$res = mysqli_query($link, $sql)) {
7           exit("SQL[$sql]执行失败: " . mysqli_error($link) . $sql);
8       }
9       if (!$edit = mysqli_fetch_assoc($res)) {
10          exit('该愿望不存在！');
11      }
```

```
12      mysqli_free_result($res);
13      // 验证密码是否正确
14      $checked = isset($_POST['password']) || empty($edit['password']);
15      if ($checked && $password !== $edit['password']) {
16          $tips = '密码不正确！';
17          $checked = false;
18      }
19  }
```

上述代码通过$checked 变量保存当前验证密码是否正确，当原密码为空或密码验证成功时值为 true，当未提交密码或密码验证失败时值为 false。$tips 变量用于保存密码验证失败时的提示信息。

为了在密码验证成功后显示修改愿望的表单，接下来修改 view\index.html，如下所示。

```
1  <?php if ($id):
2      require './view/common/' . ($checked ? 'edit' : 'password') . '.html';
3  endif; ?>
```

在上述代码中，当$checked 的值为 true 时，显示 edit.html 修改愿望的表单，$checked 的值为 false 时，显示 password.html 输入密码的表单。

为了在密码验证失败时显示提示信息，在 view\common\password.html 中添加如下代码。

```
<?php if (isset($tips)): echo $tips; endif; ?>
```

下面打开 view\common\edit.html 文件，在表单中显示获取到的数据$edit。该文件的主要代码如下。

```
1  编辑愿望
2  <form method="post" action="./save.php?id=<?=$id?>&page=<?=$page?>">
3      我的名字:
4      <input type="text" name="name" placeholder="匿名"
5             value="<?=htmlspecialchars($edit['name'])?>">
6      贴纸颜色:
7      <input type="radio" name="color" value="green"
8             <?=$edit['color'] == 'green' ? 'checked' : ''?>>
9      <input type="radio" name="color" value="blue"
10            <?=$edit['color'] == 'blue' ? 'checked' : ''?>>
11     <input type="radio" name="color" value="yellow"
12            <?=$edit['color'] == 'yellow' ? 'checked' : ''?>>
13     <input type="radio" name="color" value="red"
14            <?=$edit['color']=='red' ? 'checked' : ''?>>
15     我的愿望:
16     <textarea name="content"><?=htmlspecialchars($edit['content'])?></textarea>
17     <input type="hidden" name="password" value="<?=htmlspecialchars($password)?>">
18     <input type="submit" value="提交">
```

```
19    <input type="button" value="取消">
20    </form>
```

上述代码将从数据库中查询到的 $edit 数组输出到表单中，该表单将用户修改后的信息提交给 save.php 文件处理，同时传递参数 id 和 page。由于 save.php 无法确定当前用户是否已经通过了密码验证，因此第 17 行代码将密码放在了隐藏域中用于提交，save.php 收到表单后再验证一次密码即可。

2. 接收修改愿望的表单

目前 save.php 只完成了添加功能，接下来根据客户端传递的 id 参数判断此时执行添加操作还是执行修改操作。在修改前，一定要验证保护密码是否正确，具体代码如下。

```
1    // 接收待修改的愿望 id
2    $id = max(input('get', 'id', 'd'), 0);
3    if ($id) {
4        // 验证密码是否正确
5        $sql = 'SELECT `password` FROM `wish` WHERE `id`=' . $id;
6        if (!$res = mysqli_query($link, $sql)) {
7            exit("SQL[$sql]执行失败: " . mysqli_error($link));
8        }
9        if (!$data = mysqli_fetch_assoc($res)) {
10           exit('该愿望不存在! ');
11       }
12       if ($data['password'] !== $password) {
13           exit('密码不正确! ');
14       }
15       // 保存到数据库
16       $sql = 'UPDATE `wish` SET `name`=?,`color`=?,`content`=? WHERE `id`=?';
17       if (!$stmt = mysqli_prepare($link, $sql)) {
18           exit("SQL[$sql]预处理失败: " . mysqli_error($link));
19       }
20       mysqli_stmt_bind_param($stmt, 'sssi', $name, $color, $content, $id);
21       if (!mysqli_stmt_execute($stmt)) {
22           exit('数据库操作失败: ' . mysqli_stmt_error($stmt));
23       }
24       // 执行完成，跳转回许愿墙，并传递页码值
25       $page = max(input('get', 'page', 'd'), 1);
26       header("Location: index.php?page=$page");
27       exit;
28   }
```

完成上述代码后，通过浏览器进行访问测试。修改愿望的表单显示效果如图 9-7 所示。提交表单后，就可以在"许愿墙"的显示页面列表中看到修改后的结果。

图9-7　修改愿望

9.3.7　删除愿望

"删除愿望"功能用于作者删除自己的愿望，为防止被其他人误删，在执行删除操作时，需要验证保护密码。首先在 view\index.html 中的"许愿墙"添加一个删除链接，具体代码如下。

```
<a href="./index.php?action=delete&id=<?=$v['id']?>&page=<?=$page?>"
title="删除">×</a>
```

上述代码通过传递参数"action=delete"来表示当前请求的是删除功能，用来和修改功能进行区分。然后在 index.php 中接收，先通过之前修改愿望时提供的密码验证功能进行验证，验证成功后直接执行删除操作即可，具体代码如下。

```
1   // 编辑或删除愿望
2   $id = max(input('get', 'id', 'd'), 0);
3   $action = input('get', 'action', 's');
4   if ($id) {
5       // ……（验证密码）
6       // 删除愿望
7       if ($checked && $action == 'delete') {
8           $sql = 'DELETE FROM `wish` WHERE `id`=' . $id;
9           if(!mysqli_query($link, $sql)){
10              exit('SQL 执行失败: ' . mysqli_error($link));
11          }
12          header('Location: index.php');
13          exit;
14      }
15  }
```

上述代码第 5 行的省略号注释位置表示原来的代码，此处为了节省篇幅已经省略，将删除愿望的代码写在原来代码的下面即可。

接下来通过浏览器进行访问，单击愿望贴纸右上角的删除链接，如图 9-8 所示。在验证密码成功后即可删除该愿望。

图9-8 删除愿望

本章小结

本阶段案例设计的主要目的是训练初学者能够根据开发需求，利用表单输入信息，在提交表单后能将其保存到数据库中。同时要考虑是否需要对来自外部的数据进行过滤，提高程序的健壮性和稳定性。在完成此案例后，可以尝试开发其他类型的项目，如留言板、博客、学生管理系统等，将所学知识灵活运用，增加项目开发经验。

Chapter

10

REGEXP

在项目开发中，经常需要对表单中的文本框输入内容进行格式限制。例如，手机号、身份证号的验证，这些内容遵循的规则繁多而且复杂，如果要成功匹配，可能需要上百行代码，这种做法显然不可取。此时，可以使用正则表达式，利用最简短的描述语法完成诸如查找、匹配、替换等功能。本章将围绕如何在 PHP 中使用正则表达式进行详细讲解。

学习目标

● 熟悉正则表达式的语法规则。

● 掌握 PHP 中的正则表达式函数的用法。

● 熟悉正则表达式的常见案例。

10.1 什么是正则表达式

正则表达式（Regular Expression，regexp）是一种描述字符串结构的语法规则，是一个特定的格式化模式，用于验证各种字符串是否匹配（Match）这个特征，进而实现高级的文本查找、替换、截取内容等操作。例如，若想要使 Apache 服务器解析 PHP 文件，需要在 Apache 的配置文件中添加能够匹配出以".php"结尾的配置"\.php$"，添加完成后当用户访问 PHP 文件时，Apache 就会将该文件交给 PHP 去处理。这里的"\.php$"就是一个简单的正则表达式。

正则表达式的形成与发展有着悠久的历史，它最初是由神经生理学家 Warren McCulloch 和 Walter Pitts 在对人类神经系统如何工作的早期研究中，研究出的一种数学描述方式；在数学家 Stephen Kleene 发表"神经网事件的表示法"论文中第一次提出了正则表达式的概念；而正则表达式的第一个实际应用程序则是由 UNIX 的主要发明人 Ken Thompson 在 UNIX 的 qed 编辑器的搜索算法中使用的，到现在为止，正则表达式已经成为基于文本编辑器和搜索工具的一个重要的部分，它在各种计算机软件中都有广泛应用。例如，在操作系统（UNIX、Linux 等）、编程语言（C、C++、Java、PHP、Python、JavaScript 等）、服务器软件（Apache、Nginx）的使用中都会用到正则表达式。

正则表达式在发展过程中出现了多种形式，一种是 POSIX 规范兼容的正则表达式，包括基本语法 BRE（Base Regular Expression）和扩展语法 ERE（Extended Regular Expression）两种规则，用于确保操作系统之间的可移植性，但最终没有成为标准只能作为一个参考。另一种是当 Perl（一种功能丰富的编程语言）发展起来后，衍生出来了 PCRE（Perl Compatible Regular Expressions，Perl 兼容正则表达式）库，使得许多开发人员可以将 PCRE 整合到自己的语言中，PHP 中也为 PCRE 库的使用提供了相应的函数。

10.2 正则表达式快速入门

10.2.1 如何使用正则表达式

在 PHP 的开发中，经常需要根据正则匹配模式完成对指定字符串的搜索和匹配。此时，可使用 PHP 提供的 PCRE 相关内置函数。preg_match()函数是最常用的一个函数，下面介绍此函数的几种常见用法。

（1）执行匹配

preg_match()函数的第 1 个参数是正则表达式，第 2 个参数是被搜索的字符串，示例如下。

```
$result = preg_match('/web/', 'phpwebphpweb');
var_dump($result);        // 输出结果：int(1)
```

在上述示例中，"/web/"中的"/"是正则表达式的定界符。当函数匹配成功时返回 1，匹配失败时返回 0，如果发生错误则返回 false。由于被搜索字符串中包含"web"，因此函数的返回值为 1。

值得一提的是，PHP 中的 PCRE 正则函数都需要在正则表达式的前后加上定界符"/"，并且定界符可以自己设置，只要保持前后一致即可。

（2）获取匹配结果

preg_match()函数的第 3 个参数用于以数组形式保存匹配到的结果，示例如下。

```
preg_match('/bad/', 'bestbadbirdbad', $matches);
print_r($matches);          // 输出结果: Array ( [0] => bad )
```

需要注意的是，preg_match()函数在正则匹配时，只要匹配到符合的内容，就会停止继续匹配。因此，虽然示例中字符串有两个"bad"，但在匹配结果中只有一个。

（3）设置偏移量

```
preg_match('/bc/', 'abdbc', $matches, PREG_OFFSET_CAPTURE);
```

示例中 preg_match()的第 4 个参数设置为"PREG_OFFSET_CAPTURE"，表示将第一次匹配到指定规则的内容所在位置的偏移量添加到$matches 中，待查字符串的开始位置从 0 开始计算。例如，字符串"abdbc"中的"a"的偏移量是 0，"c"的偏移量是 4。

为了让大家更加清晰地看到匹配后的内容，利用 var_dump($matches)打印，结果如下所示。

```
array(1) {
    [0]=> array(2) {
        [0]=> string(2) "bc"
        [1]=> int(3)
    }
}
```

通过打印结果可以看出，preg_match()根据正则的规则在字符串"abdbc"中匹配到了指定的字符串"bc"，且"b"字符的位置偏移量为 3。

10.2.2　正则表达式的组成

在 PHP 的 PCRE 函数中，一个完整的正则表达式是由 4 部分内容组成的，分别为定界符、元字符、文本字符和模式修饰符。其中，元字符是具有特殊含义的字符，如"^"."."或"*"等，文本字符就是普通的文本，如字母和数字等。模式修饰符用于指定正则表达式以何种方式进行匹配，如 i 表示忽略大小写，x 表示忽略空白字符等，具体示例如下所示。

```
preg_match('/.*it/', 'ITheima');     // 匹配结果: 0
preg_match('/.*it/i', 'ITheima');    // 匹配结果: 1
```

在上述示例中，".*"用于匹配任意字符，因此正则表达式"/.*it/"可以匹配任意含有"it"的字符串，如"it""itheima"等。当添加模式修饰符"i"时，表示可匹配的内容忽略大小写，如所有含"IT""It""iT"和"it"的字符串都可以。需要注意的是，在编写正则表达式时，元字符和文本字符在定界符内，模式修饰符一般标记在结尾定界符之外。

正则表达式定义了许多元字符用于实现复杂匹配，而若要匹配的内容是这些字符本身时，就需要在前面加上转义字符"\"，如"\^"和"\\"等，具体示例如下。

```
preg_match('/\^/', '123^456', $matches);
print_r($matches);               // 输出结果: Array ( [0] => ^ )
```

```
preg_match('/\*/', '123*456', $matches);
print_r($matches);          // 输出结果: Array ( [0] => * )
preg_match('/\\\/', '123\456', $matches);
print_r($matches);          // 输出结果: Array ( [0] => \ )
```

在上述示例中，由于 PHP 的字符串存在转义问题，因此在代码中书写的"\\"实际只保存了一个"\"。从输出结果可以看出，利用正则表达式的转义字符"\"成功匹配出了特殊字符。

10.2.3　获取所有匹配结果

在 PHP 中，preg_match_all()函数的功能与 preg_match()函数类似，区别在于 preg_match()函数在第一次匹配成功后就停止查找，而 preg_match_all()函数会一直匹配到最后才停止，获取到所有相匹配的结果。下面介绍 preg_match_all()函数的几种常用的使用方法。

（1）执行匹配

利用 preg_match_all()执行正则表达式匹配，示例代码如下。

```
$result = preg_match_all('/web/', 'phpwebphpweb');
var_dump($result);          // 输出结果: int(2)
```

从上述示例可知，preg_match_all()函数的第 1 个参数表示正则表达式，第 2 个参数是被搜索的字符串。该函数执行成功时返回匹配的次数，如果返回 0 表示没有匹配到；当发生错误时返回 false。

（2）获取匹配结果

preg_match_all()函数的第 3 个参数可以保存所有匹配到的结果，具体示例如下。

```
preg_match_all('/na/', ' banana ', $matches);
print_r($matches);  // 输出结果: Array ( [0] => Array ( [0] => na [1] => na ) )
```

值得一提的是，preg_match_all()函数还有第 4 个参数，用于设置匹配结果在第 3 个参数中保存的形式，默认值为 PREG_PATTERN_ORDER，表示在结果数组的第 1 个元素 $matches[0]中保存所有匹配到的结果；如果将值设置为 PREG_SET_ORDER，表示结果数组的第 1 个元素保存第 1 次匹配到的所有结果，第 2 个元素保存第 2 次匹配到的所有结果，以此类推。

接下来，修改上述示例，将 preg_match_all()函数的第 4 个参数设置为 PREG_SET_ORDER，然后查看匹配结果。

```
preg_match_all('/na/', ' banana ', $matches, PREG_SET_ORDER);
// 输出结果: Array ( [0] => Array ( [0] => na ) [1] => Array ( [0] => na ) )
print_r($matches);
```

10.3　正则表达式语法

要想根据具体需求完成正则表达式的编写，首先要了解元字符、文本字符以及模式修饰符都有哪些，以及各自的具体用途。接下来，本节将针对正则表达式的基本语法进行详细讲解。

10.3.1 定位符与选择符

1. 定位符

在程序开发中，经常需要确定字符在字符串中的具体位置。例如，匹配字符串的头部或尾部。利用正则表达式元字符中的定位符可以实现字符定位，具体示例如下。

```
$subject = "It's a nice day today";
// 匹配字符串开始的位置
preg_match('/^It/', $subject, $matches);
print_r($matches);        // 输出结果: Array ( [0] => It )
// 匹配字符串结束的位置
preg_match('/today$/', $subject, $matches);
print_r($matches);        // 输出结果: Array ( [0] => today )
```

从上述示例可以看出，正则表达式中定位符"^"可用于匹配字符串开始的位置，定位符"$"用于匹配字符串结尾的位置。

2. 选择符

若要查找的条件有多个，只要其中一个满足即可成立时，可以用选择符"|"。该字符可以理解为"或"，具体使用示例如下。

```
preg_match_all('/34|56|78/', '123456', $matches);
print_r($matches); // 输出结果: Array ( [0] => Array ( [0] => 34 [1] => 56 ) )
```

从以上示例可以看出，只要待匹配字符串中含有选择符"|"设置的内容就会被匹配出来。

10.3.2 字符范围与反斜线

1. 字符范围

在正则表达式中，对于匹配某个范围内的字符，可以用中括号"[ ]"和连字符"–"来实现。且在中括号中还可以用反义字符"^"，表示匹配不在指定字符范围内的字符。下面以使用preg_match_all()函数匹配"AbCd"为例，具体的用法如表 10-1 所示。

表 10-1　字符范围示例

示例	说明	匹配结果
[abc]	匹配字符 a、b、c	b
[^abc]	匹配除 a、b、c 以外的字符	A、C、d
[B-Z]	匹配字母 B~Z 范围内的字符	C
[^a-z]	匹配字母 a~z 范围外的字符	A、C
[a-zA-Z0-9]	匹配大写字母、小写字母和数字 0~9 范围内的字符	A、b、C、d

需要注意的是，字符"–"在通常情况下只表示一个普通字符，只有在表示字符范围时才作为元字符来使用。"–"连字符表示的范围遵循字符编码的顺序，如"a–Z""z–a""a–9"都是不合法的范围。

2. 反斜线

在正则表达式中,"\"除了前面讲解的可作转义字符外,还具有其他功能。例如,匹配不可打印的字符、指定预定义字符集等。反斜线的常用功能如表 10-2 所示。

表 10-2　反斜线的常用功能

字符	说明
\d	任意一个十进制数字,相当于[0-9]
\D	任意一个非十进制数字
\w	任意一个单词字符,相当于[a-zA-Z0-9_]
\W	任意一个非单词字符
\s	任意一个空白字符(如空格、水平制表符等)
\S	任意一个非空白字符
\b	单词分界符,如"\bgra"可以匹配"best grade"的结果为"gra"
\B	非单词分界符,如"\Bade"可以匹配"best grade"的结果为"ade"
\xhh	表示 hh(十六进制 2 位数字)对应的 ASCII 字符,如"\x61"表示"a"

从表中可以看出,利用预定的字符集可以很容易完成某些正则匹配。例如,大写字母、小写字母和数字可以使用"\w"直接表示,若要匹配 0 到 9 之间的数字可以使用"\d"表示,有效的使用反斜线的这些功能可以使正则表达式更加简洁,便于阅读。

10.3.3　字符的限定与分组

1. 点字符和限定符

点字符"."用于匹配一个任意字符,限定符(?、+、*、{ })用于匹配某个字符连续出现的次数。关于点字符和限定符的详细说明如表 10-3 所示。

表 10-3　点字符和限定符

字符	说明	示例	结果
.	匹配一个任意字符	p.p	可匹配 php、pap、pup 等
?	匹配前面的字符零次或一次	hone?y	可匹配 honey 和 hony
+	匹配前面的字符一次或多次	co+me	可匹配范围从 come 到 co…me
*	匹配前面的字符零次或多次	co*me	可匹配范围从 cme 到 co…me
{n}	匹配前面的字符 n 次	ne{2}d	只能匹配 need
{n,}	匹配前面的字符最少 n 次	ne{2,}d	可匹配范围从 need 到 ne…d
{n,m}	匹配前面的字符最少 n 次,最多 m 次	lug{0,2}	可匹配 lu、lug 和 lugg 三种情况

接下来,为了让大家更加清晰地了解正则表达式在实际中的使用方法,下面演示如何使用正则完成一个 11 位数字组成的手机号的验证。要求手机号以 1 开头,第 2 位数字是 3、4、5、7、8 中的一个,剩余的数字可以是 0~9 之间的任意数字。具体实现如例 10-1 所示。

【例 10-1】tel.php

```
1  <?php
2  function telVerify($tel)
```

```
3   {
4       return (bool) preg_match('/^1[34578]\d{9}$/', $tel);
5   }
6   var_dump(telVerify('400-618-4000'));      // 输出结果：bool(false)
7   var_dump(telVerify('17799881234'));       // 输出结果：bool(true)
8   var_dump(telVerify('12088384157'));       // 输出结果：bool(false)
```

2．贪婪与懒惰匹配

当点字符和限定符连用时，可以实现匹配指定数量范围的任意字符。例如，"^pre.*end$"可以匹配以 pre 开始到 end 结束，中间包含零个或多个任意字符的字符串。正则表达式在实现指定数量范围的任意字符匹配时，支持贪婪匹配和惰性匹配两种方式。

所谓贪婪表示匹配尽可能多的字符，而惰性表示匹配尽可能少的字符。在默认情况下是贪婪匹配，若想要实现惰性匹配，需在上一个限定符的后面加上"?"符号。具体示例如下所示。

```
// 贪婪匹配
preg_match('/p.*h/', 'phphphph', $matches);
print_r($matches);      // 输出结果：Array ( [0] => phphphph )
// 懒惰匹配
preg_match('/p.*?h/', 'phphphph', $matches);
print_r($matches);      // 输出结果：Array ( [0] => ph )
```

从上述示例可以看出，贪婪匹配时，会获取最先出现的 p 到最后出现的 h，即可获得匹配结果为"phphphph"；懒惰匹配时，会获取最先出现的 p 到最先的出现的 h，即可获取匹配结果"ph"。

3．括号字符

在正则表达式中，括号字符"()"有两个作用：一是改变限定符的作用范围；二是分组。接下来，针对这两个作用分别进行讲解。

（1）改变限定符的作用范围

① 改变作用范围前	② 改变作用范围后
正则表达式：firm|sh	正则表达式：fi(rm|sh)
可匹配的结果：firm、sh	可匹配的结果：firm、fish

从上述示例可知，小括号实现了匹配 firm 和 fish，而如果不使用小括号，则变成了 firm 和 sh。

（2）分组

① 分组前	② 分组后
正则表达式：bana{2}	正则表达式：ba(na){2}
可匹配的结果：banaa	可匹配的结果：banana

在上述示例中，未分组时，表示匹配 2 个 a 字符；而分组后，表示匹配 2 个"na"字符串。

接下来，为了让大家更加清晰地了解正则表达式在实际中的使用方法，这里以常见的"年-月-日"形式的日期格式匹配为例进行讲解。其中，年份可以从 1 000 到 9 999，月份从 1 到 12，天数从 1 到 31。不考虑较复杂的不同月份天数不同的问题，如例 10-2 所示。

【例 10-2】date.php

```
1   <?php
2   function dateVerify($date)
```

```
3  {
4      $pattern = '/^[1-9]\d{3}-([1-9]|1[0-2])-([1-9]|[1-2]\d|3[01])$/';
5      return (bool)preg_match($pattern, $date);
6  }
```

下面调用 dateVerify()函数，并传递不同的参数进行验证，具体操作如下所示。

```
var_dump(dateVerify('89-10-15'));        // 输出结果：bool(false)
var_dump(dateVerify('1999-5-6'));        // 输出结果：bool(true)
var_dump(dateVerify('2008-08-08'));      // 输出结果：bool(false)
```

在使用 "()" 进行子模式匹配时，小括号中的子表达式匹配到的结果会被捕获下来。以 preg_match()函数为例，实现捕获日期字符串中的年、月、日的代码如下。

```
$pattern = '/^([1-9]\d{3})-([1-9]|1[0-2])-([1-9]|[1-2]\d|3[01])$/';
preg_match($pattern, '2017-7-17', $matches);
// 输出结果：Array ( [0] => 2017-7-17 [1] => 2017 [2] => 7 [3] => 17 )
print_r($matches);   //子模式的匹配结果会保存在$matches 数组中
```

在正则表达式中还支持反向引用，如 "\1" 表示引用第 1 个小括号的匹配结果。

 多学一招：正则预查

在利用 "()" 完成子表达式匹配时，还可以结合特定的运算符实现非捕获匹配，即不捕获匹配结果。具体的运算符形式及使用如表 10-4 所示。

表 10-4　子表达式的其他匹配符

运算符	示例说明
(?:pattern)	正则 "Countr(?:y|ies)" 可以匹配 Country 或 Countries
(?=pattern)	正则 "Countr(?=y|ies)" 可以匹配 Country 或 Countries 中的 Countr
(?!pattern)	正则 "Countr(?!y|ies)" 可以匹配非 Country 或 Countries 中的 Countr，与（?=pattern）的作用相反
(?<=pattern)	正则 "(?<=H|h)ello" 可以匹配 Hello 或 hello 中的 ello
(?<!pattern)	正则 "(?<!H|h)ello" 可以匹配非 Hello 或 hello 中的 ello

10.3.4　模式修饰符

在 PHP 正则表达式的定界符外，还可以使用模式修饰符，用于进一步对正则表达式进行设置。其中，常用的模式修饰符如表 10-5 所示。

表 10-5　模式修饰符

模式符	说明	示例	可匹配结果
i	模式中的字符将同时匹配大小写字母	/con/i	Con、con、cOn 等
m	目标字符串视为多行	/P.*/m	PHP\nPC
s	将字符串视为单行，换行符作为普通字符	/Hi.*my /s	Hi\nmy
x	将模式中的空白忽略	/n e e d/x	need
A	强制仅从目标字符串的开头开始匹配	/good/A	相当于/^good/

续表

模式符	说明	示例	可匹配结果
D	模式中$元字符仅匹配目标字符串的结尾	/it$/D	忽略最后的换行
U	匹配最近的字符串	/<.+>/U	匹配最近一个字符串

从表 10-5 可知，若要忽略匹配字符的大小写，除了使用选择符"|"和中括号"[ ]"外，还可以直接在定界符外添加 i 模式符；若要忽略目标字符串中的换行符，可以使用模式修饰符 s 等。除此之外，模式修饰符还可以根据实际需求多个组合在一起使用。例如，既要忽视大小写又要忽视换行，则可以使用直接使用 is。在编写多个模式修饰符时没有顺序要求。

因此，模式修饰符的合理使用，可以使正则表达式变得更加简洁、直观。

 脚下留心

通过上面的学习可知，正则表达式中的运算符有很多。在实际运行时，各种运算符会遵循优先级顺序，PHP 中常用的正则表达式运算符优先级由高到低的顺序如表 10-6 所示。

表 10-6　正则运算符优先级顺序

运算符	说明
\	转义符
()、(?:)、(?=)、[]	括号和中括号
*、+、?、{n}、{n,}、{n,m}	限定符
^、$、\任何元字符、任何字符	定位点和序列
|	替换

要想在开发中能够熟练使用正则完成指定规则的匹配，在掌握正则运算符含义与使用的情况下，还要了解各个正则运算符的优先级，才能保证编写的正则表达式按照指定的模式进行匹配。

10.4　PCRE 兼容正则表达式函数

在 PHP 中，提供了两套支持正则表达式的函数库，分别是 PCRE 兼容正则表达式函数和 POSIX 函数库。由于 PCRE 函数库在执行效率上优于 POSIX 函数库，而且 POSIX 函数库中的函数已经过时。因此，本节只针对 PCRE 函数库中常见的函数进行讲解。除了前面介绍过的 preg_match()函数和 preg_match_all()函数外，还有一些在开发中较为常用的函数。

10.4.1　preg_grep()函数

对于数组中的元素正则匹配，经常使用 preg_grep()函数，具体使用示例如下。

```php
$arr = ['Tom Lucy', 'PHP', 'pig cat', 'C'];
$matches = preg_grep('/^[a-zA-Z]*$/', $arr);
print_r($matches);      // 输出结果: Array( [1] => PHP [3] => C )
```

在上述示例中，preg_grep()函数的第 1 个参数表示正则表达式模式，第 2 个参数表示待匹配的数组。在默认情况下，该函数的返回值是符合正则规则的数组，同时保留原数组中的键值关系，如输出结果所示。除此之外，该函数还可以将第 3 个参数设置为 PREG_GREP_INVERT，获取不符合正则规则的数组。

10.4.2　preg_replace()函数

在程序开发中，如果想通过正则表达式完成字符串的搜索和替换，可以使用 preg_replace()函数。与字符串处理函数 str_replace()相比，preg_replace()函数的功能更加强大，下面进行详细讲解。

（1）替换指定内容

函数 preg_replace()首先会搜索第 3 个参数中符合第 1 个参数正则规则的内容，然后使用第 2 个参数进行替换。其中，第 3 个参数的数据类型决定着返回值的类型。例如，第 3 个参数是字符串，则返回值是字符串类型，第 3 个参数是数组，则返回值即是数组类型，示例如下。

```php
// ① 替换字符串中匹配的内容
$str = "My Name is 'Tom'";
$pattern = '/\'(.*)\'/';            // 匹配规则
// 替换内容，可用 "\1"、"$1" 或 "${1}" 引用匹配结果（1~99 表示子模式，0 表示全部）
$replace = '"${1}2"';               // ${1} 引用匹配规则中第 1 个小括号的匹配结果
echo preg_replace($pattern, $replace, $str);  // 输出结果: My Name is "Tom2"
// ② 替换数组中匹配的内容
$arr = ['Php', 'Python', 'c'];
$pattern = '/p/i';                  // 匹配规则
$replace = 'p';                     // 替换的内容
// 输出结果: Array ( [0] => php [1] => python [2] => c )
print_r(preg_replace($pattern, $replace, $arr));
```

另外，正则的匹配规则和替换的内容都可以是数组类型，示例如下。

```php
$str = 'The quick brown fox jumps over the lazy dog.';
$pattern = ['/quick/', '/brown/', '/fox/'];     // 匹配规则数组
$replace = ['slow', 'black', 'bear'];           // 替换内容数组
// 输出结果: The slow black bear jumps over the lazy dog.
echo preg_replace($pattern, $replace, $str);
```

需要注意的是，正则匹配规则和替换内容是数组时，其替换的顺序仅与数组定义时编写的顺序有关，与数组的键名无关。

（2）限定替换次数

在使用 preg_replace()函数实现正则匹配内容替换时，默认允许的替换次数是所有符合规则的内容，其值是−1，表示无限次。另外，还可以根据实际情况设置允许替换的次数，具体示例如下。

```php
$str = '生如夏花之绚烂，死如秋叶之静美';
$pattern = '/之/';
$replace = '的';
// 输出结果：生如夏花的绚烂，死如秋叶之静美
echo preg_replace($pattern, $replace, $str, 1);
```

从上述示例可以看出，$str 中有两处符合正则$pattern 的匹配，但是 preg_replace()函数的

第 4 个参数将替换的次数指定为 1 次。因此，最后的输出结果中就只替换了一次"之"字。

（3）获取替换的次数

当需要替换的内容很多时，若需要了解 preg_replace()函数具体完成了几次指定规则的替换，可以按照如下的方式实现。

```
preg_replace($pattern, $replace, $str, -1, $count);
echo $count;        // 输出结果：5
```

在上述示例中，preg_replace()函数的第 5 个可选参数是一个引用传参的变量，用于保存完成替换的总次数。

10.4.3　preg_split()函数

对于字符串的分割，在前面的章节学习过 explode()函数，它可以利用指定的字符分割字符串，但若在字符串分割时，指定的分隔符有多个，explode()函数显然不能够满足需求。因此，PHP 专门提供了 preg_split()函数，通过正则表达式分割字符串，用于完成复杂字符串的分割操作。

（1）按照规则分割

下面的示例演示了如何按照字符串中的"@"和"."两种分隔符进行分割。

```
$arr = preg_split('/[@\.]/', 'abc@163.com');
print_r($arr);    // 输出结果：Array( [0] => abc [1] => 163 [2] => com )
```

在上述示例中，preg_split()函数的第 1 个参数为正则表达式分隔符，第 2 个参数表示待分割的字符串。

（2）指定分割次数

在使用正则匹配方式分割字符串时，可以指定字符串分割的次数，使用示例如下。

```
$arr = preg_split('/a/', 'banana', 2);
print_r($arr);    // 输出结果：Array( [0] => b [1] => nana )
```

从上述示例可以看出，当指定字符串分割次数后，若指定的次数小于实际字符串中符合规则分割的次数，则最后一个元素中包含剩余的所有内容。

值得一提的是，preg_split()函数的第 3 个参数值为-1、0 或 null 中的任何一种，都表示不对分割的次数进行限制。

（3）指定返回值形式

利用正则对字符串分割时，还可以通过设置 preg_split()函数的第 4 个参数，指定字符串分割后的数组中是否包含空格、是否添加该字符串的位置偏移量等内容，具体使用示例如下。

```
$str = 'one, two three';
//  按照空白字符和逗号分割字符串
$arr = preg_split('/[\s,]/', $str, -1, PREG_SPLIT_NO_EMPTY);
print_r($arr);  //  输出结果：Array ( [0] => one [1] => two [2] => three )
```

在上述示例中，preg_split()函数的第 4 个参数设置为 PREG_SPLIT_NO_EMPTY 时，返回分割后非空的部分。除此之外，还可以将其设置为 PREG_SPLIT_DELIM_CAPTURE，用于返回子表达式的内容，设置为 PREG_SPLIT_OFFSET_CAPTURE 时，可以返回分割后内容在原字符串中的位置偏移量。大家可根据实际情况具体选择。

动手实践：正则表达式应用案例

对于编程语言的学习来说，上课听懂，看书看懂，都不是真的懂；只有将其理论与实际相结合，动手实践出具体的功能，才是真的懂。接下来，结合本章所学的知识，实现利用正则来完成项目开发中常见的信息验证，进一步加强对正则表达式的理解和应用能力。

【功能分析】

在项目开发中，经常需要获取用户提交的信息。例如，用户注册时填写的用户名、密码、email 地址，以及编辑个人资料时填写的 QQ 号、身份证号码、个人主页等详细信息，都需要经过格式验证后，才能避免用户填写不合法的信息。具体实现要求如下所示。

- 验证用户名格式是否符合要求。
- 验证密码格式是否符合要求。
- 验证 QQ 号码格式是否符合要求。
- 验证身份证号码格式是否符合要求。
- 验证 email 地址格式是否符合要求。
- 验证 URL 地址格式是否符合要求。

【功能实现】

1. 验证用户名

通常情况下，在表单中填写用户名并提交后，服务器需要验证其格式是否符合规定的要求。常见的用户名正则表达式验证如下。

```
/^[a-zA-Z]{4,12}$/
```

上述正则表达式表示的规则是，用户名中只能包含英文字母（大写或小写），且长度要在 4 ~ 12 个字母之间。

2. 验证密码

密码的组成一般要求在 6 ~ 20 个字符（大小写字母、数字或下划线），根据此要求验证密码的正则表达式如下。

```
/^\w{6,20}$/
```

在上述表达式中，"\w"表示小写字母、大写字母、数字或下划线中的任意一个字符。

3. 验证 QQ 号码

QQ 号码是以纯数字组成的一个账号，以 1 ~ 9 中的任意数字开头，随着使用 QQ 的人数不断地增加，其长度至少为 5 位数字。在验证 QQ 号时，可以将开头数字与后面的其他数字分开验证，实现思路如下。

```
开头数字：[1-9]
其他数字：[0-9]{4,}
 QQ 号码：/^[1-9][0-9]{4,}$/
```

从上述正则表达式可以看出，QQ 号是以不为 0 的数字开头，后面可以由 0~9 之间的数字组成的长度不小于 5 的数字组合。

4. 验证身份证号码

在网站中购买火车票、飞机票或是购物支付时经常需要填写相关的身份证号码，进行实名验证。此时就需要对用户填写的身份证号码进行验证。这里以二代身份证的验证为例进行讲解。其中，身份证中各数字的含义如图 10-1 所示。

从图 10-1 可以看出，身份证是由 4 部分组成的，分别为 6 位数字组成的地址码、4 位数字的年份 2 位数字的月份和日期组成的出生年月日，3 位数字表示的顺序码以及 1 位数字表示的校验码。其中，顺序码表示的是同一天出生的人的排序，奇数代表男性，偶数代表女性；校验码是由 0~9 之间的数字和 X 表示的，X 在这里表示 10。具体正则表达式如下所示。

```
6 位地址码：\d{6}
8 位出生日期：\d{4}[01]\d[0123]\d
3 位顺序码：\d{3}
1 位校验码：[\d|X]
身份号码：/^\d{6}\d{4}[01]\d[0123]\d\d{3}[\d|X]$/i
```

上述正则表达式虽然可以完成身份证号码的验证。但是，此校验方式并不严谨。例如，没有考虑前 6 位的省市编号规则、年份的限制等，如果大家感兴趣可以尝试写出更加严谨的正则表达式。

5. 验证 email 地址

在互联网发展迅速的今天，email（电子邮件）在人们的日常社交与工作中起到了不容忽视的作用。因此，项目开发中 email 地址是经常遇到的验证之一。常见的 email 地址组成格式如图 10-2 所示。

110102	20130101	021	5
地址码	出生年月日	顺序码	校验码

图10-1　二代身份证的组成

图10-2　email地址的组成

从图 10-2 可知，email 地址由 3 部分组成，分别为用户名、分隔符 "@" 和邮箱域名。其中，域名是由字符（字母、数字）、短线 "-" 与域名后缀组成，并且域名后缀至少由 2 个字符组成。由此可以得到 email 地址的正则表达式，如下所示。

```
用户名：(\w+(\_|\-|\.)*)+
分隔符：@
邮箱域名：(\w+(\-)?)+(\.\w{2,})+
email 地址：/^(\w+(\_|\-|\.)*)+@(\w+(\-)?)+(\.\w{2,})+$/
```

6. 验证网址 URL

URL 用于标识一个网络资源的访问位置。当网站中需要用户填写一个 URL 时，为了程序的严谨性，需要判断用户输入的 URL 格式是否符合要求。URL 的一般组成格式如图 10-3 所示。

图10-3　URL地址组成

从图 10-3 可以看出，URL 是由协议名、域名、端口号和文件路径 4 部分组成的。通常情况下，在用户访问 URL 时省略端口号。接下来，根据对 URL 的具体格式要求，可得到如下的正则表达式。

```
   协议名：(https?:)?\/\/
   域名：(([a-z\d]+\-)*[a-z\d]+\.){1,3}[a-z]{2,4}
端口号：(:\d+)?
   路径：(\/\S*)*
   URL：/^(https?:)?\/\/(([a-z\d]+\-)*[a-z\d]+\.){1,3}[a-z]{2,4}(:\d+)?(\/\S*)*$/i
```

在上述正则表达式中，支持"http://""https://"和"//" 3 种协议，域名是字母、数字和中线"–"的组合，支持顶级域名、二级域名和三级域名，且中线"–"不能放在开头和结尾。端口号可以是任意的一个数字的组合，路径是任意非空白字符的组合，访问时可省略。

本章小结

本章讲述的主要内容包括正则表达式的基本概念、正则表达式的语法规则、PCRE 兼容正则表达式函数以及正则表达式常见的应用案例。通过本章的学习，希望大家能够熟练掌握正则表达式的书写规则，可以使用正则表达式对简单的字符串进行匹配操作。

课后练习

一、填空题

1. 在正则表达式中，_____用于匹配单词边界，_____用于匹配非单词边界。
2. 正则表达式中"()"既可以用于分组，又可以用于_____。
3. 函数 preg_match_all('/H.*?i/', 'Hi Hi Hi Hi')的返回值是_____。

二、判断题

1. PCRE 是兼容 Perl 正则表达式的一套正则引擎。(　　)
2. 正则表达式"[a–z]"和"[z–a]"表达的含义相同。(　　)
3. PHP 中 preg_match_all()函数的返回值是正则匹配的总次数。(　　)
4. 正则表达式"[^a]"的含义是匹配以 a 开始的字符串。(　　)

三、选择题

1. 正则表达式"[e][i]"匹配字符串"Beijing"的结果是(　　)。
    A.　ie　　　　　B.　ei　　　　　C.　Beijing　　　　　D.　Bei
2. 下列正则表达式的字符选项中，与"*"功能相同的是(　　)。
    A.　{0,}　　　　B.　?　　　　　C.　+　　　　　D.　.
3. 下列选项中，可以完成正则表达式中特殊字符转义的是(　　)。
    A.　/　　　　　B.　\　　　　　C.　$　　　　　D.　#

11 Chapter

第 11 章
文件操作

FILE

在 Web 开发中经常需要对文件进行操作，如上传附件、上传用户头像、判断文件是否存在、通过文件保存数据、删除文件等。PHP 提供了一系列的文件操作函数，可以很方便地对文件、目录进行操作。本章将针对 PHP 的文件操作，以及文件的上传和下载进行详细讲解。

学习目标
● 掌握文件的常见操作方法。
● 掌握目录的常见操作方法。
● 掌握文件上传与下载方法。

11.1　文件操作入门

在计算机中，大家熟悉的图片、视频、文档等内容都是通过文件进行存储的，而 Web 项目也经常涉及文件的相关操作，如文件读写、目录创建等。本节将针对 PHP 中的文件操作进行详解讲解。

11.1.1　文件读写

1. 读取文件

在 PHP 中，file_get_contents()函数用于将文件的内容全部读取到一个字符串中，其声明方式如下。

```
string file_get_contents ( string $filename [, bool $use_include_path = false [,
resource $context [, int $offset = 0 [, int $maxlen ]]]] )
```

在上述声明中，$filename 指定要读取的文件路径；$use_include_path 为可选参数，若想在 php.ini 中配置的 include_path 路径里搜寻文件，可以将该参数设为 1；$context 用于资源流上下文操作，将在后面进行讲解；$offset 用于指定在文件中开始读取的位置，默认从文件头开始；$maxlen 用于指定读取的最大字节数，默认为整个文件的大小。

接下来通过代码演示 file_get_contents()函数的使用，具体如下。

```
// ① 相对路径
$filename = './123.txt';
echo file_get_contents($filename);        // 输出当前目录下的 123.txt 文件内容
// ② 绝对路径
$filename = 'C:/Windows/System32/drivers/etc/hosts';
echo file_get_contents($filename);        // 输出操作系统的 hosts 文件内容
```

上述代码运行后，就会将指定路径的文件读取出来并输出到页面中。

除了文本文件，file_get_contents()还可以读取图片等其他类型的文件，具体如例 11-1 所示。

【例 11-1】image.php

```
1  <?php
2  header('Content-Type: image/jpeg');
3  echo file_get_contents('./php.jpg');
```

在上述代码中，第 2 行通过 header()函数告知浏览器图片的类型。需要注意的是，整个脚本中不能有其他的输出内容，否则会导致图片格式被破坏。必须确保当前目录下的 php.jpg 是一个正确的图片文件，程序运行结果如图 11-1 所示。

值得一提的是，在默认情况下，PHP 可以读取整个系统中的文件，这将不利于服务器的安全。如果需要限制 PHP 可以访问的路径，可以通过 php.ini 中的 open_basedir 进行配置，示例如下。

图11-1　输出图片内容

```
// 只允许访问 PHP 脚本所在的目录
ini_set('open_basedir', 'C:/web/apache2.4/htdocs');     // 或用相对路径 "./"
echo file_get_contents('./123.txt');                    // 可以读取
echo file_get_contents('C:/web/123.txt');               // 无法读取
```

另外，open_basedir 不仅针对文件操作函数有效，对于 include、require 等和文件有关的操作都会产生影响。因此，大家在使用时需酌情考虑。

2. 按行读取文件

file()函数可以将整个文件读入到数组中。如果该函数执行成功，则返回一个数组，数组中的每个元素都是文件中的一行，包括换行符在内。如果执行失败，则返回 false。其声明方式如下。

```
array file ( string $filename [, int $flags = 0 [, resource $context ]] )
```

在上述声明中，$filename 指定读取的文件路径，$flags 指定读取方式的选项。关于$flags 可以指定的常量具体如下。

- FILE_USE_INCLUDE_PATH：在 include_path 中查找文件。
- FILE_IGNORE_NEW_LINES：指定返回值数组的每个元素值末尾不添加换行符。
- FILE_SKIP_EMPTY_LINES：跳过空行。

接下来通过例 11-2 来演示 file()函数的用法，具体如下。

【例 11-2】file.php

```
1  <?php
2  // 读取脚本文件自身，遍历读取后的数组
3  foreach (file(__FILE__) as $k=>$v) {
4      echo "Line #$k: $v";
5  }
```

上述代码运行后，在浏览器中查看源代码，如图 11-2 所示。从图中可以看出，file()函数按行读取当前文件中的内容，输出的结果中包含了换行符。

图11-2　按行读取文件

3. 写入文件

在 Web 开发中，当需要使用文件记录程序处理后的内容时，可以使用 file_put_contents()函数来完成。其声明方式如下。

```
int file_put_contents ( string $filename , mixed $data [, int $flags = 0 [,
resource $context ]] )
```

上述声明中，$filename 指定要写入的文件路径（包含文件名称）；$data 指定要写入的内容；$flags 指定写入选项，可以使用常量 FILE_USE_INCLUDE_PATH 表示在 include_path 中查找 $filename，或使用常量 FILE_APPEND 表示追加写入。函数执行成功，返回写入到文件内数据的字节数，失败返回 false。

接下来通过例 11-3 来演示 file_put_contents()函数的使用，具体如下。

【例 11-3】 write.php

```
1   <?php
2   $filename = './write.txt';
3   $content = '黑马程序员 ';
4   file_put_contents($filename, $content);                 // 替换整个文件
5   echo file_get_contents($filename), '<br>';
6   file_put_contents($filename, $content, FILE_APPEND);   // 以追加方式写入
7   echo file_get_contents($filename);
```

通过浏览器访问进行测试，运行结果如图 11-3 所示。
从图中可以看出，第 1 次输出时，文件中只有 1 个"黑马
程序员"；使用追加方式写入以后，第 2 次的输出结果中
有 2 个"黑马程序员"。

图11-3 写入文件

 脚下留心

在 PHP 脚本中书写中文字符串时，字符串的编码取决于 PHP 脚本文件所使用的编码。在
进行文件读写操作时，应注意字符编码问题，防止因编码不同导致中文乱码。

为了更好地处理字符编码，PHP 提供了 iconv() 函数用于编码转换，如例 11-4 所示。

【例 11-4】 iconv.php

```
1   <?php
2   // 在 UTF-8 编码的 PHP 脚本中书写的字符串是 UTF-8 编码
3   $content = '测试';
4   // 将 UTF-8 编码转换为 GBK 编码，保存到文件中
5   $content = iconv('UTF-8', 'GBK', $content);
6   file_put_contents('./test.txt', $content);
7   // 输出文件，并告知浏览器使用 GBK 编码显示
8   header('Content-Type: text/html; charset=GBK');
9   echo file_get_contents('./test.txt');
```

上述代码中，第 5 行用于将给定的$content 字符串从 UTF-8 编码转换为 GBK 编码。在输
出文件内容时，要通过第 8 行代码告知浏览器正确的编码，以防止遇到中文乱码的问题。运行
结果如图 11-4 所示。

图11-4 编码转换

 多学一招：读取远程地址

PHP 提供的 file_get_contents()函数和 file()函数除了能够读取本地文件，还可以读取远程文
件。在使用前，应确保 php.ini 中的 allow_url_fopen 配置项处于开启状态，否则不允许远程请求。
接下来以 file_get_content()函数为例进行演示，如例 11-5 所示。

【例 11-5】url.php

```php
1   <?php
2   // 请求远程地址
3   $html = file_get_contents('http://www.itheima.com');
4   // 获取响应消息头
5   var_dump($http_response_header);
6   // 输出返回的信息
7   echo '<hr>', htmlspecialchars($html);
```

上述代码实现了从远程地址 "http://www.itheima.com" 请求信息。file_get_contents()函数请求成功后，就会自动将响应消息保存到$http_response_header 变量中。程序的运行结果如图 11-5 所示。

图11-5　读取远程地址

11.1.2　文件常用操作

上节对文件内容的读写操作进行了讲解，除此之外，还可以对文件本身进行移动、重命名、复制和删除操作。接下来将对文件的常用操作进行详细讲解。

1. 文件重命名和移动路径

rename()函数用于实现文件的重命名或移动路径，其声明方式如下。

```
bool rename ( string $oldname , string $newname [, resource $context ] )
```

上述声明中，$oldname 表示原文件路径，$newname 表示目标路径。如果两个文件路径在同一个目录下，执行重命名操作；如果不在同一个目录下，则执行移动操作。该函数执行成功时返回 true，执行失败返回 false。下面通过代码进行演示，具体如下。

```php
// 重命名 test.txt 为 test.bak
rename('./test.txt', './test.bak');
// 移动 test.bak 到 C:/web/test.txt
rename('./test.bak', 'C:/web/test.txt');
```

上述代码实现了文件的重命名或移动。需要注意的是，在对文件进行操作时，若目标路径是个已经存在的文件，会自动覆盖。

另外，若 rename()函数的第 1 个参数是目录，则可以对目录进行重命名或移动的操作。需要注意的是，当目标路径已经存在，或目标路径的上级目录不存在时，会失败并提示 Warning 错误。

2. 文件复制

copy()函数用于实现文件复制的功能，其声明方式如下。

```
bool copy ( string $source , string $dest [, resource $context ] )
```

上述声明中，$source 表示原文件路径，$dest 表示目标路径。当文件复制成功时返回 true，失败时返回 false。下面通过代码进行演示，具体如下。

```
// 在当前目录下复制文件
copy('./test.txt', './new.txt');
// 跨目录复制文件
copy('./123/test.txt', './456/new.txt');
```

在进行文件复制时需要注意，若目标文件已经存在，会自动覆盖。

3. 文件删除

unlink()函数的作用是删除文件，其声明方式如下。

```
bool unlink ( string $filename [, resource $context ] )
```

在上述声明中，$filename 表示文件路径，如果删除成功返回值为 true，失败则返回 false。下面通过代码进行演示，具体如下。

```
unlink('./test.txt');
```

上述代码执行后，当前目录下的 test.txt 文件将被删除。如果文件不存在，则会提示 Warning 错误。

 多学一招：判断文件是否存在

在操作一个文件时，如果该文件不存在，则会出现错误。为了避免这种情况出现，PHP 提供了对应的函数来检查文件或目录是否存在，具体如下。

- file_exists()：判断指定文件或目录是否存在。
- is_file()：判断指定文件是否存在。
- is_dir()：判断指定目录是否存在。

为了让大家更直观地理解，下面通过具体代码演示这些函数的使用方法。

```
var_dump( file_exists('./123/1.txt') );      // 文件存在，输出结果：bool(true)
var_dump( file_exists('./123/2.txt') );      // 文件不存在，输出结果：bool(false)
var_dump( is_file('./123/1.txt') );          // 输出结果：bool(true)
var_dump( is_file('./123') );                // 输出结果：bool(false)
var_dump( is_dir('./123/1.txt') );           // 输出结果：bool(false)
var_dump( is_dir('./123') );                 // 输出结果：bool(true)
```

从上述代码可以看出，利用 is_file()函数和 is_dir()函数可以区分给定路径是一个文件还是一个目录。

11.1.3　文件类型和属性

1. 获取文件类型

使用 PHP 的 filetype() 函数可以获取文件的类型，示例代码如下。

```
echo filetype('./123/1.txt');                   // 输出结果: file
echo filetype('./123');                         // 输出结果: dir
```

在 Windows 系统中，PHP 只能获得 file（文件）、dir（目录）和 unknown（未知）3 种文件类型，而在 Linux 系统中，还可以获取 block（块设备）、char（字符设备）、fifo（命名管道）、link（符号链接）等文件类型。

2. 获取文件属性

文件属性包括文件大小、权限、创建时间等信息。PHP 内置了一系列函数用于获取这些属性，具体如表 11-1 所示。

表 11-1　获取文件属性的函数

函数	功能
int filesize (string $filename)	获取文件大小
int filectime (string $filename)	获取文件的创建时间
int filemtime (string $filename)	获取文件的修改时间
int fileatime (string $filename)	获取文件的上次访问时间
bool is_readable (string $filename)	判断给定文件是否可读
bool is_writable (string $filename)	判断给定文件是否可写
bool is_executable (string $filename)	判断给定文件是否可执行
array stat (string $filename)	获取文件的信息

在表 11-1 中，由于 PHP 中的 int 数据类型表示的数据范围有限，所以 filesize() 函数对于大于 2GB 的文件，并不能准确获取其大小，需斟酌使用。

接下来，通过例 11-6 来演示如何使用上述函数获取文件的属性。

【例 11-6】attr.php

```
1   <?php
2   $filename = './test.txt';
3   if (is_file($filename)) {
4       echo '文件大小为', filesize($filename), '字节<br>';
5       echo '文件的创建时间为', date('Y-m-d', filectime($filename)), '<br>';
6       echo '文件的修改时间为', date('Y-m-d', filemtime($filename)), '<br>';
7       echo '文件的访问时间为', date('Y-m-d', fileatime($filename)), '<br>';
8       echo is_readable($filename) ? '该文件可读' : '该文件不可读', '<br>';
9       echo is_writable($filename) ? '该文件可写': '该文件不可写', '<br>';
10      echo is_executable($filename) ? '该文件可执行' : '该文件不可执行', '<br>';
11  } else {
```

```
12      echo '该文件不存在';
13  }
```

程序的运行结果如图 11-6 所示。

除了上述方式外，还可以使用 stat() 函数获取文件的统
计信息，示例代码如下。

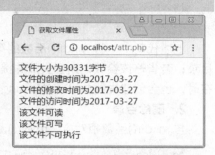

```
print_r(stat('./test.txt'));
```

通过上述代码可以输出 stat() 函数返回的数组，其输出
结果由索引数组和关联数组两种形式组成，具体说明如
表 11-2 所示。

图11-6　获取文件属性

表 11-2　stat() 函数统计信息说明

索引数组	关联数组	说明
0	dev	设备编号
1	ino	inode 编号
2	mode	inode 保护模式
3	nlink	链接数目
4	uid	所有者的用户 ID
5	gid	所有者的组 ID
6	rdev	设备类型，如果是 inode 设备的话
7	size	文件大小的字节数
8	atime	上次访问时间（UNIX 时间戳）
9	mtime	上次修改时间（UNIX 时间戳）
10	ctime	上次 inode 改变时间（UNIX 时间戳）
11	blksize	文件系统 IO 的块大小
12	blocks	所占据块的数目

需要注意的是，表 11-2 中所列出的文件统计信息是以 Linux 系统为基础的，而在 Windows
下并没有 uid、gid、blksize 和 blocks 等属性，在 Windows 下它们的值分别取默认值 0 或 –1。

11.1.4　目录操作

为了便于搜索和管理计算机中的文件，通常将文件分目录进行存储。为此，PHP 提供了相
应的函数来操作目录，例如创建目录、删除目录、遍历目录等。

1. 创建目录

在 PHP 中，mkdir() 函数用于创建目录，其声明方式如下。

```
bool mkdir ( string $pathname [, int $mode = 0777 [, bool $recursive = false [,
resource $context ]]] )
```

在上述声明中，$pathname 指定要创建的目录；$mode 指定目录的访问权限（用于 Linux
环境），默认为 0777；$recursive 指定是否递归创建目录，默认为 false。该函数执行成功返回
true，失败返回 false。

下面通过具体代码演示 mkdir()函数的具体使用。

```
mkdir('./test');                           // 创建目录
mkdir('./test1/test2', 0777, true);        // 递归创建目录（若 test1 不存在会自动创建）
```

上述代码中，将 mkdir()函数的第 3 个参数指定为 true，可以自动创建给定路径中不存在的目录；若省略该参数，则会失败并提示 Warning 错误。另外，当要创建的最后一级目录已经存在时，也会创建失败并提示 Warning 错误。

2. 删除目录

与 mkdir()函数相对应，rmdir()函数用于删除目录，其声明方式如下。

```
bool rmdir ( string $dirname [, resource $context ] )
```

上述声明中，$dirname 指定要删除的目录名。函数执行成功时返回 true，失败返回 false。下面通过具体代码演示 rmdir()函数的具体使用。

```
rmdir('./test');                           // 删除空目录（删除成功）
rmdir('./test1');                          // 删除非空目录（删除失败）
rmdir('./test1/test2');                    // 删除空目录（删除成功）
```

对于非空目录，使用 rmdir()进行删除时，会删除失败并提示 Warning 错误。因此，对于非空目录，只有先清空里面的文件，才能够删除目录。

3. 遍历目录

glob()函数用于寻找与模式（pattern）匹配的文件路径，也可以用于遍历目录，其声明方式如下。

```
array glob ( string $pattern [, int $flags = 0 ] )
```

上述声明中，$pattern 表示匹配模式，其写法与 libc（C 语言函数库）中的 glob()函数指定的模式相同；$flags 用于指定一些选项，如 GLOB_MARK 表示在每个目录后面加一个斜线，GLOB_ONLYDIR 表示仅返回与模式匹配的目录项。函数的返回值是查找后的文件列表数组。

下面通过具体代码演示 glob()函数的具体使用。

```
print_r(glob('./*'));                  // 获取当前目录下的文件列表
print_r(glob('./*.txt'));              // 获取当前目录下所有的"txt"扩展名的文件
```

以 "glob('./*')" 为例，其返回的数组结构示例如下。

```
Array (
    [0] => ./test  [1] => ./test.php  [2] => ./file.php
)
```

 多学一招：查看磁盘大小和可用空间

PHP 提供了 disk_total_space()函数和 disk_free_space()函数，可以获取磁盘的总大小和可用空间。这两个函数的使用示例如下。

```
echo disk_total_space('D:');           // 获取 D 盘总大小
echo disk_free_space('D:');            // 获取 D 盘可用空间大小
```

需要注意的是，这两个函数只对磁盘根目录起作用，如果给定的是一个子目录，获取到的依然是磁盘根目录的结果。

11.1.5　解析路径

在程序中经常需要对文件路径进行操作，如解析路径中的文件名或目录等。PHP 提供了 basename()函数、dirname()函数和 pathinfo()函数来完成对目录的解析操作，接下来分别进行讲解。

1. basename()函数

basename()函数用于返回路径中的文件名，其声明方式如下。

```
string basename ( string $path [, string $suffix ] )
```

在上述声明中，$path 用于指定路径名；$suffix 是可选参数，如果指定了该参数，且文件名是以$suffix 结尾的，则返回的结果中会被去掉这一部分字符。

下面通过具体代码演示 basename()函数的使用。

```
$path = 'C:/web/apache2.4/htdocs/index.html';
echo basename($path);              // 输出结果: index.html
echo basename($path, '.html');     // 输出结果: index
```

从以上示例可以看出，利用 basename()函数的第 2 个参数可以去掉文件名中的扩展名。

2. dirname()函数

dirname()函数用于返回路径中的目录部分，其声明方式如下。

```
string dirname ( string $path [, int $levels = 1 ] )
```

在上述声明中，$path 用于指定路径名；$level 是 PHP 7 新增的参数，表示上移目录的层数。下面通过具体代码演示 dirname()函数的使用。

```
$path = 'C:/web/apache2.4/htdocs/index.html';
echo dirname($path);          // 输出结果: C:/web/apache2.4/htdocs
echo dirname($path, 2);       // 输出结果: C:/web/apache2.4
echo dirname($path, 3);       // 输出结果: C:/web
```

从以上示例可以看出，利用 dirname()函数可以轻松获取文件的所在目录。

3. pathinfo()函数

pathinfo()函数用于以数组形式返回路径的信息，包括目录名、文件名和扩展名等，其声明方式如下。

```
mixed pathinfo ( string $path [, int $options = PATHINFO_DIRNAME |
PATHINFO_BASENAME | PATHINFO_EXTENSION | PATHINFO_FILENAME ] )
```

在上述声明中，$path 用于指定路径名，$options 用于指定要返回哪些项，默认返回全部，具体包括 PATHINFO_DIRNAME（目录名）、PATHINFO_BASENAME（文件名）、PATHINFO_EXTENSION（扩展名）和 PATHINFO_FILENAME（不含扩展名的文件名）。

下面通过具体代码演示 pathinfo()函数的使用。

```
$path = 'C:/web/apache2.4/htdocs/index.html';
$info = pathinfo($path);
echo $info['dirname'];               // 输出结果: C:/web/apache2.4/htdocs
```

```
echo $info['basename'];                    // 输出结果：index.html
echo $info['extension'];                    // 输出结果：html
echo $info['filename'];                     // 输出结果：index
```

从以上示例可以看出，pathinfo()函数的返回值是一个关联数组，通过该数组可以获取路径的信息。

11.2 文件操作进阶

除了前面讲过的一些简单的文件操作，PHP 还提供了较为复杂的文件操作方式，可以更加灵活地处理文件和目录。本节将针对这些进阶的文件操作进行讲解。

11.2.1 文件指针

若要使用文件指针方式进行文件操作，需要先打开文件，创建文件指针，然后使用指针进行读写，最后操作完成后关闭文件。接下来将针对这些步骤所涉及的函数进行讲解。

1. 打开文件

在 PHP 中打开文件使用的是 fopen()函数，其声明方式如下。

```
resource fopen ( string $filename , string $mode [, bool $use_include_path = false [,
resource $context ]] )
```

在上述声明中，$filename 表示打开的文件路径，不仅可以是本地文件，还可以是 HTTP 或 FTP 协议的 URL 地址；$mode 表示文件打开的模式，常用的模式如表 11-3 所示；$use_include_path 表示是否需要在 include_path 中搜寻文件；$context 用于资源流上下文操作，将在后面进行讲解。该函数执行成功后，返回资源类型的文件指针，用于其他操作。

表 11-3　常用文件打开模式

模式	说明
r	只读方式打开，将文件指针指向文件头
r+	读写方式打开，将文件指针指向文件头
w	写入方式打开，将文件指针指向文件头并将文件大小截为 0
w+	读写方式打开，将文件指针指向文件头并将文件大小截为 0
a	写入方式打开，将文件指针指向文件末尾
a+	读写方式打开，将文件指针指向文件末尾
x	创建并以写入方式打开，将文件指针指向文件头。如果文件已存在，则 fopen()调用失败，返回 false，并生成 E_WARNING 级别的错误信息
x+	创建并以读写方式打开，其他行为和"x"相同

在表 11-3 中，对于除"r"和"r+"模式外的其他操作，如果文件不存在，会尝试自动创建。

2. 关闭文件

在 PHP 中关闭文件使用的是 fclose()函数，其声明方式如下。

```
bool fclose ( resource $handle )
```

在上述代码中，fclose()函数只有 1 个参数$handle，表示 fopen()函数成功打开文件时返回的文件指针。如果文件关闭成功返回 true，失败返回 false。

3．读取文件

在使用 fopen()函数打开文件后，通过 fread()函数、fgetc()函数、fgets()函数可以进行不同形式的文件读取操作，下面分别进行讲解。

（1）fread()函数

fread()函数用于读取指定长度的字符串，其声明方式如下。

```
string fread ( resource $handle , int $length )
```

上述声明中的$handle 参数表示文件指针，$length 用于指定读取的字节数。该函数在读取到$length 指定的字节数，或读取到文件末尾时就会停止读取，返回读取到的内容。当读取失败时返回 false。

接下来通过例 11-7 来演示如何使用 fopen()函数、fread()函数和 fclose()函数操作文件。

【例 11-7】fread.php

```
1   <?php
2       // 准备测试文件
3       $filename = './test.txt';
4       file_put_contents($filename, '您好，欢迎来到黑马程序员！');
5       // 以只读方式打开文件
6       $handle = fopen($filename, 'r');
7       // 从文件中读取前 9 个字节（1 个 UTF-8 中文占 3 个字节）
8       echo fread($handle, 9), '<br>';
9       // 从上一次读取的位置继续读取，直到末尾
10      echo fread($handle, filesize($filename));
11      // 关闭文件
12      fclose($handle);
```

程序的运行结果如图 11-7 所示。

通过例 11-7 可以看出，当使用 fread()函数读取文件时，会影响文件指针指向的文件位置。通过 ftell()函数可以返回当前文件指针的位置，通过 rewind()函数可以倒回文件指针的位置。示例代码如下。

图11-7　读取文件

```
$handle = fopen('./test.txt', 'r');        // 打开文件
fread($handle, 9);                          // 读取 9 个字节
echo ftell($handle);                        // 输出结果：9
rewind($handle);                            // 倒回文件指针
echo ftell($handle);                        // 输出结果：0
```

（2）fgetc()函数

fgetc()函数用于在打开的文件中读取一个字符，其声明方式如下。

```
string fgetc ( resource $handle )
```

在上述声明中，$handle 表示文件指针，该函数每次只能读取一个字节。如果遇到 EOF（End Of File，文件结束符标志）时，返回 false。下面通过具体代码演示如何使用 fgetc()函数。

```php
$filename = './test.txt';
file_put_contents($filename, 'itheima');
$handle = fopen($filename, 'r');
echo fgetc($handle);                      // 输出结果: i
echo fgetc($handle);                      // 输出结果: t
```

（3）fgets()函数

fgets()函数用于读取文件中的一行，其声明方式如下。

```php
string fgets ( resource $handle [, int $length ] )
```

在上述声明中，$length 用于指定读取的字节数。该函数将从文件中读取一行，并返回长度最多为$length – 1 字节的字符串。在碰到换行符、EOF 或已经读取了$length – 1 字节后停止。如果没有指定$length，则默认值为 1024 字节。fgets()函数的使用示例如下。

```php
$filename = './test.txt';
file_put_contents($filename, "123456\n78");
$handle = fopen($filename, 'r');
echo fgets($handle, 4);                       // 输出结果: 123
echo str_replace("\n", '*', fgets($handle));  // 输出结果: 456*
```

从上述示例可以看出，fgets()函数的输出结果中包含了换行符。

4. 写入文件

fwrite()函数用于写入文件，其声明方式如下。

```php
int fwrite ( resource $handle , string $string [, int $length ] )
```

在上述声明中，$handle 表示文件指针；$string 表示要写入的字符串；$length 表示指定写入的字节数，如果省略，表示写入整个字符串。下面通过具体代码演示 fwrite()函数的使用。

```php
$filename = './test.txt';
$handle = fopen($filename, 'w');          // 以写入方式打开文件
fwrite($handle, 'test');                  // 向文件中写入内容
echo file_get_contents($filename);        // 输出结果: test
fwrite($handle, '123456');                // 继续向文件中写入内容
echo file_get_contents($filename);        // 输出结果: test123456
```

从上述代码可以看出，fwrite()函数会从文件指针的位置开始写入内容。需要注意的是，若文件指针的位置原来已经有了内容，会被自动覆盖。

 多学一招：文件加锁机制

Web 应用程序上线之后面临的一个普遍问题就是并发访问，这对于文件操作尤为明显。如果有多个浏览器在同一时刻访问服务器上的某一个文件，这意味着不同的访问进程会在同一时刻读/写同一个文件，很有可能造成数据的紊乱或者文件的损坏。为了避免这个问题，PHP 中

提供了文件加锁机制，这种机制是通过 flock()函数来实现的，其声明方式如下。

```
bool flock ( resource $handle , int $operation [, int &$wouldblock ] )
```

上述声明中的$handle 表示文件指针，$operation 指定了使用哪种锁类型，$wouldblock 为可选参数，设置为 1 或 true 时，表示当进行锁定时阻挡其他进程。

flock()函数的$operation 参数的取值常量有多个，具体如下。

- LOCK_SH：取得共享锁定（读文件时使用）。
- LOCK_EX：取得独占锁定（写文件时使用）。
- LOCK_UN：释放锁定（无论共享或独占，都用它释放）。
- LOCK_NB：如果不希望 flock()在锁定时堵塞，则给$operation 加上 LOCK_NB。

当一个用户进程在访问文件时加上锁，其他用户进程要想对该文件进行访问，就必须等到锁定被释放，这样就可以避免在并发访问同一个文件时破坏数据。

接下来通过具体代码演示 flock()函数的使用。

```
$handle = fopen('./lock.txt', 'w');
if (flock($handle, LOCK_EX)) {
    fwrite($handle, 'test');        // 取得独占锁定
    flock($handle, LOCK_UN);        // 释放锁定
} else {
    echo '文件不能被锁定';
}
```

在上述代码中，为了确保数据的安全，在写入数据之前，取得独占锁，其他进程在访问该文件时，就必须处于等待状态。当数据写入完成之后，释放锁定，这时就可以让其他进程来访问并操作该文件。

11.2.2　目录句柄

在 PHP 中，对目录的操作可以通过目录句柄来完成。PHP 提供了 opendir()、closedir()、readdir()和 rewinddir()等函数用于实现目录操作，如目录的遍历。接下来针对这 4 个函数进行讲解。

（1）opendir()函数

opendir()函数用于打开一个目录句柄，其声明方式如下。

```
resource opendir ( string $path [, resource $context ] )
```

在上述声明中，$path 指定要打开的目录路径。该函数如果执行成功，返回资源类型的目录句柄，如果失败，返回 false。

（2）closedir()函数

closedir()函数用于关闭目录句柄，其声明方式如下。函数执行后没有返回值。

```
void closedir ([ resource $dir_handle ] )
```

（3）readdir()函数

readdir()函数用于从目录句柄中读取条目，其声明方式如下。

```
string readdir ([ resource $dir_handle ] )
```

函数执行成功返回目录中下一个文件的文件名，失败时返回 false。

（4）rewinddir()函数

rewinddir()函数用于倒回目录句柄，其声明方式如下。

```
void rewinddir ( resource $dir_handle )
```

函数执行后将$dir_handle 重置到目录的开头，没有返回值。

接下来通过例 11-8 来演示如何通过上述函数实现目录的遍历，具体如下。

【例 11-8】dir.php

```
1   <?php
2   $handle = opendir('C:/web');
3   while (false !== ( $file = readdir($handle))) {
4       echo "$file<br>";
5   }
6   closedir($handle);
```

上述代码第 3 行通过 while 循环调用 readdir()函数来获取目录中的条目。运行结果如图 11-8 所示。

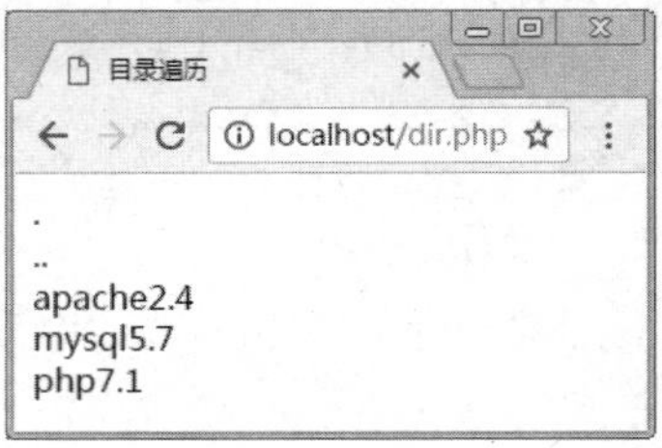

需要注意的是，在遍历任何一个目录的时候，都会包括"."和".."两个特殊的目录，前者表示当前目录，后者表示上一级目录。

 多学一招：统计目录中所有文件的大小

利用目录句柄函数不仅可以遍历某个目录，还可以通过编程实现递归遍历所有的子目录，实现统计目录中所有文件的大小。接下来，通过一个案例进行演示，如例 11-9 所示。

图11-8　目录遍历

【例 11-9】total.php

```
1   <?php
2   function total($path)
3   {
4       $size = 0;
5       $handle = opendir($path);
6       while (false !== ($file = readdir($handle))) {
7           if ($file != '.' && $file != '..') {
8               $file = "$path/$file";
9               $size += is_dir($file) ? total($file) : filesize($file);
10          }
11      }
12      closedir($handle);
13      return $size;
14  }
15  echo '当前目录大小为：', total('./'), '字节';
```

上述代码通过 total()函数实现了统计目录的大小，参数$path 表示目录的路径。在函数

中，第 7 行代码用于排除遍历目录时的特殊目录；第
8 行代码用于拼接指定目录下的子目录或文件路径；第
9 行代码用于判断路径是否为目录，如果是目录则继续
递归，否则获取文件大小。程序的运行结果如图 11-9
所示。

图11-9　统计目录大小

11.2.3　资源流

在前面讲过的如 file_get_contents()、fopen()等函数中，有一个可选参数$context，表示资源流下上文。所谓流（Stream）是指数据源在程序之间经历的路径，当传输方以二进制流的方式传送某个资源（如文件内容）给接收方时，就形成了一条资源流。

PHP 提供了流相关的函数，用于通过一套统一的操作，来处理文件、网络连接、压缩传输等多种类型的数据源。为了方便开发时使用，PHP 封装了 "file://" "http://" "ftp://" 和 "zlib://" 等常用协议。下面以 HTTP 协议 POST 方式为例，演示资源流的使用，具体如例 11-10 所示。

【例 11-10】stream.php

```php
1   <?php
2   // 准备 POST 方式发送的数据
3   $data = http_build_query(['name' => 'test', 'age'=> '18']);
4   // 定义资源流的选项
5   $options = [
6       'http' => [
7           'method' => 'POST',
8           'header' => "Content-Type: application/x-www-form-urlencoded\r\n".
9                       'Content-Length: ' . strlen($data) . "\r\n",
10          'content' => $data
11      ]
12  ];
13  // 创建资源流上下文
14  $context = stream_context_create($options);
15  // 发送请求并获取响应结果
16  echo file_get_contents('http://localhost/test.php', false, $context);
```

在上述代码中，第 14 行通过 stream_context_create()函数创建资源类型的资源流上下文，保存到变量$context 中，该变量用于在使用 file_get_contents()等函数时传入。第 5 ~ 12 行代码用于定义资源流的选项，该数组的结构是按照 PHP 手册中的说明进行定义的。

为了测试执行结果，在 test.php 中将接收到的$_POST 数组打印出来，代码如下。

```php
1   <?php
2   print_r($_POST);
```

图11-10　资源流

通过浏览器访问 stream.php 进行测试，程序运行结果如图 11-10 所示。

通过例 11-10 可以看出，利用 stream_context_create()函数创建资源流上下文以后，可以通过原有的一系列文件操作函数来对其他类型的资源进行操作，使代码

更加灵活。

动手实践：文件上传和下载

对于编程语言的学习来说，上课听懂，看书看懂，都不是真的懂；只有将其理论与实际相结合，动手实践出具体的功能，才是真的懂。接下来结合本章所学的知识实现文件的上传和下载。

【功能分析】

文件的上传与下载是 Web 开发中常见的功能之一。PHP 可以接收来自浏览器的上传文件，支持文本、图片或其他二进制文件。具体的功能分析如下所示。

- 实现文件上传功能，为上传后的文件自动生成文件名。
- 判断上传是否成功，可以在一个表单中上传多个文件。
- 实现文件下载功能，将 PHP 的输出结果作为下载的文件内容。

【功能实现】

1. 创建文件上传表单

在实现文件上传时，首先要创建文件上传表单，这个表单的提交方式为 POST，并设置 enctype 属性的值为 "multipart/form-data"，这是专门为表单提交数据设计的一种高效的编码格式。接下来创建 upload.php 文件，在该文件中编写一个典型的文件上传表单，代码如下。

```
1  <form method="post" enctype="multipart/form-data">
2    <input type="hidden" name="MAX_FILE_SIZE" value="1048576">
3    <input type="file" name="upload">
4    <input type="submit" value="上传文件">
5  </form>
```

在上述表单中，第 2 行的隐藏域 MAX_FILE_SIZE 用于指定允许上传文件的最大字节数，第 3 行是一个文件上传输入框，它可以提供一个按钮用于选择上传文件。其中，MAX_FILE_SIZE 隐藏域必须放在文件上传输入框的前面，运行结果如图 11-11 所示。

图11-11　上传文件表单

> 对于上传文件大小的限制，分为客户端和服务器端两个方面。客户端的限制，可以避免用户因上传超过限制的文件导致时间和流量的浪费；服务器端的限制，能确保实际接收到的文件大小符合要求。在配置服务器时，Apache 配置文件 httpd.conf 中的 LimitRequestBody，以及 php.ini 中的 post_max_size、upload_max_filesize 都可以限制请求数据量，而表单中的 MAX_FILE_SIZE 只是一种方便开发人员判断文件大小是否合法的参考值，并不能限制浏览器可上传的数据量，且可以被客户端伪造。

2. PHP 处理上传文件

当用户通过上传文件表单选择一个文件并提交后，PHP 会将用户提交的上传文件信息保存

到 $_FILES 超全局数组变量中。接下来在 upload.php 中编写 PHP 代码，使用 var_dump()函数
打印该数组，具体如下。

```
<?php var_dump($_FILES); ?>
```

通过上述代码，可以查看文件上传后的数组结构，运行结果如图 11-12 所示。

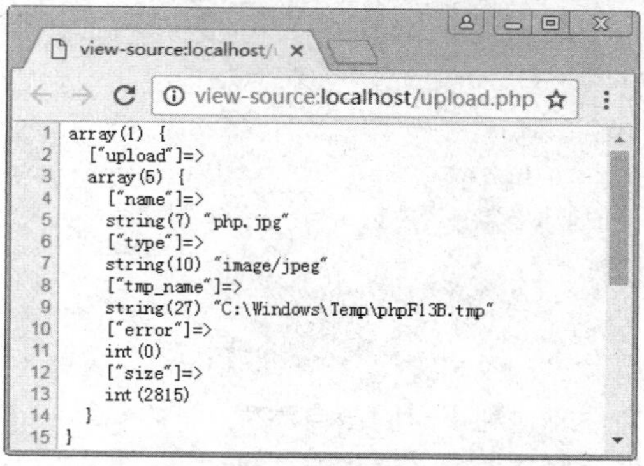

图11-12　$_FILES数组结构

从图 11-12 可以看出，$_FILES 的一维数组键名是文件上传输入框的 name 属性名
"upload"，二维数组中保存了该上传文件的具体信息，关于这些信息的说明如下。

- $_FILES['upload']['name']：上传文件的名称，如 php.jpg。
- $_FILES['upload']['type']：上传文件的 MIME 类型，如 image/jpeg。
- $_FILES['upload']['tmp_name']：保存在服务器中的临时文件路径。
- $_FILES['upload']['error']：文件上传的错误代码，0 表示成功。
- $_FILES['upload']['size']：上传文件的大小，以字节为单位。

当上传文件出现错误时，$_FILES['upload']['error']中会保存不同的错误代码，具体如表 11-4
所示。

表 11-4　文件上传错误代码

代码	常量	说明
0	UPLOAD_ERR_OK	文件上传成功
1	UPLOAD_ERR_INI_SIZE	文件大小超过了 php.ini 中 upload_max_filesize 选项限制的值
2	UPLOAD_ERR_FORM_SIZE	文件大小超过了表单中 MAX_FILE_SIZE 的值
3	UPLOAD_ERR_PARTIAL	文件只有部分被上传
4	UPLOAD_ERR_NO_FILE	没有文件被上传
5	UPLOAD_ERR_NO_TMP_DIR	找不到临时目录
6	UPLOAD_ERR_CANT_WRITE	文件写入失败

文件上传成功后会暂时保存在服务器的临时目录中（C:\Windows\Temp），为了让文件保存
在指定目录中，需要使用 move_uploaded_file()函数将上传文件从临时目录移动到新的位置。
move_uploaded_file()函数在移动时会先判断给定文件是否是通过 HTTP POST 上传的合法文件，
以防止将服务器中的其他文件当成用户上传文件的意外情况发生，如果只需要判断而不移动文
件，则可以使用 is_uploaded_file()函数。另外，move_uploaded_file()函数在移动时如果遇到了

同名文件，会自动进行替换。

接下来，在 upload.php 文件所在的目录中创建一个 uploads 目录，然后编写代码将上传的文件保存到该目录中，具体代码如下。

```
1   if (isset($_FILES['upload'])) {
2       if ($_FILES['upload']['error'] !== UPLOAD_ERR_OK) {
3           exit('上传失败。');
4       }
5       $save = './uploads/' . time() . '.dat';
6       if (!move_uploaded_file($_FILES['upload']['tmp_name'], $save)) {
7           exit('上传失败，无法将文件保存到指定位置。');
8       }
9       echo "上传成功，保存路径：<a href=\"$save\" target=\"_blank\">$save</a>";
10  }
```

上述代码在保存上传文件时，利用时间戳自动生成了文件名，而不是直接保存原文件名。这种方式可以防止客户端提交非法的文件名造成程序出错，也能防止客户端提交".php"扩展名的文件，造成恶意脚本执行。文件上传成功后，运行结果如图 11-13 所示。

图11-13　文件上传

3. 多文件上传

在一个表单中可以上传多个文件，通常有 3 种方式可以实现，示例代码如下。

```
<!-- 方式 1 -->
<input type="file" name="upload_1">
<input type="file" name="upload_2">
<!-- 方式 2 -->
<input type="file" name="upload[]">
<input type="file" name="upload[]">
<!-- 方式 3 -->
<input type="file" name="upload[]" multiple>
```

在上述示例中，方式 1 和方式 2 使用了多个文件上传输入框，而方式 2 和方式 3 使用了数组 name 属性。方式 3 的 multiple 属性用于在一次浏览文件时，同时选择多个文件进行上传。

接下来使用 PHP 处理上传文件。对于方式 1，分别获取 $_FILES['upload_1']、$_FILES['upload_2']数组中的信息即可；而对于方式 2 和方式 3，先执行"print_r($_FILES['upload'])"打印数组结构，通过观察可以得出如下所示的获取方式。

```
// 获取上传文件的名称
echo $_FILES['upload']['name'][0];      // 第 1 个文件
echo $_FILES['upload']['name'][1];      // 第 2 个文件
// 获取错误代码
echo $_FILES['upload']['error'][0];     // 第 1 个文件
echo $_FILES['upload']['error'][1];     // 第 2 个文件
```

上述代码演示了索引数组形式的文件上传处理。对于关联数组形式，如果文件上传输入框的

name 属性值为"upload[a]"，则 PHP 的接收代码为"$_FILES['upload']['name']['a']"。

4．文件下载

实现文件下载，主要是在 HTTP 响应消息头中进行设置，告知浏览器不要直接解析该文件，而是将文件以下载的方式打开。接下来编写 download.php 文件，实现文件下载，具体代码如下。

```php
1  <?php
2  $name = 'test.jpg';                          // 指定下载后的文件名称
3  $file = './uploads/1490771521.dat';          // 保存待下载文件的实际保存路径
4  // 获取文件大小
5  $size = filesize($file);
6  // 设置 HTTP 响应消息为文件下载
7  header('Content-Type: image/jpeg');
8  header('Content-Length: ' . $size);
9  header('Content-Disposition: attachment; filename="' . $name . '"');
10 // 读取文件并输出
11 echo file_get_contents($file);
```

在上述代码中，Content–Type 用于告诉浏览器以何种 MIME 类型打开下载文件；Content–Length 用于告知浏览器文件内容的大小，以显示下载进度；Content–Disposition 用于描述文件，其中 attachment 表示这是一个附件，filename 用于指定下载后的文件名。在通过 header()设置响应头后，接下来输出的内容，都将被浏览器当成文件内容进行下载和保存。

值得一提的是，以上方式是将文件全部读取到内存中，并不适合体积较大的文件。为此，接下来改造以上代码，使用文件指针的方式读取文件，以减少内存空间的占用，具体如下。

```php
1  // 定义读取文件用的变量
2  $limit = 1024;          // 指定每次读取的字节数
3  $count = 0;             // 记录已读取的字节数
4  // 读取文件并输出
5  $handle = fopen($file, 'r');
6  while (!feof($handle) && ($size - $count > 0)) {
7      echo fread($handle, $limit);
8      $count += $limit;
9  }
10 fclose($handle);
```

上述代码实现了一次只读取 1KB 的文件内容，第 6 行调用的 feof()函数，用于判断$handle 是否已经读取到文件末尾。但由于 feof()函数在遇到错误时也会返回 false，因此通过"$size – $count > 0"进行更严谨的判断。使用浏览器访问进行测试，文件下载效果如图 11–14 所示。

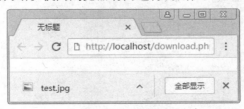

图11–14　文件下载

本章小结

本章首先讲解了文件和目录的基本操作，然后讲解了文件指针、目录句柄、资源流等多种进阶操作方式，最后讲解了开发过程中常用的案例——文件上传与文件下载。通过本章的学习，大家应该熟练掌握文件的常见操作，包括打开、关闭、读写等操作。并熟练掌握目录的常见操作，包括创建、删除、递归处理等。重点掌握文件上传和文件下载的原理及具体应用。

课后练习

一、填空题

1. 使用 fopen()函数打开文件后，返回值是_____数据类型。

2. file_put_contents()函数要实现追加写入，第 3 个参数应设为_____。

3. 若要禁止 fopen()函数打开远程文件，可以用 php.ini 中的_____配置项来禁止。

二、判断题

1. 在 Linux 系统中路径分隔符使用的是 "/"。(　　)

2. file_get_contents()函数支持访问远程文件。(　　)

3. php.ini 中的 open_basedir 无法限制 move_uploaded_file()函数。(　　)

三、选择题

1. PHP 中用于判断文件是否存在的函数是 (　　)。

   A. fileinfo()　　　　B. file_exists()　　　C. fileperms()　　　D. filesize()

2. fileatime()函数能够获取文件的 (　　) 属性。

   A. 创建时间　　　B. 修改时间　　　　C. 上次访问时间　　D. 文件大小

四、编程题

1. 利用 PHP 远程下载指定 URL 的文件。

2. 利用 PHP 导出一个数据表中的记录，保存为 SQL 文件。

12 Chapter

IMAGE

第 12 章
图像技术

在 PHP 项目的开发中，经常会涉及图像的处理，大多数人对图像处理的第一个想法就是利用专业的制图软件（如 Photoshop）处理。但是，对于一些需要即时处理的需求，例如生成缩略图、绘制验证码、自动添加水印等，直接由 PHP 程序来完成会更加方便。本章将针对 PHP 图像技术进行详细讲解。

学习目标
- 了解 GD 库与常见的图片格式。
- 掌握图像的创建与生成方法。
- 掌握基本形状与文本的绘制方法。
- 掌握图像的拷贝与过滤方法。

12.1 PHP 图像基础

了解 PHP 中的 GD 库，以及掌握各种不同类型图片的区别，是使用 PHP 操作图像的必备前提。本节将对 PHP 图像处理中的一些基础知识进行介绍。

12.1.1 GD 库简介

GD 库是 PHP 处理图像的扩展库，它提供了一系列用来处理图像的函数，可以用来实现验证码、缩略图和图片水印等功能。PHP 中的 GD 库不仅支持 GIF、JPEG、PNG 等格式的图像文件，还支持 FreeType、Type1 等字体库。

在 PHP 中，要想使用 GD 库，需要打开 PHP 的配置文件 php.ini，找到 ";extension=php_ gd2.dll" 配置项，去掉前面的分号 ";" 注释，然后保存文件并重启 Apache 才能使配置生效。通过 phpinfo() 函数可以查看 GD 库是否开启成功，如图 12-1 所示。

从图中可以看出，使用 phpinfo() 函数可以输出 GD 库信息，说明 GD 函数库安装成功了。此时，就可以使用 PHP 提供的内置图像处理函数完成图像相关功能的实现。

图12-1　查看GD库信息

12.1.2 常见图片格式

对图片的常见格式有一定的了解，有助于在项目开发中，根据具体的需求选择合适的图像生成函数。图片格式是计算机中存储图片的格式。下面简要介绍一下在 PHP 中可以处理的常见图像格式。

1. JPEG

JPEG 是联合图像专家组（Joint Photographic Experts Group）的缩写，是第一个国际图像压缩标准。它是目前网络上最流行的图像格式，文件扩展名为 JPG 或 JPEG。

简单地说，JPEG 格式通常是用来存储照片或者存储具有丰富色彩和色彩层次的图像。这种格式使用了有损压缩。也就是说，为了将图形压缩成更小的文件，图像质量有所破坏。JPEG 压缩后可以保留基本的图像和颜色的层次，它在肉眼可以忍受的图像质量损失范围内。正是这个原因，JPEG 格式不适合绘制线条、文本或颜色块等较为简单的图片。

2. GIF

GIF 是图像文件交换格式（Graphics Interchange Format）的缩写，它是一种基于 LZW 算法的连续色调的无损压缩格式，在减少了文件大小的同时，保证了图片的可视质量。广泛用于网络，用来存储包含文本、直线和单块颜色的图像。

GIF 格式使用了 24 位 RGB 颜色空间的 256 种不同颜色的调色板。它还支持动画，允许每一帧使用不同的 256 色调色板。颜色的限制使得 GIF 格式不适合高画质以及需要扩展颜色的图像，但是它适合非常简单的图像，例如具有特定颜色区域的图像或徽标。

3. PNG

PNG 是可移植的网络图像（Portable Network Graphics）的缩写，它提供了可变透明度、微细修正和二维空间交错等特性。PNG 网站将其描述为"一种强壮的图像格式"，并且是无损压缩，如果用于保存细节非常丰富的照片等图像，文件的体积通常都比较大。PNG 格式适合保存包含文本、直线和单块颜色的图像，如网站 logo 和各种按钮。通常情况下，一张相同图像的 PNG 压缩大小与 GIF 压缩版本的大小相当。

4. WBMP

WBMP 是无线位图（Wireless Bitmap）的缩写，是一种移动计算机设备使用的标准图像格式，专门为无线通信设备设计的文件格式，支持 1 位颜色，即 WBMP 图像只包含黑色和白色像素，而且不能制作得过大，这样在 wap 手机里才能被正确显示，但最终并没有得到广泛应用。

5. WebP

WebP 是由 Google 公司推出的一种同时兼容有损压缩和无损压缩的图片文件格式。WebP 推出的初衷是为了改善 JPEG 的图片压缩技术，减少数据量、加速网络传输。与 JPEG 相比，在质量相同的情况下，WebP 格式图像的体积要比 JPEG 格式图像小 40%。但美中不足的是，WebP 格式图像的编码时间比 JPEG 格式图像长 8 倍。它可让网页图像有效进行压缩，同时又不影响图片格式兼容与实际清晰度，进而让整体网页下载速度加快。

在了解了常见图像格式后，如何获取当前安装的 GD 库所支持的图像类型呢？为此，PHP 提供了 gd_info()函数，用于返回一个关联数组来描述 GD 库的信息，如下所示。

```
// 通过"print_r(gd_info())"打印 GD 库信息
Array
(
    [GD Version] => bundled (2.1.0 compatible)
    [FreeType Support] => 1
    [FreeType Linkage] => with freetype
    [GIF Read Support] => 1
    [GIF Create Support] => 1
    [JPEG Support] => 1
    [PNG Support] => 1
    [WBMP Support] => 1
    [XPM Support] => 1
    [XBM Support] => 1
    [WebP Support] => 1
    [JIS-mapped Japanese Font Support] =>
)
```

在上述返回的关联数组中，"GD Version"用于保存当前安装的 GD 库版本，"XXX Support"表示当前 PHP 支持某种图片格式或字体样式。例如，"JPEG Support"值为 1 表示当前 PHP 版本支持 JPEG 格式的图片，"FreeType Support"表示安装了 Freetype 支持。其中，"FreeType Linkage"表示 Freetype 连接的方法。

12.2　图像的常见操作

PHP 对图像的操作方式与在纸上绘画类似，最基本的是要有画纸，然后在画纸上绘制各种图形、填充颜色完成作品。不同的是，在 PHP 中是通过内置函数的调用完成相关操作的。接下来，本节将对图像的常见操作进行详细讲解。

12.2.1　图像快速入门

在正式学习 PHP 中图像技术的相关函数前，先了解一下 PHP 中的图像操作流程，如例 12-1 所示。

【例 12-1】example.php

```
1   <?php
2   // 创建一个 100 * 100 的空白画布
3   $img = imagecreatetruecolor(100, 100);
4   // 获取白色（RGB 颜色值：255,255,255）
5   $white = imagecolorallocate($img, 255, 255, 255);
6   // 获取红色（RGB 颜色值：255,0,0）
7   $red = imagecolorallocate($img, 255, 0, 0);
8   // 为画布 x=0，y=0 坐标点和相邻且颜色相同的点填充白色)
9   imagefill($img, 0, 0, $white);
10  // 以 x=50，y=50 坐标点为圆心，绘制红色边线的圆，宽高皆为 90px
11  imageellipse($img, 50, 50, 90, 90, $red);
12  // 设置响应内容的 MIME 类型为 PNG 图像
13  header('Content-type: image/png');
14  // 输出图像到浏览器
15  imagepng($img);
```

从上述操作可知，在 PHP 中，若要完成图像的操作，首先要创建一个画布，它相当于绘画的图纸，然后选取颜色，相当于绘画时选择的颜料，接着通过 imagefill() 函数从画布的左上角坐标（0，0）将画布背景涂成白色，通过 imageellipse() 函数利用红色画一个圆，最后设置绘制图像的 MIME 类型并输出。效果如图 12-2 所示。

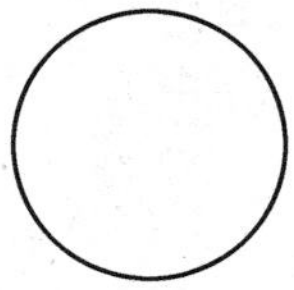

图12-2　绘制图像效果

从上述示例可以看出，在 PHP 中可以利用不同的内置函数完成不同图像的制作，包括画布的颜色、绘制图像的颜色、形状、大小以及其所在位置等。

12.2.2　图像的基本操作

1．创建画布

PHP 有多种创建图像的方式，可以基于一个已有的文件创建，也可以直接创建一个空白画布。常用的创建图像资源的函数如表 12-1 所示。

表 12-1 中，在创建一个空白画布时，需要设置画布的宽（$width）和高（$height）；imagecreate()

函数创建的画布仅支持 256 色，而 imagecreatetruecolor()函数创建一个真彩色的画布，支持的色彩比较丰富，但不支持 GIF 格式；若根据一个已有的图像创建画布，则仅需要传递文件路径，调用"imagecreatefrom 图片类型"的函数即可。例如，依据 PNG 格式的图像创建画布，则需调用 imagecreatefrompng()函数。

表 12-1　创建画布

函数	功能
resource imagecreate(int $width, int $height)	创建指定宽高的空白画布图像
resource imagecreatetruecolor(int $width, int $height)	创建指定宽高的真彩色空白画布图像
resource imagecreatefromgif(string $filename)	从给定的文件路径创建 GIF 格式的图像
resource imagecreatefromjpeg(string $filename)	从给定的文件路径创建 JPEG 格式的图像
resource imagecreatefrompng(string $filename)	从给定的文件路径创建 PNG 格式的图像

2. 颜色处理

在图像画布中绘制图形、文本时，需要先创建一个表示颜色的变量。常用分配颜色的函数分别为 imagecolorallocate()和 imagecolorallocatealpha()，后者在设置颜色的同时可以指定颜色透明度。具体语法如下所示。

（1）imagecolorallocate()

```
int imagecolorallocate( resource $img, int $red, int $green, int $blue )
```

在上述语法中，$img 是由画布创建函数返回的图像资源标识符；$red、$green 和$blue 参数分别表示 RGB 中的 3 种颜色，其取值范围可以是 0～255 的整数，或是 0x00～0xFF 的十六进制数。

需要注意的是，在使用 imagecolorallocate()函数为画布分配颜色时，对于使用 imagecreate()函数创建的画布，第 1 次调用 imagecolorallocate()表示为新建的画布添加背景色。而对于 imagecreatetruecolor()函数创建的画布，在 imagecolorallocate()函数为其分配好颜色后，还需要使用 imagefill()函数为画布添加背景色。

（2）imagecolorallocatealpha()

```
int imagecolorallocatealpha ( resource $img , int $red , int $green , int $blue , int $alpha )
```

imagecolorallocatealpha()函数的前 4 个参数作用与 imagecolorallocate()函数中的参数相同，不同的是增加了第 5 个参数，用于设置颜色的透明度，其取值范围在 0～127，0 表示完全不透明，127 表示全透明。

3. 输出图像

在完成图像制作后，可以将图像直接输出到浏览器中或者保存到指定的文件路径中。PHP 中常用输出图像的函数如表 12-2 所示。

表 12-2　输出图像

函数	功能
imagejpeg (resource $img [, string $filename [, int $quality =75]])	输出 JPEG 格式的图像
imagegif (resource $img [, string $filename])	输出 GIF 格式的图像

续表

函数	功能
imagepng (resource $img [, string $filename])	输出 PNG 格式的图像
imagewbmp (resource $img [, string $filename [, int $foreground]])	输出 WEMP 格式的图像
imagewebp (resource $img, string $filename [, int $quality = 80])	输出 WebP 格式的图像

在表 12-2 中，所有函数的返回值皆为布尔类型，执行成功返回 true，否则返回 false。参数 $img 表示图像资源标识符，通常是调用 imagecreate()函数或 imagecreatetruecolor()函数后的返回值；参数$filename 表示包含图片名称的路径；参数$quality 用于设置生成的图像质量，取值范围在 0~100，0 表示质量最差，文件最小，100 表示质量最佳，文件最大。

此外，在调用输出图像的相关函数前，需要使用 header()函数发送 HTTP 响应头给浏览器，告知输出内容的 MIME 类型，从而使浏览器进行解析。

接下来，通过一个具体的案例，演示图像基本操作函数的使用，如例 12-2 所示。

【例 12-2】bg.php

```php
1  <?php
2  $img = imagecreatefromjpeg('./images/tree.jpg');        // 创建画布
3  $color = imagecolorallocate($img, 223, 230, 221);       // 获取颜色
4  imagefill($img, 0, 0, $color);                          // 为画布背景填充颜色
5  imagejpeg($img, './images/tree_new.jpg', 80);           // 保存图像
6  imagedestroy($img);                                     // 销毁图像
```

上述第 2 行代码通过根据已知的图片 tree.jpg 创建一个画布资源，第 4 行利用获取的颜色为画布填充背景色，第 5 行通过 imagejpeg()函数将图像保存到 images 目录中，并为其命名为 tree_new.jpg，同时将其画质设置为 80，第 6 行用于销毁$img，释放图像占用的内存资源。效果如图 12-3 所示。

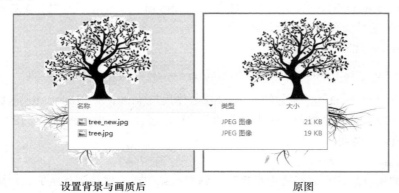

设置背景与画质后　　　　　　　　　　原图

图12-3　设置背景和画质前后

从图中可以看出，通过颜色填充改变了原图的背景色。当输出画质变高时，图像的大小也随之变大。

值得一提的是，在创建画布时,若要保留 PNG 格式图片的透明通道,则需要使用 imagesavealpha() 函数进行相关的设置,具体使用示例如下。

```
$img = imagecreatefrompng('./images/ball.png');      // 创建 PNG 格式的画布资源
header('Content-Type: image/png');                   // 设置图像资源输出格式
imagesavealpha($img, true);                           // 设置透明通道是否保留，默认为 false
imagepng($img);
```

从上述代码可知，imagesavealpha()函数的第 1 个参数为图像资源；第 2 个参数设置为 true
表示保留透明通道，设置前后对比如图 12-4 所示。

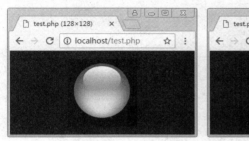 

不保留透明通道　　　　　　　　　　　　　　　保留透明通道

图12-4　透明通道保留对比

12.2.3　绘制基本形状

在绘制图像时，无论多么复杂的图形都离不开一些基本图形，比如点、线、面（矩形、圆等）。
只有掌握了这些最基本图形的绘制方式，才能绘制出各种独特风格的图形。在 GD 函数库中，提
供了许多绘制基本图形的函数如表 12-3 所示。

表 12-3　绘制基本图像的函数

函数	功能
imagesetpixel(resource $img, int $x, int $y, int $color)	在（$x, $y）坐标处，利用$color 颜色在$img 上绘制一个点
imageline(resource $img, int $x1, int $y1, int $x2, int $y2, int $color)	从坐标（x1, y1）到（x2, y2），利用$color 色在$img 上绘制一条直线
imagerectangle(resource $img, int $x1, int $y1, int $x2, int $y2, int $color)	用$color 色在$img 图像中绘制一个矩形，其左上角坐标为（x1, y1），右下角坐标为（x2, y2）
imagepolygon (resource $img, array $points, int $num_points , int $color)	用$color 色在$img 中创建一个多边形，$points 包含了多边形的各个顶点坐标，$num_points 是顶点的总数
imagearc (resource $img, int $cx, int $cy, int $w, int $h, int $s, int $e, int $color)	在$img 图像中绘制一个以坐标（cx, cy）为中心的椭圆弧。$w 和$h 表示圆弧的宽度和高度，$s 和$e 表示起点和终点的角度。0° 位于三点钟位置，以顺时针方向绘画
imageellipse (resource $img, int $cx, int $cy, int $w, int $h, int $color)	在$img 图像中绘制一个以坐标（$cx, $cy）为中心的椭圆。其中，$w 和$h 表示椭圆的宽度和高度。若$w 和$h 相等，则为正圆

表中列举了一些常用的基本图形函数，用法都比较简单。值得一提的是，图像画布左上角的
横纵坐标是"0,0"，右下角的横纵坐标是"画布的长−1，画布的宽−1"，而绘制图形的坐标位置
是相对画布来计算的。接下来，以 imageellipse()函数的使用为例，绘制 3 个交迭的彩色圆环。
如例 12-3 所示。

【例 12-3】 shape.php

```php
1   <?php
2   $size = 300;                                        // 设置画布大小
3   $radius = 150;                                      // 设置圆的直径（宽和高）
4   $img = imagecreatetruecolor($size, $size);          // 创建一个画布
5   $white = imagecolorallocate($img, 255, 255, 255);   // 获取画布背景色
6   $red = imagecolorallocate($img, 255, 0, 0);         // 获取圆的颜色
7   $green = imagecolorallocate($img, 0, 255, 0);       // 获取圆的颜色
8   $blue = imagecolorallocate($img, 0, 0, 255);        // 获取圆的颜色
9   imagefill($img, 0, 0, $white);                      // 为画布设置背景色
10  imageellipse($img, 150, 180, $radius, $radius, $red);     // 绘制红色圆
11  imageellipse($img, 90, 120, $radius, $radius, $green);    // 绘制绿色圆
12  imageellipse($img, 210, 120, $radius, $radius, $blue);    // 绘制蓝色圆
13  header('Content-Type: image/png');
14  imagepng($img);
15  imagedestroy($img);
```

上述第 2~3 行代码用于设置画布和圆直径的大小，第 4 行用于创建一个画布资源，第 5~8 行代码用于获取画布的背景色和圆的颜色，第 9 行完成画布背景色的填充，第 10~12 行代码通过在画布中不同的圆心坐标绘制 3 个交迭的圆，最后通过 13~14 行代码完成图像的输出。运行结果如图 12-5 所示。

此外，PHP 还为绘制各种基本形状及颜色的填充，也提供了多种内置函数。其中，常用的形状绘制与颜色填充的函数如表 12-4 所示。

从表 12-4 可以看出，绘制形状并填充颜色的函数名称与绘制基本图像的函数类似，区别是需要填充颜色的函数是在 "image" 与相关英文名称之间添加了 "filled"。接下来，以 imagefilledellipse()函数的使用为例讲解，通过函数绘制一个圆柱体图形，如例 12-4 所示。

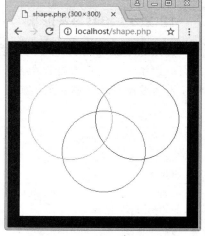

图12-5　彩色圆环

表 12-4　绘制并填充颜色的函数

函数	功能
imagefill (resource $img, int $x, int $y, int $color)	在$img 图像的坐标（$x，$y）处用$color 色执行区域填充（即与$x，$y 点颜色相同且相邻的点都会被填充）
imagefilledrectangle (resource $img, int $x1, int $y1, int $x2, int $y2, int $color)	画一个矩形并填充，用$color 色在$img 图像中填充矩形，其左上角坐标为（x1，y1），右下角坐标为（x2，y2）
imagefilledpolygon (resource $img, array $points, int $num_points, int $color)	画一个多边形并填充，$num_points 的值必须大于 3
imagefilledarc (resource $img, int $cx, int $cy, int $w, int $h, int $s, int $e, int $color, int $style)	画一个椭圆弧且填充，绘制一个以坐标（$cx，$cy）中心的椭圆弧，$w 和$h 表示圆弧的宽度和高度，$s 和$e 为起点和终点的角度，$style 为圆弧的样式

续表

函数	功能
imagefilledellipse (resource $img, int $cx, int $cy, int $w, int $h, int $color)	画一个椭圆并填充，绘制一个以坐标（$cx，$cy）为中心的椭圆，$w 和$h 分别指定了椭圆的宽度和高度

【例 12-4】cylinder.php

```php
1  <?php
2  $img = imagecreatetruecolor(300, 300);                // 创建画布
3  $white = imagecolorallocate($img, 255, 255, 255);      // 获取白色
4  $gray = imagecolorallocate($img, 192, 192, 192);       // 获取淡灰色
5  $darkgray = imagecolorallocate($img, 144, 144, 144);   // 获取深灰色
6  imagefill($img, 0, 0, $white);                          // 填充颜色
7  for ($i = 200; $i > 100; --$i) {                        // 设置立体效果
8      imagefilledellipse($img, 150, $i, 100, 60, $darkgray);
9  }
10 imagefilledellipse($img, 150, 100, 100, 60, $gray);    // 绘制椭圆并填充
11 header('Content-Type: image/png');
12 imagepng($img);
13 imagedestroy($img);
```

上述第 3～5 行用于获取画布的背景色、圆柱体顶部颜色和柱体颜色。第 7～9 行代码从坐标（150,101）到（150,200）的圆心，循环绘制宽度为 100 像素，高度为 60 像素的椭圆，形成一个立体的圆柱体，第 10 行用于绘制圆柱体的顶层。完成后效果如图 12-6 所示。

从上述案例可知，灵活地运用图像内置函数，可以形成多种多样的图像。

图12-6　圆柱体

12.2.4　绘制文本

在 PHP 中，绘制文本通常用于开发验证码、文字水印等功能。通过 imagettftext()函数可以将文字写入到图像中，该函数的参数说明如下。

```php
array imagettftext(
    resource $img,            // 图像资源（通过 imagecreatetruecolor()创建）
    float $size,              // 文字大小（字号）
    float $angel,            // 文字倾斜角度
    int $x,                   // 绘制位置的 x 坐标
    int $y,                   // 绘制位置的 y 坐标
    int $color,              // 文字颜色（通过 imagecolorallocate()创建）
    string $fontfile,        // 文字字体文件（即.ttf 字体文件的保存路径）
    string $text             // 文字内容
);
```

在使用 imagettftext()函数时，需要给定字体文件，可以使用 Windows 系统中安装的字体文件（在 C:\Windows\Fonts 目录中），也可以通过网络获取其他字体文件放在项目目录下使用。

接下来，为了大家更好地理解此函数的使用，以签名墙的实现为例进行讲解。如例 12-5 所示。

【例 12-5】signwall.php

```php
1  <?php
2  $img = imagecreatetruecolor(200, 200); // 创建画布
3  $white = imagecolorallocate($img, 255, 255, 255);
4  $color = imagecolorallocate($img, 0, 0, 0);
5  imagefill($img, 0, 0, $white);
6  $name = ['Tom', 'Jimmy', 'Lucy', '王明', '李四'];
7  $fonts = ['simhei.ttf', 'simkai.ttf', 'msyh.ttf'];
8  foreach ($name as $v) { // 制作签名墙
9      $size = mt_rand(12, 28);
10     $angle = mt_rand(-70, 70);
11     $x = mt_rand(10, 150);
12     $y = mt_rand(10, 150);
13     $font = 'C:/windows/Fonts/' . $fonts[array_rand($fonts)];
14     imagettftext($img, $size, $angle, $x, $y, $color, $font, $v);   // 绘制文本
15  }
16  header('Content-Type: image/png');
17  imagepng($img);
18  imagedestroy($img);
```

上述代码第 6 行用于保存姓名；第 7 行用于保存字体名称；第 8~15 行代码通过循环实现签名墙的绘制。其中，第 9~12 行通过循环随机每次签名的字体大小、书写角度以及起始坐标位置，第 13 行用于拼接字体所在的目录，第 14 行用于在画布上完成名字的绘制。运行效果如图 12-7 所示。

除了上面介绍的 imagettftext()函数之外，对于文本的绘制，PHP 还提供了其他的一些常用函数，具体如表 12-5 所示。

图12-7　签名墙

表 12-5　文本绘制函数

函数	功能
imagechar (resource $img, int $font, int $x, int $y, string $c, int $color)	将字符串$c 的第一个字符绘制在$img 中，坐标为（$x，$y），颜色为$color，字体为$font，$font 值越大，字体越大
imagecharup (resource $img, int $font, int $x, int $y, string $c, int $color)	将字符串$c 的第一个字符垂直绘制在$img 中，坐标为（$x，$y），颜色为$color，字体为$font，其值越大字体越大
imagestring (resource $img, int $font, int $x, int $y, string $s, int $color)	将字符串$s 画到$img 中，其坐标为（$x，$y），颜色为$color，字体为$font，$font 值越大，字体越大

续表

函数	功能
imagestringup (resource $img, int $font, int $x, int $y, string $s, int $color)	将字符串$s 垂直画到$img 中, 其坐标为（$x, $y）, 颜色为 $color, 字体为$font, 其值越大, 字体越大

表 12-5 中的函数不仅可以将文本绘制到画布上,还可以将特殊字符当作文本绘制到画布上, 下面以函数 imagechar()的使用为例, 完成圣诞雪花图的绘制, 如例 12-6 所示。

【例 12-6】snowflake.php

```php
1   <?php
2   // 设置画布的宽和高
3   $width = 300;
4   $height = 200;
5   $img = imagecreate($width, $height);
6   imagecolorallocate($img, 255, 255, 255);
7   // 生成雪花
8   for ($i = 1; $i <= 400; ++$i) {
9       $size = mt_rand(1, 5);
10      $x = mt_rand(0, $width);
11      $y = mt_rand(0, $height);
12      $color = imagecolorallocate($img, mt_rand(0, 255), mt_rand(0, 255), mt_rand(0, 255));
13      $char = '*';
14      imagechar($img, $size, $x, $y, $char, $color);
15  }
16  header('Content-Type: image/gif');
17  imagegif($img);
18  imagedestroy($img);
```

示例第 5～6 行代码用于生成白色背景的画布,第 8～15 行用于循环生成圣诞雪花图。其中, 第 9～12 行用于随机生成雪花的大小、起始坐标和雪花颜色。第 13 行使用变量保存需要绘制到画布上的文本, 第 14 行实现雪花的绘制。效果如图 12-8 所示。

从上述的案例可知,在 PHP 中不仅可以将文字绘制到画布上, 还可以将一些字符当作文本绘制到画布上, 从而得到想要的效果。

图12-8 圣诞雪花图

12.3 图像的复制与处理

在利用 PHP 绘制图像时, 除了可以直接在画布上添加具体的形状和文本外, 还可以将其他图像复制到空白画布或已有的图像中, 实现图像的缩放、叠加效果, 或对图像进行过滤, 形成反色、浮雕等特效。下面本节将对图像的复制与处理进行详细讲解。

12.3.1 图像叠加与缩放

在项目开发中，为图片添加水印、生成缩略图都是很常见的功能。GD 库中提供了许多图像处理的函数，可以实现这些功能，常用的函数如表 12-6 所示。

表 12-6　图像处理函数

函数	功能
imagecopy (resource $dst_img, resource $src_img, int $dst_x, int $dst_y, int $src_x, int $src_y, int $src_w, int $src_h)	将$src_img 图像中坐标从（$src_x, $src_y）开始，宽度为$src_w，高度为$src_h 的一部分复制到$dst_img 图像中坐标为（$dst_x, $dst_y）的位置上
imagecopymerge (resource $dst_img, resource $src_img, int $dst_x, int $dst_y, int $src_x, int $src_y, int $src_w, int $src_h, int $pct)	$pct 决定合并程度，其值范围是 0～100。当$pct = 0 时，$dst_img 中不显示$src_img；而$pct = 100 与 imagecopy() 效果相同
imagecopymergegray (resource $dst_img, resource $src_img, int $dst_x, int $dst_y, int $src_x, int $src_y, int $src_w, int $src_h, int $pct)	本函数和 imagecopymerge()函数相似，但在合并时会通过在复制前将目标像素转换为灰度级来保留了原色度
imagecopyresampled (resource $dst_img, resource $src_img, int $dst_x, int $dst_y, int $src_x, int $src_y, int $dst_w, int $dst_h, int $src_w, int $src_h)	将$src_img 从坐标（$src_x, $src_y）开始，宽度为$src_w，高度为$src_h 的一部分复制到$dst_img 图像中坐标为（$dst_x, $dst_y），宽度为$dst_w，高度为$dst_h 的位置。目标宽度和高度不同，则会进行相应的收缩和拉伸
imagecopyresized (resource $dst_img, resource $src_img, int $dst_x, int $dst_y, int $src_x, int $src_y, int $dst_w, int $dst_h, int $src_w, int $src_h)	将$src_img 从坐标（$src_x, $src_y）开始。宽度为$src_w，高度为$src_h 的一部分复制到$dst_img 图像中坐标为（$dst_x, $dst_y），宽度为$dst_w，高度为$dst_h 的位置。目标宽度和高度不同，则会进行相应的收缩和拉伸

从表 12-6 可以看出，所有的函数都可以实现图像的叠加，imagecopymerge()函数和 imagecopymergegray()函数还可以设置图片叠加时合并的程度；imagecopyresampled()函数和 imagecopyresized()函数在图片叠加时，可以实现按比例的缩放，不同的是前者在缩放时图像边缘比较平滑，后者缩放的图像比较粗糙，但是后者处理速度比前者快。接下来，以 imagecopyresampled()函数的使用为例进行演示，具体如下。

（1）图像叠加

实现图像叠加时，可以将原图完整地叠加到目标图中，也可以只将原图的局部图像叠加到目标图中。以完整叠加为例，如例 12-7 所示。

【例 12-7】overlay.php

```
1   <?php
2   // 定义基本变量
3   $source = './images/logo.jpg';   // 原图路径
4   $target = './images/1.jpg';      // 目标图路径
5   // 获取原图的宽高
6   list($src_w, $src_h) = getimagesize($source);
7   // 创建图像资源
8   $src_img = imagecreatefromjpeg($source);
```

```
9    $dst_img = imagecreatefromjpeg($target);
10   // 将原图叠加到目标图中
11   imagecopyresampled($dst_img, $src_img, 0, 0, 0, 0, $src_w, $src_h, $src_w, $src_h);
12   header('Content-Type: image/jpeg');
13   imagejpeg($dst_img);
```

上述代码中，getimagesize()函数用于获取图像的信息，该函数的返回值是一个数组，数组的前两个元素就是图像的宽高值。上述代码执行后，当原图的尺寸小于目标图时，就可以从输出的图像中看出，原图叠加在了目标图的左上角（0，0坐标开始的位置）。效果如图 12-9 所示。

图12-9　图像叠加

（2）图像缩放

在程序开发中，图像的缩放首先要获取原图的宽和高，然后根据不同的需求，可以选择不同的缩放方法，常用的方法如图 12-10 所示。

（1）等比例缩放　　　（2）缩放后填充　　　（3）居中裁剪

（4）左上角裁剪　　　（5）右下角裁剪　　　（6）固定尺寸缩放

图12-10　缩略图生成效果

下面以目标图像的固定尺寸为例，演示图像的缩放，如例 12-8 所示。

【例 12-8】zoom.php

```
1    <?php
2    $source = './images/1.jpg';                          // 原图路径
3    $dst_w = 200;                                         // 目标宽度
4    $dst_h = 100;                                         // 目标高度
5    list($src_w, $src_h) = getimagesize($source);        // 获取原图宽高
6    $src_img = imagecreatefromjpeg($source);             // 创建原图资源
7    $dst_img = imagecreatetruecolor($dst_w, $dst_h);     // 创建目标图像画布资源
```

```
8    // 将原图缩放到目标图像中
9    imagecopyresampled($dst_img, $src_img, 0, 0, 0, 0, $dst_w, $dst_h, $src_w, $src_h);
10   header('Content-Type: image/jpeg');
11   imagejpeg($dst_img);
```

上述代码执行后，将会读取 images 目录下的"1.jpg"图像，将图像缩放到 200×100 大小，然后输出到浏览器中。与原图对比效果如图 12-11 所示。

原图　　　　　　　　　　　　　　　　　固定尺寸缩放后

图12-11　固定尺寸缩放

从图 12-11 中的网页标签可以清晰地看出原图的大小以及缩放后图片的大小。另外，大家还可以将缩放后的图片保存到指定的目录中，通过图片的属性查看即可看出图片的大小。

12.3.2　图像过滤器

PHP 中的图像技术不仅可以实现点、线、矩形、圆形等的绘制，还可以利用 GD 库提供的 imagefilter()函数对生成的图像进行特效处理，如反色、浮雕、模糊、柔滑等效果。该函数的参数说明如下。

```
bool imagefilter (
    resource $image,      // 图像资源
    int $filtertype,      // 过滤类型
    int $arg1,            // 可选，根据过滤类型确定，是否设置红色值、亮度、对比度、平滑水平和块大小
    int $arg2,            // 可选，根据过滤类型确定，是否设置绿色值、是否使用先进的像素效果
    int $arg3,            // 可选，根据过滤类型确定，是否设置蓝色值
    int $arg4            // 可选，根据过滤类型确定，是否设置透明通道，取值范围在 0～127
)
```

从上述参数的设置可以看出，函数 imagefilter()的可选参数值的设置取决于$filtertype 参数的值，且$arg1、$arg2、$arg3 和$arg4 的值都是整数类型，如表 12-7 所示。例如，将图像过滤类型设置为 IMG_FILTER_BRIGHTNESS 时，可以将$arg1 的值设置为 20。

表 12-7　过滤类型说明

过滤类型	说明
IMG_FILTER_NEGATE	改变图像的颜色
IMG_FILTER_GRAYSCALE	将图像转换成灰度

续表

过滤类型	说明
IMG_FILTER_BRIGHTNESS	改变图像的亮度。用$arg1 设定亮度级别，取值范围-255~255
IMG_FILTER_CONTRAST	改变图像的对比度。用$arg1 设定对比度级别
IMG_FILTER_COLORIZE	用指定颜色转换图像。用$arg1、$arg2、$arg3 指定 red、blue、green。范围 0~255，$arg4 指定透明度，0 完全不透明，127 完全透明
IMG_FILTER_EDGEDETECT	用边缘检测来突出图像的边缘
IMG_FILTER_EMBOSS	使图像浮雕化
IMG_FILTER_GAUSSIAN_BLUR	用高斯算法模糊图像
IMG_FILTER_SELECTIVE_BLUR	模糊图像
IMG_FILTER_MEAN_REMOVAL	用平均移除法来达到轮廓效果
IMG_FILTER_SMOOTH	使图像更柔滑。用$arg1 设定柔滑级别
IMG_FILTER_PIXELATE	视频滤镜效果，$arg1 设置块大小，$arg2 设置像素影响模式

表 12-7 中的过滤类型只要涉及参数的设定，在使用时就必须添加对应的参数，否则对图片的过滤就会失败。其中，IMG_FILTER_GRAYSCALE 与 IMG_FILTER_COLORIZE 类型功能类似，区别在于前者利用灰色显示图片，后者可以通过参数设置图片的颜色和透明度。

为了更好地掌握 imagefilter()函数的用法，下面通过例 12-9 进行演示。

【例 12-9】pixelate.php

```php
1   <?php
2   $img = imagecreatefromjpeg('./images/4.jpg');        // 创建画布
3   imagefilter($img, IMG_FILTER_PIXELATE, 30, 30);      // 视频滤镜效果
4   header('Content-Type: image/jpeg');
5   imagejpeg($img);                                     // 特效输出
6   imagedestroy($img);
```

上述第 3 行代码将过滤类型设置为 IMG_FILTER_PIXELATE，完成视频滤镜特效，第 3 个参数和第 4 个参数分别设置像素块的大小以及像素的响应模式，具体效果对比如图 12-12 所示。

视频滤镜效果　　　　　　　　　　原图效果

图12-12　图像过滤对比图

图像过滤器函数的其他过滤类型与案例中的使用类似，这里不再一一演示，有兴趣的读者可以自己练习测试，对比不同过滤类型之间的区别。

动手实践：图像处理的常见案例

对于编程语言的学习来说，上课听懂，看书看懂，都不是真的懂；只有将其理论与实际相结合，动手实践出具体的功能，才是真的懂。接下来结合本章所学的知识完成图像处理的功能实现。

【功能分析】

在项目开发中，为了解决用户上传图片大小不一的问题，需要对用户上传的图片进行相应的处理，可以让其在指定大小的地方显示。同时，为了保证网站中所上传的图片不被他人盗用，对用户上传的图片会添加水印标记。具体的实现要求如下所示。

- 缩略图和水印支持 JPEG、PNG 和 GIF 格式的图像资源。
- 在 function.php 中封装缩略图和水印功能函数。
- 根据用户提供的原图路径资源完成缩略图和水印功能。
- 缩略图可允许的最大的长和宽均为 200 像素。
- 水印的位置可以在左上角、左下角、右上角、右下角和中间位置。
- 这里要求水印图片的宽和高要小于等于原图的宽和高。

【功能实现】

1. 缩略图

制作缩略图时，为了保证绘制图像的画质，通常情况下采用 imagecopyresampled()函数，根据该函数的参数可以知道，影响缩略图绘制的因素有原图资源的宽高、缩略图的最大宽高以及缩略图实现的算法。

接下来，以等比例缩放为例，讲解缩略图的制作，具体操作步骤如下所示。

（1）根据 MIME 获取对应的函数

因用户的喜好不同，其上传的图片类型、大小往往也不尽相同。下面在开始制作缩略图前，根据用户提供的原图路径，获取对应图片类型的画布创建函数和图像输出函数。创建文件 thumb.php，使用数组根据 MIME 类型保存对应的函数，具体代码如下所示。

```php
1   <?php
2   $func = [
3       'image/png' => function ($file, $img = null) {
4           return $img ? imagepng($img) : imagecreatefrompng($file);
5       },
6       'image/jpeg' => function ($file, $img = null) {
7           return $img ? imagejpeg($img) : imagecreatefromjpeg($file);
8       },
9       'image/gif' => function ($file, $img = null) {
10          return $img ? imagegif($img) : imagecreatefromgif($file);
11      }
12  ];
```

在上述代码中，根据 MIME 类型区分对应的图像格式和处理函数，第 1 个参数$file 表示图片的路径，第 2 个参数用于区分是创建资源还是输出资源。

例如，存在一个已知图片路径 "./images/1.jpg" 和一个已有的图像资源$img，使用方式如下。

```
$func['image/jpeg']('./images/1.jpg');                  // 依据已有图像，创建画布资源
$func['image/jpeg']('./images/1.jpg', $img);            // 依据已有资源，进行图像输出
```

（2）自定义 thumb()函数

接着，继续在 thumb.php 中自定义函数实现缩略图的等比例缩放，具体代码如下。

```
1    /**
2     * 生成缩略图（等比例缩放）
3     * @param string $file 原图的路径
4     * @param int $limit 缩略图最大限制宽和高（像素）
5     * @return resource
6     */
7    function thumb($file, $limit)
8    {
9        $info = getimagesize($file);        // 获取原图信息
10       list($src_w, $src_h) = $info;       // 获取原图宽高
11       $mime = $info['mime'];              // 获取原图 MIMI 类型
12       // 先将目标宽高设置为原图宽高，若判断不成立，则说明原图宽高低于限制值，无需缩放
13       list($dst_w, $dst_h) = [$src_w, $src_h];
14       if ($src_w / $limit > $src_h / $limit) {
15           if ($src_w > $limit) {          // 当宽度较大时，如果超出限制，则按宽进行缩放
16               $dst_w = $limit;
17               $dst_h = round($dst_w * $src_h / $src_w);
18           }
19       } else {
20           if ($src_h > $limit) {          // 当高度较大时，如果超出限制，则按高进行缩放
21               $dst_h = $limit;
22               $dst_w = round($dst_h * $src_w / $src_h);
23           }
24       }
25       $src = $GLOBALS['func'][$mime]($file);         // 依据原图路径创建图像画布资源
26       $dst = imagecreatetruecolor($dst_w, $dst_h);   // 创建目标缩略图资源
27       // 将原图缩放填充到缩略图画布中
28       imagecopyresampled($dst, $src, 0, 0, 0, 0, $dst_w, $dst_h, $src_w, $src_h);
29       return $dst;
30   }
```

上述第 14 ~ 24 行代码用于计算图片的比例，对原图宽高和最大宽高之间的比例进行比较。当原图宽度较大并超出限制时，依据最大宽度缩小高度；当原图高度较大并超出限制时，依据最大高度缩小宽度。完成比例计算后，通过 imagecopyresampled()函数进行缩放。

（3）获取原图资源生成缩略图

继续编写 thumb.php 文件，测试缩略图的等比例生成是否成功，具体代码如下。

```
1    $path = './images/1.jpg';                    // 保存原图的路径
2    $mime = getimagesize($path)['mime'];         // 获取原图的 MIME
3    $thumb = thumb($path, 200);                  // 生成缩略图资源
4    header("Content-Type: $mime");               // 指定输出图像的 MIME
5    $func[$mime]($path,$thumb);                   // 根据原图 MIME 输出缩略图
```

上述第 3 行调用自定义的函数 thumb() 并传递对应的参数，获取生成的缩略图资源。第 4～5 行代码用于在浏览器中输出缩略图。效果如图 12-13 所示。

2. 添加水印

在 PHP 中，水印的实现通常使用 imagecopymerge() 函数，它既可以完成水印的添加，又可以设置水印合并的程度。接下来，在 water.php 中自定义函数 watermark() 完成水印的生成，具体步骤如下。

（1）生成水印

根据 imagecopymerge() 函数的参数，可以确定自定

图12-13　等比例缩略图

义的水印生成函数 watermark() 需要的参数、原图和水印图片的路径，设置如下。

```
1    /**
2     * 添加水印功能
3     * @param resource $srcfile 原图路径
4     * @param resource $watfile 水印图片路径
5     * @param int $pact 水印合并效果，默认为100
6     * @param int $postion 添加水印位置，1 表示左上角
7     */
8    function watermark($srcfile, $watfile, $pct = 100, $postion = 1)
9    {
10   // 根据 MIME 获取对应的函数
11   // 此处将 thumb.php 中的$func 变量复制过来即可
12   ......
13   }
```

从上述的设置可以看出，默认情况下水印图片直接叠放到原图的左上方，通过传递的参数可以控制水印的合并程度和位置。接着在 watermark() 函数中确定添加水印的位置，具体实现代码如下。

```
1    // 根据 MIME 类型和路径完成原图和水印图片资源的创建
2    $src_mime = getimagesize($srcfile)['mime'];
3    $wat_mime = getimagesize($watfile)['mime'];
4    $src = $GLOBALS['func'][$src_mime]($srcfile);
5    $wat = $GLOBALS['func'][$wat_mime]($watfile);
6    // 从数组中获取原图和水印图片的宽和高
7    list($src_w, $src_h) = getimagesize($srcfile);
8    list($wat_w, $wat_h) = getimagesize($watfile);
9    switch ($postion) {
10   case 1: // 左上
```

```
11        $src_x = $src_y = 0;                    break;
12    case 2: // 右上
13        $src_x = $src_w - $wat_w;
14        $src_y = 0;                             break;
15    case 3: // 中间
16        $src_x = ($src_w - $wat_w) / 2;
17        $src_y = ($src_h - $wat_h) / 2;         break;
18    case 4: // 左下
19        $src_x = 0;
20        $src_y = $src_h - $wat_h;               break;
21    case 5: // 右下
22        $src_x = $src_w - $wat_w;
23        $src_y = $src_h - $wat_h;               break;
24  }
```

从上述代码可知，水印位置坐标的计算要考虑水印图片的宽和高。例如，第 12 ~ 14 行代码，当水印图片的位置在右上角时，横坐标需要原图的宽度减去水印图片的宽度，纵坐标为 0 时，水印图片才能在原图的右上角完整的显示。

最后，在 watermark()函数中利用 imagecopymerge()函数完成水印的生成，并返回生成的结果。

```
imagecopymerge($src, $wat, $src_x, $src_y, 0, 0, $wat_w, $wat_h, $pct);
return $src;
```

（2）验证测试

要想让水印的功能函数生效，还需要调用该函数。接下来，继续编辑 PHP 文件 water.php，调用 watermark()函数，实现图片水印的添加，实现代码如下。

```
1  $source = './images/1.jpg';
2  $water = './images/6.jpg';
3  $mime = getimagesize($source)['mime'];              // 获取原图 MIME 类型
4  $wat = watermark($source, $water, 50, 4);           // 生成水印图片
5  header("Content-Type: $mime");                      // 指定水印图片的 MIME 类型
6  $func[$mime]($source,$wat);                         // 输出水印图片
```

上述第 4 行代码用于在原图的左下角生成水印图片，合并程度为 50，效果如图 12-14 所示。

图12-14　水印图片的生成

本章小结

本章主要介绍了 PHP 的图像处理技术，首先介绍了 GD 库的概念和常见图片类型，然后介绍了图像的一些常见操作，最后讲解了图像的叠加、缩放和过滤效果的实现。通过本章的学习，大家应该熟练掌握 PHP 中基本绘图技术，能够完成诸如验证码、缩略图等功能的实现。

课后练习

一、填空题

1. 要想开启 GD 库，需要打开 php.ini，将_____中的 ";" 删除。

2. 在实际网站中，给图片添加水印的目的就是防止_____。

3. imagecopymerge()函数的最后一个参数用于设置水印的透明度，其取值范围是_____。

二、判断题

1. GIF 和 JPEG 都是无损压缩格式。（　　）

2. PHP 中所有处理图像的函数都需要安装 GD 库后才能使用。（　　）

3. 函数 imageellipse()可以绘制正圆和填充图像的颜色。（　　）

4. 函数 imagettftext()可以在画布上绘制文本和&等特殊字符。（　　）

5. 函数 imageellipse()可以绘制一段圆弧。（　　）

三、选择题

1. 下列选项中，关于图片添加水印的说法错误的是（　　）。

    A. 添加水印的本质就是图像的复制

    B. 网站中为图片添加水印的目的是防止图片被盗用

    C. 添加水印时，可以随意定义水印在图像中的位置

    D. PHP 中有且仅有 imagecopy()函数能实现为图片添加水印功能

2. 下列选项中，可以实现添加半透明水印的函数是（　　）。

    A. imagecopy()　　　　　　　　　　B. imagecopymerge()

    C. imagecopyresized()　　　　　　　D. imagecopyresampled()

3. 在下列选项中，属于 imagettftext()函数支持的编码类型是（　　）。

    A. gbk　　　　　　B. gb2312　　　　　　C. utf-8　　　　　　D. ansi

四、编程题

封装函数实现一个含有点线干扰元素的 5 位验证码，其中验证码包括英文大小写字母和数字。

13

Chapter

ALBUM

第 13 章
阶段案例——在线相册

PHP 的文件和图像操作在实际开发中随处可见。本章将通过
"在线相册"案例的实现，将用户创建的目录、上传的图片、生成
的缩略图等都保存到服务器，将所学过的知识点融入开发中，帮
助大家积累开发经验、熟悉开发的流程。

学习目标
- 掌握 PHP 文件与图像操作在开发
  中的运用。
- 掌握基于 PHP + MySQL 的在线
  相册网站开发。

13.1 案例展示

"在线相册"的功能主要包括创建相册、上传图片、排序、搜索，以及相册和图片的浏览等功能。用户可以在一个相册中创建多个子相册，可以将图片设置为相册的封面。下面分别展示"在线相册"的运行效果，如图 13-1 至图 13-3 所示。

图13-1　浏览相册

图13-2　浏览图片

图13-3　搜索相册

13.2 需求分析

在生活中，人们将照片冲洗出来后，通常会把照片放入到相册中，以便于更好地翻阅。而随着数码时代的到来，大多数人选择直接将照片保存在电脑或手机中，还可以上传到互联网中分享。在线相册就是一种用于保存图片的 Web 应用，用户可以在网站中创建相册、上传图片、浏览图片，或者将相册的 URL 地址分享给其他人浏览。本阶段案例的具体开发需求如下。

- 配置一个虚拟主机"www.album.test"用于测试和运行项目。
- 支持最大 5MB 的图片上传，将图片保存到服务器，并提供一个 URL 来访问。

- 使用 MySQL 数据库保存相册数据（相册结构、图片保存地址等）。
- 在一个相册内可以创建子相册，默认最多支持 5 级嵌套，且能够限制最多层级数。
- 在相册中显示图片列表时，为避免图片文件过大造成页面打开缓慢，只显示缩略图。
- 在浏览图片时，可以通过上一张、下一张的按钮切换本相册内的其他图片进行浏览。
- 支持相册和图片的删除，在删除相册时，只允许删除空相册。
- 可以将相册内的某张图片设置为相册封面。
- 可以通过文件名来搜索相册中的图片。

13.3 案例实现

13.3.1 准备工作

1. 创建虚拟主机

假设本项目的域名为"www.album.test"，编辑 Apache 虚拟主机配置文件，具体配置如下。

```
<VirtualHost *:80>
    DocumentRoot "C:/web/www.album.test"
    ServerName www.album.test
    ServerAlias album.test
</VirtualHost>
<Directory "C:/web/www.album.test">
    Require all granted
</Directory>
```

为了使域名在本机内生效，更改系统的 hosts 文件，添加如下两条解析记录。

```
127.0.0.1 www.album.test
127.0.0.1 album.test
```

接下来重启 Apache 服务使配置生效，然后在项目目录"C:\web\www.album.test"中编写一个测试文件，通过浏览器访问虚拟主机进行测试，确保配置已经生效。

2. 配置允许上传的图片大小

编辑 php.ini 配置文件，通过 upload_max_filesize 控制最大上传文件的大小，同时注意 post_max_size 的配置值应高于 upload_max_filesize，否则会被优先拦截，示例配置如下。

```
post_max_size = 8M
upload_max_filesize = 5M
```

3. 目录结构划分

一个合理的目录结构有利于管理和维护项目中的文件。本项目的目录结构如表 13-1 所示。

从表 13-1 可以看出，本项目的功能主要通过 index.php、show.php 和 search.php 来完成。其中，index.php 是相册的首页，提供了相册浏览、新建相册、上传图片、删除图片、删除相册、设置图片为相册封面等功能；show.php 用于图片的查看功能；search.php 提供了图片的搜索功能。

表 13-1　目录结构说明

类型	文件名称	作用
目录	common	保存公共的 PHP 文件
	css	保存项目的 CSS 文件
	js	保存项目的 JavaScript 文件
	view	保存项目的 HTML 文件
	uploads	保存用户上传的图片
	thumbs	保存图片的缩略图
	covers	保存相册的封面图
文件	index.php	提供相册的创建、展示、删除以及图片上传功能
	show.php	提供图片查看功能
	search.php	提供图片搜索功能

注 意

关于项目的 HTML 模板、CSS 样式、JavaScript 等文件，可通过本书的配套源代码获取。

4. 创建配置文件

在项目中通常有一些常用配置，如数据库连接信息，使用独立的配置文件来保存配置可以使代码更利于维护。接下来，在 common 目录中创建配置文件 config.php，保存数据库的连接信息，具体代码如下。

```php
1   <?php
2   return [
3     'DB_CONNECT' => [
4       'host' => 'localhost',          // 服务器地址
5       'user' => 'root',               // 用户名
6       'pass' => '123456',             // 密码
7       'dbname' => 'php_album',        // 数据库名
8       'port' => '3306'                // 端口号
9     ],
10    'DB_CHARSET' => 'utf8',           // 数据库字符集
11  ];
```

上述代码通过数组保存了数据库连接信息，其中 DB_CONNECT 数组保存了用于 mysqli_connect()函数使用的连接参数，DB_CHARSET 保存了用于 mysqli_set_charset()函数使用的字符集信息。

5. 准备公共函数

在开发第 9 章的"许愿墙"项目时，编写了 input()函数用于接收外部输入，本项目可以继续使用这个函数。在 common 目录下创建 function.php，将 input()函数的代码复制到此文件中即可。

接下来，还需要编写一个 config()函数，用于访问项目的配置文件，具体代码如下。

```
1   /**
2    * 读取配置
3    * @param string $name 配置项
4    * @return mixed 配置值
5    */
6   function config($name)
7   {
8       static $config = null;
9       if (!$config) {
10          $config = require './common/config.php';
11      }
12      return isset($config[$name]) ? $config[$name] : '';
13  }
```

在上述代码中，第 8 行定义了静态变量$config 用于保存配置；第 9 ~ 11 行判断仅当$config
为空时读取配置，避免重复包含文件；第 12 行用于根据函数的参数$name 返回$config 数组中
的配置项。例如，"config('DB_CONNECT')"表示读取配置文件中的"DB_CONNECT"数组。

6. 封装数据库函数

经过第 9 章项目的开发会发现，对于数据库的操作，有许多重复的代码需要编写。因此，可
以将这些代码封装成函数，从而提高项目的开发速度。下面在 common 目录中创建 db.php 保存
数据库操作相关的函数，具体函数如下。

（1）连接数据库

编写 db_connect()函数用于连接数据库，该函数通过静态变量$link 保存数据库连接，仅当
函数第一次调用的时候连接数据库，具体代码如下。

```
1   /**
2    * 连接数据库
3    * @return mysqli 数据库连接
4    */
5   function db_connect()
6   {
7       static $link = null;
8       if (!$link) {
9           $config = array_merge(['host' => '', 'user' => '', 'pass' => '',
10                  'dbname' => '', 'port' => ''], config('DB_CONNECT'));
11          if (!$link = call_user_func_array('mysqli_connect', $config)) {
12              exit('数据库连接失败: ' . mysqli_connect_error());
13          }
14          mysqli_set_charset($link, config('DB_CHARSET'));
15      }
16      return $link;
17  }
```

从上述代码可以看出，第 10 行和第 14 行通过调用 config()函数读取连接配置。第 9 行的

array_merge()函数用于确保配置文件 DB_CONNECT 数组中的元素符合 mysqli_connect()函数的顺序。

（2）执行 SQL 语句

编写 db_query()函数用于执行 SQL 语句，该函数支持预处理的方式，具体代码如下。

```
1    /**
2     * 执行 SQL 语句
3     * @param string $sql SQL 语句
4     * @param string $type 参数绑定的数据类型（i、d、s、b）
5     * @param array $data 参数绑定的数据
6     * @return mysqli_stmt
7     */
8    function db_query($sql, $type = '', array $data = [])
9    {
10       $link = db_connect();
11       if (!$stmt = mysqli_prepare($link, $sql)) {
12           exit("SQL[$sql]预处理失败: " . mysqli_error($link));
13       }
14       if (!empty($data)) {
15           $params = [$stmt, $type];
16           foreach ($data as &$params[]);
17           call_user_func_array('mysqli_stmt_bind_param', $params);
18       }
19       if (!mysqli_stmt_execute($stmt)) {
20           exit('数据库操作失败: ' . mysqli_stmt_error($stmt));
21       }
22       return $stmt;
23   }
```

在上述代码中，第 15 行的$params 数组用于保存 mysqli_stmt_bind_param()函数所需的参数，由于参数绑定需要引用赋值，因此通过第 16 行代码创建引用。

为了使大家更好地理解 db_query()函数的使用，下面通过代码进行演示。

```
// 准备 SQL 语句
$sql = 'UPDATE `student` SET `name`=? WHERE `id`=?';
// 执行 SQL 语句
db_query($sql, 'si', ['test', 123]);
```

从上述示例可看出，利用 db_query()函数可以很方便地执行预处理 SQL 语句操作。

（3）返回执行结果

对于需要获取执行结果的 SQL 语句，下面通过 db_fetch_all()函数、db_fetch_row()函数和 db_exec()函数来实现执行 SQL 并返回结果，具体代码如下。

```
1    // 查询多行结果
2    function db_fetch_all($sql, $type = '', array $data = [])
```

```
3   {
4       $stmt = db_query($sql, $type, $data);
5       return mysqli_fetch_all(mysqli_stmt_get_result($stmt), MYSQLI_ASSOC);
6   }
7   // 查询单行结果
8   function db_fetch_row($sql, $type = '', array $data = [])
9   {
10      $stmt = db_query($sql, $type, $data);
11      return mysqli_fetch_assoc(mysqli_stmt_get_result($stmt));
12  }
13  // 若执行 INSERT 语句，返回最后插入的 id；其他语句返回受影响的行数。
14  function db_exec($sql, $type = '', $data = [])
15  {
16      $stmt = db_query($sql, $type, $data);
17      return (strtoupper(substr(trim($sql), 0, 6)) == 'INSERT') ?
18          mysqli_stmt_insert_id($stmt) : mysqli_stmt_affected_rows($stmt);
19  }
```

在上述代码中，db_fetch_all()函数和 db_fetch_row()函数用于获取查询类型的 SQL 语句，返回结果集处理后的关联数组；db_exec()函数用于非查询类的 SQL 语句，对于 INSERT 语句返回最后插入的 id，其他语句返回受影响的行数。另外，第 5 行和第 11 行的mysqli_stmt_get_result()函数用于获取预处理方式的查询结果集。

7. 引入公共文件

在创建好 function.php 和 db.php 后，为了在项目中使用，还需要引入这些文件。下面通过项目的初始化文件 common/init.php 来引入这些公共文件，并设置项目的时区和字符集，具体代码如下。

```
1   <?php
2   require './common/function.php';
3   require './common/db.php';
4   date_default_timezone_set('Asia/Shanghai');
5   mb_internal_encoding('UTF-8');
```

完成上述代码后，就可以通过引入 init.php 来实现项目的初始化。

13.3.2　数据库设计

数据库设计对项目功能的实现起着至关重要的作用。根据项目的需求分析，在 php_album 数据库中创建 album 和 picture 两个数据表，分别保存相册和图片数据，其结构如表 13-2 和表 13-3 所示。

表 13-2　album 表结构说明

字段	数据类型	说明
id	INT UNSIGNED PRIMARY KEY AUTO_INCREMENT	相册 id
pid	INT UNSIGNED DEFAULT 0 NOT NULL	上级相册 id

字段	数据类型	说明
path	TEXT NOT NULL	相册路径
name	VARCHAR(12) DEFAULT '' NOT NULL	相册名
cover	VARCHAR(255) DEFAULT '' NOT NULL	封面图地址
total	INT UNSIGNED DEFAULT 0 NOT NULL	图片数

表 13-3　picture 表结构说明

字段	数据类型	说明
id	INT UNSIGNED PRIMARY KEY AUTO_INCREMENT	图片 id
pid	INT UNSIGNED DEFAULT 0 NOT NULL	所属相册 id
name	VARCHAR(80) DEFAULT '' NOT NULL	图片名
save	VARCHAR(255) DEFAULT '' NOT NULL	保存地址

在了解表结构后，下面为数据表中插入测试数据，具体 SQL 如下。

```sql
# 插入相册记录
INSERT INTO `album` (`id`,`pid`,`path`,`name`,`cover`,`total`) VALUES
(1, 0, '0,',   '风景', '', 1),
(2, 1, '0,1,', '天空', '', 1),
(3, 1, '0,1,', '草原', '', 0);
# 插入图片记录
INSERT INTO `picture` (`id`,`pid`,`name`,`save`) VALUES
(1, 0, 'Trees', 'demo1.jpg'),
(2, 2, 'sky',   'demo2.jpg'),
(3, 0, 'Valley', 'demo3.jpg');
```

值得一提的是，在 album 表中，path 和 total 属于冗余字段，实际上通过 pid 字段关联表就可以查询到这些信息。使用冗余字段有利有弊，其优点是查询方便，不用每次查询都计算相册的路径和图片数；缺点是当程序出现意外时，数据可能无法保证一致性。例如，当图片被删除时，需要将相册的 total 值减 1，如果图片删除成功但 total 值修改失败，会导致数据前后不一致，提高了维护的成本。

picture 表的 save 字段和 album 表的 cover 字段用于保存图片文件的存储路径。在使用这些路径时，如果前面加上"./uploads/"，表示读取图片的原图；如果前面加上"./thumbs/"，表示读取图片的缩略图；如果前面加上"./covers/"，表示读取相册的封面图。

13.3.3　相册管理

1. 输出相册和图片列表

在本项目中，index.php 用于查看指定 id 的相册，获取该相册内的子相册和图片，代码如下。

```php
1   <?php
2   require './common/init.php';
3   $id = input('get', 'id', 'd');              // 相册 id，默认为 0 表示顶级相册
4   $sort = input('get', 'sort', 's');          // 排序值（new、old）
```

在上述代码中，参数"id"表示要查看的相册，默认情况下显示顶级相册；参数"sort"表示排序方式，默认情况下新上传的图片或新创建的相册排在前面，若值为"old"则将最早上传的图片和最早创建的相册排在前面。

在接收用户传入的参数后，即可根据参数来获取数据。值得一提的是，由于 index.php 提供的功能有很多，包括浏览相册、创建相册、上传图片等，为了避免一个脚本文件中的代码过多影响程序的可读性，下面将相册的功能代码抽取到 common\album.php 中，封装成函数。查看相册的具体代码如下。

```
1   /**
2    * 查询当前相册所有的子相册和图片
3    * @param int $id 相册 id
4    * @param string $sort 排序（new、old）
5    * @return array 查询结果数组
6    */
7   function album_list($id, $sort)
8   {
9       $sort = ($sort == 'old') ? 'ASC' : 'DESC';
10      return [
11          'album' => db_fetch_all("SELECT `id`,`name`,`cover`,`total` FROM `album`
12                      WHERE `pid`=$id ORDER BY `id` $sort"),
13          'picture' => db_fetch_all("SELECT `id`,`name`,`save` FROM `picture`
14                      WHERE `pid`=$id ORDER BY `id` $sort")
15      ];
16  }
```

以上函数的返回值为数组，通过"album"元素保存该相册的子级相册，通过"picture"元素保存该相册中的图片。

为了使用 common\album.php 中的函数，还需要在 common\init.php 中引入该文件，代码如下。

```
require './common/album.php';
```

引入后，在 index.php 中调用函数获得查询结果$list，然后载入模板输出到 HTML 中。

```
1   // 查询相册列表
2   $list = album_list($id, $sort);
3   // 载入模板
4   require './view/index.html';
```

编写模板 view\index.html，输出子相册和图片列表，并提供排序链接，具体代码如下。

```
1   <!-- 排序链接 -->
2   <a class="<?=($sort!='old')?'curr':''?>" href="?id=<?=$id?>">最新的</a>
3   <a class="<?=($sort=='old')?'curr':''?>" href="?id=<?=$id?>&sort=old">最旧的</a>
4   <!-- 空相册提示 -->
5   <?php if(!$list['album'] && !$list['picture']): ?>该相册为空。<?php endif; ?>
```

```
6    <!-- 子相册列表 -->
7    <?php foreach ($list['album'] as $v): ?>
8      <div>相册</div><a href="?id=<?=$v['id']?>"><img src="./covers/<?=$v['cover'] ?:
9      'nopic.png'?>"></a> <?=htmlspecialchars($v['name'])?> (<?=$v['total']?>)
10   <?php endforeach; ?>
11   <!-- 图片列表 -->
12   <?php foreach($list['picture'] as $v): ?>
13     <a href="#"><img src="./thumbs/<?=$v['save']?>"></a>
14     <?=htmlspecialchars($v['name'])?>
15   <?php endforeach; ?>
```

在上述代码中，第 8 行在输出相册封面时先判断 cover 字段的值，如果值为空字符串说明该相册没有封面，自动使用"./covers/nopic.png"图片作为封面。

通过浏览器访问进行测试，运行结果如图 13-4 所示。

图13-4 在线相册首页

2. 创建相册

（1）设置相册层级

在创建新相册前，需要在 common\config.php 文件中添加配置，设置允许的最大相册层级，用于在新建相册时做判断，如下所示。

```
'LEVEL_MAX' => 5,        // 相册层级最大值
```

（2）创建新建相册表单

为了便于用户在当前浏览的相册中创建子相册，可以在页面中提供一个新建相册的表单。接下来修改 view\index.html，新增代码如下。

```
1    <form method="post">
2      <input type="hidden" name="action" value="new">
3      <input type="text" name="name" placeholder="输入相册名称" required>
4      <input type="submit" value="创建相册">
5    </form>
```

在上述代码中，隐藏域"action"用于标识当前表单提交的操作为"new"，表示新建相册。由于没有指定表单的 action 属性，表单在提交时会自动携带当前参数。例如，当 index.php 的参数为"?id=1"时，提交新建相册的表单就表示在 id 为 1 的相册中创建子相册。

（3）接收表单数据

在 index.php 中接收来自 POST 方式提交的 action 隐藏域，代码如下。

```
$action = input('post', 'action', 's');
```

（4）获取相册信息

由于在新建相册时，需要先获取上级相册的 path 信息，并需要判断当前相册嵌套的层数是否超过了限制。接下来，在 common\album.php 中编写 album_data()函数，用于根据相册 id 获取相

册记录，同时考虑到该函数可能被其他功能多次调用，利用静态变量保存从数据库中查询到的结果。

```
1    /**
2     * 查询相册记录（缓存查询结果）
3     * @param int $id 相册 id
4     * @return array 查询结果数组，不存在时返回 false
5     */
6    function album_data($id)
7    {
8        static $data = [0 => false];
9        if (!isset($data[$id])) {
10           $data[$id] = db_fetch_row("SELECT `pid`,`path`,`name`,`cover`,`total`
11                       FROM `album` WHERE `id`=$id") ?: false;
12       }
13       return $data[$id];
14   }
```

在上述代码中，$data 数组的键是待查询的相册 id，若从数据库中查询不到则返回 false。其中，字段 path 中保存的是利用逗号分隔的上级相册 id 字符串。例如，id 为 4 的相册 path 值为 "0,3,"，表示其所在的相册目录层级为顶级目录 0 下 id 为 3 的相册下的子相册，其所在的层级与 path 中逗号的个数相同。

（5）新建相册

完成 album_data() 函数后，再编写 album_new() 函数用于实现创建相册的功能，具体代码如下。

```
1    /**
2     * 创建相册
3     * @param int $pid 新相册的上级目录 id
4     * @param string $name 新相册的名称
5     */
6    function album_new($pid, $name)
7    {
8        $data = album_data($pid);
9        if (substr_count($data['path'], ',') >= config('LEVEL_MAX')) {
10           exit('无法继续创建子目录，已经达到最多层级！');
11       }
12       $name = mb_strimwidth(trim($name), 0, 12);
13       db_exec('INSERT INTO `album` (`pid`,`path`,`name`) VALUES (?,?,?)', 'iss', [
14           $pid, ($data['path'] . $pid . ','), ($name ?: '未命名')
15       ]);
16   }
```

在上述代码中，第 9 行通过 substr_count() 函数计算新相册的上级相册 path 字段中逗号的数量，然后判断是否达到了配置文件中 "LEVEL_MAX" 的值。当已经达到了相册层级最大值时，执行第 10 行代码，输出提示信息并停止脚本。

由于直接停止脚本的方式用户体验不佳，因此，在 function.php 中封装 tips()函数，用于保存和获取提示信息，用于在 HTML 模板中输出，具体代码如下。

```
1    /**
2     * 提示信息
3     * @param string $str 要保存的信息，省略时返回已经保存的信息
4     * @return string 提示信息
5     */
6    function tips($str = null)
7    {
8        static $tips = null;
9        return $str ? ($tips = $str) : $tips;
10   }
```

完成上述函数后，修改 album_new()函数中的代码，将 exit 改为调用 tips()函数，并通过 return 关键字停止函数继续执行，修改结果如下。

```
return tips('无法继续创建子目录，已经达到最多层级！');
```

为了在页面中显示错误提示信息，在相册的 HTML 模板中添加如下代码即可。

```
1    <?php if(null !== ($tips = tips())): ?>
2      <script>alert(<?=json_encode($tips)?>);</script>
3    <?php endif; ?>
```

通过浏览器访问测试，提示信息的显示效果，如图 13-5 所示。

值得一提的是，在创建相册时，通过正则表达式可以限制相册名称允许使用的字符，防止用户输入一些特殊字符影响显示效果，示例代码如下。

图13-5　提示信息

```
1    if (!preg_match('/^\w{1,12}$/', $name)) {
2        return tips('无法创建相册，只允许 1~12 位字母、数字、下划线组成。');
3    }
```

（6）完成相册创建

接下来，在 index.php 中先判断相册是否存在，然后判断当前是否为新建相册的操作。如果判断通过，则调用 album_new()函数执行操作，具体代码如下。

```
1    // 判断相册是否存在
2    if ($id && !album_data($id)) {
3        exit('相册不存在！');
4    }
5    // 新建相册
6    if ($action == 'new') {
7        album_new($id, input('post', 'name', 's'));
8    }
```

通过浏览器访问进行测试，输入一个合法的相册名称并提交表单，观察相册是否能够成功创建，查看数据库中保存的新相册的 path 字段是否正确。

3. 在网页标题中显示当前相册名称

当用户进入到某个相册后，为了显示当前是在哪个相册，可以将相册名称输出到网页标题中。在 index.php 中通过调用 album_data() 函数即可获取当前相册名称，具体代码如下。

```
1    // 查询相册名称作为网页标题
2    $title = album_data($id)['name'] ?: '首页';
```

获取后，在 HTML 模板中输出相册名称。

```
<title><?=htmlspecialchars($title)?> - 在线相册</title>
```

通过浏览器访问测试，如果看到网页的标题可以正确显示相册名称，说明功能已经实现。

4. 输出相册导航

在查看子级相册时，为了便于返回上级相册，可以在页面中提供一个相册导航。图 13-6 演示了相册导航的显示效果，从图中可以看出，当前相册位于"首页 > 风景 > 草原"。

图13-6　相册导航

若要实现相册导航，需要先获取相册的 path 字段，然后将相册本身的 id 放入到 path 中，再到数据库中查询出这些 id 的相册名称。在 common\album.php 中编写 album_nav() 函数，具体代码如下。

```
1    /**
2     * 查询相册层级导航
3     * @param int $id 相册 id
4     * @return array 查询结果数组，不存在时返回空数组
5     */
6    function album_nav($id)
7    {
8        $path = preg_replace('/^0,/', '', (album_data($id)['path'] . $id));
9        return $path ? db_fetch_all("SELECT `id`,`name` FROM `album`
10            WHERE `id` IN ($path) ORDER BY FIELD(`id`,$path)") : [];
11   }
```

在上述代码中，第 8 行的 preg_replace() 函数用于利用正则表达式替换 path 中最前面的"0,"，然后在第 9 ~ 10 行将 path 放入 SELECT 语句的 WHERE 条件中查询。

完成上述代码后，在 index.php 中调用 album_nav() 函数获取相册层级导航，代码如下。

```
1    // 查询相册导航
2    $nav = album_nav($id);
```

获取到数据后，在 HTML 模板中输出导航即可。

```
1   <a href="index.php">首页</a>
2   <?php foreach($nav as $v): ?>
3    <a href="index.php?id=<?=$v['id']?>"><?=htmlspecialchars($v['name'])?></a>
4   <?php endforeach; ?>
```

通过浏览器访问测试，如果看到图 13-6 所示的效果，说明相册导航已经实现。

13.3.4　图片上传

1. 创建图片上传表单

在 view\index.html 中添加文件上传的表单，具体代码如下。

```
1   <form method="post" enctype="multipart/form-data">
2    <input type="hidden" name="action" value="upload">
3    <input type="file" name="upload" required>
4    <input type="submit" value="上传图片">
5   </form>
```

上述代码中，隐藏域 action 用于标识当前表单提交后执行 upload 操作，即图片上传。

2. 检查上传文件

在使用 PHP 接收上传文件时，应先判断上传是否成功，如果上传失败则提示错误信息。接下来，在 common\function.php 中编写一个 upload_check()函数用于判断上传是否成功，具体代码如下。

```
1   /**
2    * 检查上传文件
3    * @param array $file 上传文件 $_FILES['xx'] 数组
4    * @return string 检查通过返回 true，否则返回错误信息
5    */
6   function upload_check($file)
7   {
8     $error = isset($file['error']) ? $file['error'] : UPLOAD_ERR_NO_FILE;
9     switch ($error) {
10      case UPLOAD_ERR_OK:
11          return is_uploaded_file($file['tmp_name']) ?: '非法文件';
12      case UPLOAD_ERR_INI_SIZE: return '文件大小超过了服务器设置的限制！';
13      case UPLOAD_ERR_FORM_SIZE:    return '文件大小超过了表单设置的限制！';
14      case UPLOAD_ERR_PARTIAL:      return '文件只有部分被上传！';
15      case UPLOAD_ERR_NO_FILE:      return '没有文件被上传！';
16      case UPLOAD_ERR_NO_TMP_DIR:   return '上传文件临时目录不存在！';
17      case UPLOAD_ERR_CANT_WRITE:   return '文件写入失败！';
18      default:                      return '未知错误';
19    }
20  }
```

完成 upload_check()函数后，在 common\album.php 中编写 album_upload()函数实现上传图片的接收。在接收前，先检查文件是否上传成功，以及文件类型是否合法，具体代码如下。

```
1    /**
2     * 上传图片
3     * @param int $pid 图片所属的相册 id
4     * @param array $file 上传文件 $_FILES['xx'] 数组
5     */
6    function album_upload($pid, $file)
7    {
8        // 检查文件是否上传成功
9        if (true !== ($error = upload_check($file))) {
10           return tips("上传失败：$error");
11       }
12       // 检查文件类型是否正确
13       $ext = pathinfo($file['name'], PATHINFO_EXTENSION);
14       if (!in_array(strtolower($ext), config('ALLOW_EXT'))) {
15           return tips('上传失败：只允许扩展名：' . implode(', ', config('ALLOW_EXT')));
16       }
17       // ……
18   }
```

在检查文件类型时，第 14 行代码读取了配置项 ALLOW_EXT，该配置是一个数组，保存允许上传的图片扩展名。接下来，在 common\config.php 中添加该配置项，代码如下。

```
1    // 允许的图片扩展名（小写）
2    'ALLOW_EXT' => ['jpg', 'jpeg', 'png'],
```

为了避免扩展名的大小写不同导致比较失败，album_upload()函数会将上传文件的扩展名转换为小写再进行比较。因此，此处配置的扩展名必须使用小写字母。

3. 生成文件名和保存路径

考虑到相册中可以保存大量的图片，为了避免文件名冲突，或者在一个目录中保存过多的文件导致难以维护，下面继续在 album_upload()函数中实现文件名和保存目录的自动生成，具体代码如下。

```
1    // 生成文件名和保存路径
2    $new_dir = date('Y-m/d');                    // 生成子目录
3    $new_name = md5(microtime(true)) . ".$ext";  // 生成文件名
4    // 创建原图保存目录
5    $upload_dir = "./uploads/$new_dir";
6    if (!is_dir($upload_dir) && !mkdir($upload_dir, 0777, true)) {
7        return tips('上传失败：无法创建保存目录！');
8    }
9    // 创建缩略图保存目录
10   $thumb_dir = "./thumbs/$new_dir";
```

```
11  if (!is_dir($thumb_dir) && !mkdir($thumb_dir, 0777, true)) {
12      return tips('上传失败：无法创建缩略图保存目录！');
13  }
```

在上述代码中，第 3 行的 md5()函数用于利用 MD5（消息摘要算法第 5 版）为给定的参数生成一个固定 32 位的字符串，具有非常低的碰撞率，可以校验两个数据是否一致，示例代码如下。

```
echo md5('123456');           // 输出结果：e10adc3949ba59abbe56e057f20f883e
echo md5('1234567');          // 输出结果：fcea920f7412b5da7be0cf42b8c93759
echo md5(microtime(true));    // 输出结果：根据当前时间而改变
```

完成文件名和保存路径的生成以及目录的创建后，继续编写 album_upload()函数，将上传文件移动到指定目录中，具体代码如下。

```
1  // 保存上传文件
2  if (!move_uploaded_file($file['tmp_name'], "$upload_dir/$new_name")) {
3      return tips('上传失败：无法保存文件！');
4  }
```

通过浏览器访问测试，成功上传文件后，将会得到如下格式的保存结果。

```
./uploads/2017-04/10/1e37071ce1bfddd34601bc8784fb5802.jpg
./uploads/2017-04/10/34b6b782e441c1af2d60f3e54cc03e6c.jpg
./uploads/2017-04/10/6c8291496e35bb80dc66d07bc99b0aad.jpg
```

4. 生成缩略图

在上传图片后，为了能够在图片列表中快速显示，需要为图片生成缩略图。接下来，在 common 目录下的 function.php 文件中编写 thumb()函数实现缩略图的生成，具体代码如下。

```
1  /**
2   * 生成缩略图（最大裁剪）
3   * @param string $file 原图的路径
4   * @param string $save 缩略图的保存路径
5   * @param int $limit 缩略图的边长限制（像素值）
6   * @return bool 成功返回 true, 失败返回 false
7   */
8  function thumb($file, $save, $limit)
9  {
10     $func = [
11         'image/png' => function ($file, $img = null) {
12             return $img ? imagepng($img, $file) : imagecreatefrompng($file);
13         },
14         'image/jpeg' => function ($file, $img = null) {
15             return $img ? imagejpeg($img, $file, 100) : imagecreatefromjpeg($file);
16         }
17     ];
18     // ……
19 }
```

在上述代码中，第 10～17 行定义了支持的图像格式和处理函数，函数的第 1 个参数表示图片路径，第 2 个参数用于区分是创建图像资源还是输出图片。

继续编写 thumb() 函数，获取原图信息，完成图像资源的创建，具体代码如下。

```
1   $info = getimagesize($file);
2   list($width, $height) = $info;
3   $mime = $info['mime'];
4   if (!in_array($mime, ['image/png', 'image/jpeg'])) {
5       trigger_error('创建缩略图失败，不支持的图片类型。', E_USER_WARNING);
6       return false;
7   }
8   $img = $func[$mime]($file);
```

在获取到原图的宽高后，就可以计算生成缩略图所需的坐标点，实现缩略图的生成。由于原图的比例不确定，为了避免缩略图比例失调，这里使用了最大裁剪的方式来生成缩略图。例如，一张 400 像素×200 像素的图片，若要生成 100 像素×100 像素的缩略图，就按照比例从原图的中心位置取出 200 像素×200 像素的图像内容，如图 13-7 所示。取出之后，再将图像缩小成 100 像素×100 像素的缩略图即可。

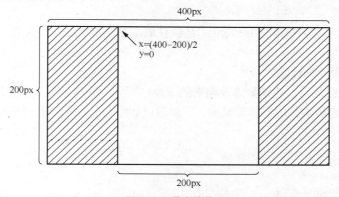

图13-7　最大裁剪

在计算坐标点时，应考虑原图宽度大于高度和高度大于宽度两种情况，具体代码如下。

```
1   if ($width > $height) {
2       $size = $height;
3       $x = (int) (($width - $height) / 2);
4       $y = 0;
5   } else {
6       $size = $width;
7       $x = 0;
8       $y = (int) (($height - $width) / 2);
9   }
10  $thumb = imagecreatetruecolor($limit, $limit);
11  imagecopyresampled($thumb, $img, 0, 0, $x, $y, $limit, $limit, $size, $size);
12  return $func[$mime]($save, $thumb);
```

为了测试缩略图函数 thumb() 是否编写成功，可以通过如下代码进行测试。

```
thumb('./source.jpg', './thumb.jpg', 100);
```

接下来，在 common\album.php 中调用 thumb() 函数，为上传图片生成缩略图，代码如下。

```
1   // 创建缩略图
2   thumb("$upload_dir/$new_name", "$thumb_dir/$new_name", config('THUMB_SIZE'));
```

上述代码通过 THUMB_SIZE 控制缩略图大小，需要在 common\config.php 中添加以下配置。

```
'THUMB_SIZE' => 260,    // 缩略图大小
```

5. 保存到数据库

完成前面的处理后，即可将图片记录保存到 picture 表中。继续编写 album_upload() 函数，代码如下。

```
1   // 保存到数据库
2   $name = mb_strimwidth(trim(pathinfo($file['name'], PATHINFO_FILENAME)), 0, 80);
3   db_exec('INSERT INTO `picture` (`pid`,`name`,`save`) VALUES (?,?,?)', 'iss',
4     [$pid, $name, "$new_dir/$new_name"]);
```

在上述代码中，第 2 行通过 pathinfo() 函数获取了不含扩展名的文件名，该名称仅用于在相册中显示。

6. 增加相册图片统计数

在相册中上传图片后，还需要修改相册的 total 字段，增加统计值。考虑到统计值会随着图片的上传而增加，随着图片的删除而减少，下面通过 album_total() 函数来实现统计值的变动。具体代码如下。

```
1    /**
2     * 修改相册的 total 字段
3     * @param int $id 相册 id
4     * @param string $method 操作 (+1、-1)
5     */
6    function album_total($id, $method = '+1')
7    {
8       $path = preg_replace('/^0,/', '', (album_data($id)['path'] . $id));
9       $path && db_exec("UPDATE `album` SET `total`=`total`$method
10        WHERE `id` IN ($path)");
11   }
```

上述代码实现了修改图片所在的相册 total 统计值，参数 $method 可以是 "+1" 或 "-1"。然后在 album_upload() 中调用该函数，若当前不是顶级相册，则增加相册的图片统计数，具体代码如下。

```
$pid && album_total($pid, '+1');
```

完成 album_uploads() 函数后，在 index.php 中新建相册的 if 语句下面，增加如下代码即可。

```
1    // 上传图片
2    elseif ($action == 'upload') {
3        album_upload($id, input($_FILES, 'upload', 'a'));
4    }
```

通过浏览器访问测试，成功上传图片后，运行结果如
图 13-8 所示。

13.3.5　图片浏览

1. 添加链接

在浏览相册时，通过单击某张图片的缩略图，可以打
开 show.php 页面查看图片的完整内容。为了实现这个功
能，需要先在 view\index.html 输出图片列表时，为图片
添加链接，具体如下。

图13-8　上传图片

```
<a href="show.php?id=<?=$v['id']?>"><img src="./thumbs/<?=$v['save']?>"></a>
```

完成上述代码后，就会在单击图片时访问 show.php 并传递参数 id，实现查看图片的相关
功能。

2. 查询图片记录

编写 show.php，先引入 common\init.php 初始化文件，然后接收参数 id。代码如下。

```
1    <?php
2    require './common/init.php';
3    // 接收参数
4    $id = input('get', 'id', 'd');
```

接下来实现根据图片 id 获取图片记录，在 common\album.php 中编写如下函数即可。

```
1    /**
2     * 查询图片记录
3     * @param int $id 图片 id
4     * @return array 查询结果数组，不存在时返回 null
5     */
6    function album_picture_data($id)
7    {
8        return db_fetch_row("SELECT `pid`,`name`,`save` FROM `picture` WHERE `id`=$id");
9    }
```

完成 album_picture_data()函数后，在 show.php 中调用该函数，代码如下。

```
1    // 查询图片信息
2    $data = album_picture_data($id);
3    if (!$data) {
4        exit ('该图片不存在！');
5    }
```

3. 输出到 HTML 模板中

继续编写 show.php，将从数据库中获取到的图片记录显示到网页模板中。

```
1   // 载入模板
2   require './view/show.html';
```

编辑 view\show.html，将$data 数组中的内容输出到 HTML 模板相应的位置。

```
1   <a href="./uploads/<?=$data['save']?>" target="_blank">查看原图</a>
2   <?=htmlspecialchars($data['name'])?>
3   <a href="./uploads/<?=$data['save']?>" target="_blank" title="查看原图">
4     <img src="./uploads/<?=$data['save']?>">
5   </a>
```

同时，将相册名称输出到网页标题中。

```
<title><?=htmlspecialchars($data['name'])?> - 在线相册</title>
```

为了便于用户从图片查看页面返回相册，可以提供一个相册导航。继续编辑 show.php，在载入模板前新增如下代码。

```
1   $pid = (int)$data['pid'];
2   $nav = album_nav($pid);
```

由于相册导航在 view\index.html 和 view\show.html 两个模板中都会用到，建议将重复的代码抽取出来，保存到一个公共的文件中（如 view\common\top.html），然后从模板中直接引入公共文件。

通过浏览器进行访问测试，运行结果如图 13-9 所示。

图13-9 查看图片

4. 查询当前相册前后的图片

在浏览相册中的多个图片时，若要反复从相册列表和图片查看页面切换，显得非常麻烦。因此，可以在图片展示页面中添加切换上一张和下一张图片的链接。继续编写 show.php，具体代码如下。

```
1   // 上一张、下一张
2   $prev = db_fetch_row("SELECT `id` FROM `picture` WHERE `pid`=$pid AND `id`<$id
3         ORDER BY `id` DESC LIMIT 1")['id'];
4   $next = db_fetch_row("SELECT `id` FROM `picture` WHERE `pid`=$pid AND `id`>$id
5         ORDER BY `id` ASC LIMIT 1")['id'];
```

编辑 view\show.html，在页面中判断如果有上一张或下一张图片，就输出相应的链接。

```
1   <?php if($prev): ?>
2     <a href="?id=<?=$prev?>">上一张</a><?php else: ?><span>上一张</span>
3   <?php endif; ?>
4   <?php if($next): ?>
5     <a href="?id=<?=$next?>">下一张</a><?php else: ?><span>下一张</span>
6   <?php endif; ?>
```

在相册中上传多张图片，然后使用浏览器访问测试，效果如图 13-2 所示。

13.3.6　图片搜索

1．创建搜索表单

图片搜索功能是按照图片的文件名进行搜索，用户可以输入关键词，查找相册中所有符合关键词的图片。在 view\index.html 中添加一个搜索功能的表单，具体代码如下。

```
1  <form method="get" action="search.php">
2    <input type="hidden" name="action" value="search">
3    <input type="text" name="search" placeholder="输入关键词" required>
4    <input type="submit" value="搜索">
5  </form>
```

2．实现搜索功能

编写 search.php 文件，引入项目的初始化文件并接收参数，代码如下。

```
1  <?php
2  require './common/init.php';
3  $search = input('get', 'search', 's');
```

通过上述代码接收到搜索的关键字后，利用 SQL 语句中的 LIKE 操作符进行搜索即可。需要注意的是，由于 LIKE 条件可以用"%""_"进行模糊搜索，为了避免用户输入的内容和这些字符冲突，应该将这些字符进行转义。在 common\db.php 中编写 db_escape_like()函数，具体代码如下。

```
1  function db_escape_like($like)
2  {
3      return strtr($like, ['%' => '\%', '_' => '\_', '\\' => '\\\\']);
4  }
```

上述代码实现了转义用户可能输入的特殊字符"%""_"和"\"。其中，"\"在 PHP 单引号字符串中书写时，为了避免将右边的单引号转义，需要在"\"前面加一个"\"，而实际上只保存了一个"\"。

继续编写 search.php，实现从数据库中搜索符合条件的记录，代码如下。

```
1  $like = '%' . db_escape_like($search) . '%';
2  $list = db_fetch_all("SELECT `id`,`name`,`save` FROM `picture`
3          WHERE `name` LIKE ? ORDER BY `id` DESC", 's', [$like]);
```

3．显示搜索结果

在 search.php 中完成数据的获取后，通过如下代码载入 HTML 模板。

```
require './view/search.html';
```

编写 view\search.html，将数据显示到 HTML 模板的相应位置。

```
1  关键词"<span><?=htmlspecialchars($search)?></span>"搜索结果
2  <form method="get">
3    <input type="hidden" name="action" value="search">
```

```
4      <input type="text" name="search" placeholder="输入关键词" required>
5      <input type="submit" value="搜索">
6    </form>
7    <?php if(empty($list)): ?>没有找到符合该关键词的图片。<?php endif; ?>
8    <?php foreach($list as $v): ?>
9      <a href="show.php?id=<?=$v['id']?>"><img src="./thumbs/<?=$v['save']?>"></a>
10     <?=htmlspecialchars($v['name'])?>
11   <?php endforeach; ?>
```

在项目中准备一些测试数据，然后使用浏览器访问测试，如果能够正确搜索出符合条件的图片，说明搜索功能已经开发成功。

13.3.7 其他操作

1. 设置封面

根据需求，用户可以将相册中的某张图片设置为相册封面。找到 view\index.html 中通过 foreach 输出图片的位置，添加如下代码提供一个"设为封面"的按钮，同时注意排除顶级相册。

```
1    <form method="post">
2      <input type="hidden" name="action_id" value="<?=$v['id']?>">
3      <?php if($id): ?>
4        <button name="action" value="pic_cover">设为封面</button>
5      <?php endif; ?>
6    </form>
```

上述代码第 2 行的隐藏域 action_id 用于提交当前操作的图片 id。

接下来，在 common\album.php 文件中编写设置图片为相册封面的函数，具体代码如下。

```
1    /**
2     * 设置图片为相册封面
3     * @param int $id 图片 id
4     * @param int $pid 相册 id
5     */
6    function album_picture_cover($id, $pid)
7    {
8        if (!$data = album_picture_data($id)) {
9            return tips('设置失败：图片不存在！');
10       }
11       $cover_dir = './/covers/' . dirname($data['save']);
12       if (!is_dir($cover_dir) && !mkdir($cover_dir, 0777, true)) {
13           return tips('设置失败：无法创建封面图保存目录！');
14       }
15       $cover_del = album_data($pid)['cover'];
16       is_file("./covers/$cover_del") && unlink("./covers/$cover_del");
17       copy("./thumbs/{$data['save']}", "./covers/{$data['save']}");
```

```
18    db_exec("UPDATE `album` SET `cover`=? WHERE `id`=?",
19      'si', [$data['save'], $pid]);
20    tips('设置成功! ');
21  }
```

　　上述代码在设置封面时，不仅需要更新相册的 cover 字段，还需要将图片缩略图复制到相册封面目录中，这样可以避免删除图片后导致相册封面失效的问题。第 15～16 行代码用于删除相册原来的封面图。

　　接下来，在 index.php 中调用函数完成设置封面的功能，具体代码如下。

```
1  // 设置封面
2  elseif ($action == 'pic_cover') {
3    album_picture_cover(input('post', 'action_id', 'd'), $id);
4  }
```

　　通过浏览器访问测试，如果能够正确设置图片为相册封面，说明该功能开发完成。

2. 删除图片

　　实现图片的删除，其开发思路和之前删除相册功能类似。首先在 common\index.html 中的"设为封面"按钮的旁边添加一个"删除"按钮，代码如下。

```
<button name="action" value="pic_delete">删除</button>
```

　　然后在 common\album.php 中编写删除图片的函数，具体代码如下。

```
1  /**
2   * 删除图片
3   * @param int $id 图片 id
4   */
5  function album_picture_delete($id)
6  {
7    if (!$data = album_picture_data($id)) {
8      return tips('删除失败：图片不存在! ');
9    }
10   db_exec("DELETE FROM `picture` WHERE `id`=$id");
11   is_file("./thumbs/{$data['save']}") && unlink("./thumbs/{$data['save']}");
12   is_file("./uploads/{$data['save']}") && unlink("./uploads/{$data['save']}");
13   $data['pid'] && album_total($data['pid'], '-1');
14  }
```

　　上述代码在删除图片时，不仅需要删除数据库中的记录，还需要删除图片的文件和缩略图。

　　接下来，在 index.php 中调用函数完成删除图片的功能，具体代码如下。

```
1  // 删除图片
2  elseif ($action == 'pic_delete') {
3    album_picture_delete(input('post', 'action_id', 'd'));
4  }
```

通过浏览器访问测试，如果能够正确删除图片记录和相关的文件，说明该功能开发完成。

3. 删除相册

实现删除相册功能，首先要在 view\index.html 中为每个相册提供一个删除按钮。在代码中找到通过 foreach 输出相册列表的位置，然后添加如下代码实现一个删除相册的按钮。

```
1  <form method="post">
2    <input type="hidden" name="action_id" value="<?=$v['id']?>">
3    <button name="action" value="delete">删除</button>
4  </form>
```

在上述代码中，第 2 行的隐藏域 action_id 用于提交待删除的相册 id。

接下来，在 common\album.php 中编写实现删除功能的函数，具体代码如下。

```
1  /**
2   * 删除相册
3   * @param int $id 相册 id
4   */
5  function album_delete($id)
6  {
7      $data = album_data($id);
8      if ($data['total'] > 0) {
9          return tips('删除失败：只能删除空相册！');
10     }
11     if (db_fetch_row("SELECT 1 FROM `album` WHERE `pid`=$id")) {
12         return tips('删除失败：该相册含有子相册！');
13     }
14     db_exec("DELETE FROM `album` WHERE `id`=$id");
15     $data['cover'] && is_file("./covers/{$data['cover']}") &&
16     unlink("./covers/{$data['cover']}");
17 }
```

上述代码在删除相册前，先判断该相册是否为空相册。如果是空相册，就表示该相册中没有图片，也没有子相册，删除后不会对其他数据造成影响。另外，此处也可以设计成在删除非空相册时，自动删除里面所有的图片和子相册，或者自动移动到其他相册中。根据实际需求而定即可。

完成了表单和函数后，在 index.php 中判断当前请求是否为删除操作，如果是则调用 album_delete()函数实现相册的删除，具体代码如下。

```
1  // 删除相册
2  elseif ($action == 'delete') {
3      album_delete(input('post', 'action_id', 'd'));
4  }
```

通过浏览器访问测试，分别删除一个空相册和非空相册，检查程序是否可以正确执行。

4. 数据维护

在项目的数据库中，相册的 pid、path 和 total 字段非常关键，一旦数据有误将会导致程序出错。为了保证数据的正确性，可以编写程序对数据进行检查，一旦发现有问题，尝试进行修复或者报错。

下面列举几种因程序发生意外或人为操作失误可能导致的问题，如下所示。

- 相册的 path 字段与相册实际的 pid 关系不符。
- 相册的 total 统计值与相册内实际的图片数量不符。
- 相册的 pid 关系发生断裂（如 pid 指向了不存在的记录）。
- 相册的 pid 关系首尾相连（如 pid 指向了自己，或两个相册互为 pid）。

下面编写 repair.php 文件，实现数据的检查和修复。首先确定检查的位置，代码如下。

```php
1   <?php
2   require './common/init.php';
3   $start = 0;              // 开始位置
4   $size = 100;            // 每次检查 100 条记录
5   $data = db_fetch_all("SELECT `id`,`pid`,`path`,`total` FROM `album`
6           LIMIT $start,$size");
7   // 执行检查和修复操作……
8   echo '第' . ($start + 1) . '～' . ($start + $size) .'条记录检查完成。';
```

上述代码实现了针对数据库中所有相册记录的检查，为了避免一次处理的数据过多，导致程序运行缓慢或消耗过多内存的问题，使用$start 和$size 变量来限制每次处理的记录范围。

接下来，编写 album_tree()函数，实现为指定 id 的相册递归查找所有子相册，记录每个子相册的 id。在记录前，先判断当前相册 id 是否已经记录过，以检测 pid 是否存在首尾相连的问题，具体代码如下。

```php
1   // 递归查找子相册
2   function album_tree($id, &$result)
3   {
4       if (isset($result[$id])) {
5           exit("发现相册 id $id 路径异常，请手动修复。");
6       }
7       $result[$id] = true;
8       foreach (db_fetch_all("SELECT `id` FROM `album` WHERE `pid`=$id") as $v) {
9           album_tree($v['id'], $result);
10      }
11  }
```

完成 album_tree()函数后，在 repair.php 中遍历$data 数组，具体代码如下。

```php
1   foreach ($data as $v) {
2       $result = [];
3       album_tree($v['id'], $result);
4       // ……
5   }
```

上述代码将所有子相册 id 保存到$result 数组中，利用这些 id 可以到 picture 表中统计该相册内所有图片的数量，然后将这个数量和 total 字段进行对比，以检查正误，具体代码如下。

```
1   // 检查 total 字段
2   $pids = implode(',', array_keys($result));
3   $total = db_fetch_row("SELECT COUNT(*) as `t` FROM `picture` WHERE `pid`
4           IN ($pids)")['t'];
5   if ($v['total'] != $total) {
6       echo "ID={$v['id']}的 total 字段有误，修复";
7       echo db_exec("UPDATE `album` SET `total`='$total' WHERE `id`={$v['id']}") ?
8           '成功' : '<b>失败</b>', '。<br>';
9   }
```

完成上述代码后，大家可尝试将某个相册的 total 字段修改为一个错误的值，然后通过浏览器访问 repair.php，观察程序是否能够自动修复此问题。

对于相册 path 字段的检查，其思路与 total 字段相反，需要向上查找路径，一直找到顶级相册（pid=0）或遇到 pid 指向的相册不存在为止。编写 album_path()函数实现相册路径的查找，具体代码如下。

```
1   // 向上查找相册路径
2   function album_path($id)
3   {
4       $path = '';
5       while ($id = db_fetch_row("SELECT `pid` FROM `album` WHERE `id`=$id")['pid']) {
6           $path = "$id,$path";
7       }
8       if ($id === null) {
9           exit('发现相册 pid ' . strstr($path, ',', true) . ' 不存在，请手动修复。');
10      }
11      return "0,$path";
12  }
```

上述代码通过拼接字符串得到了相册的路径。其中，如果第 5 行的 db_fetch_row()函数返回 null，说明要查找的记录不存在，即 pid 关系发生了断裂，需要手动修复。

继续编写 repair.php，在检查 total 字段的后面添加对 path 字段的检查。如果相册的 path 记录与实际路径不同，则自动修复，具体代码如下。

```
1   // 检查 path 字段
2   $path = album_path($v['id']);
3   if ($v['path'] != $path) {
4       echo "ID={$v['id']}的 path 字段有误，修复";
5       echo db_exec("UPDATE `album` SET `path`='$path' WHERE `id`={$v['id']}") ?
6           '成功' : '<b>失败</b>', '。<br>';
7   }
```

为了测试以上代码是否编写正确，修改数据库中的某个相册的 path 字段为错误值，然后通过浏览器访问 repair.php，观察程序是否能够自动修复错误的记录。

本章小结

　　本阶段案例设计的主要目的是训练 PHP、MySQL、文件、图像技术的综合运用，使大家能够开发出功能性强、代码可维护性高的项目。在完全掌握本章所讲解的内容后，还可以继续为相册添加如批量删除、修改相册名称、修改图片名称等功能，或者尝试开发其他类型的项目，如文件管理器、网络硬盘等。

14

Chapter

OOP

第 14 章
面向对象编程

与面向对象编程语言（如 Java）有所不同，PHP 并不是一种纯面向对象的语言。但随着 PHP 的不断发展，PHP 中的面向对象语法也在逐步向主流的面向对象语言靠拢，使得 PHP 能够处理越来越复杂的需求。因此，对于 PHP 开发者来说，掌握面向对象编程是必备的重要技能之一。

学习目标

● 熟悉面向对象的思想。

● 掌握类与对象的基本使用方法。

● 掌握封装、继承与多态的实现方法。

● 了解常用的设计模式。

14.1　什么是面向对象

14.1.1　面向过程与面向对象

在学习面向对象之前，首先要了解什么是面向过程。面向过程就是分析解决问题所需要的步骤，然后利用函数把这些步骤依次实现，使用时一一调用即可，之前的章节都是基于这样的编程思想。而面向对象则是一种更符合人类思维习惯的编程思想，它分析现实生活中存在的各种形态不同的事物，通过程序中的对象来映射现实中的事物。由于这些事物之间存在着各种各样的联系，因此使用对象的关系来描述事物之间的联系。

下面通过伪代码演示面向过程方式与面向对象方式实现"用洗衣机洗衣服"时的区别。

```
// 面向过程方式                     // 面向对象方式
打开洗衣机的盖子();                 洗衣机->打开盖子();
将衣服放入洗衣机();                 洗衣机->放入(衣服对象);
设置洗衣机的洗衣时间();             洗衣机->设置洗衣时间();
洗衣机开始工作();                   洗衣机->开始工作();
```

在面向过程方式中，开发者关心的是完成任务所经历的每一个步骤，将这些步骤定义成函数后，依次调用来完成任务。而在面向对象方式中，开发者更关心任务中涉及的对象，即洗衣机对象和衣服对象。洗衣机对象就像一台真实的洗衣机，它的盖子可以被打开，用户可以将衣服装进去。当洗衣机开发完成后，开发人员还可以直接"搬运"到其他代码中使用，具有较强的可复用性。

通过上述对比可以看出，面向对象是把要解决的问题，按照一定规则划分为多个独立的对象，然后通过调用对象的方法来解决问题。通常一个应用程序中可能会包含多个对象，有时需要多个对象的相互配合来实现应用程序的功能。当应用程序功能发生变动时，只需要修改个别的对象就可以了，从而使代码更容易维护。

14.1.2　面向对象中的类与对象

面向对象思想力图使程序对事物的描述与该事物在现实中的形态保持一致。为了做到这一点，面向对象思想提出了两个概念，即类和对象。其中，类是对某一类事物的抽象描述，即描述多个对象的共同特征，它是对象的模板。而对象用于表示现实中该事物的个体，它是类的实例。

简单来说，类表示一个客观世界的某类群体，而对象表示某类群体中一个具体的东西。类是对象的模板，类中包含该类群体的一些基本特征；对象是以类为模板创建的具体事物，也就是类的具体实例。图 14-1 以商品为例演示了类与对象的关系。

在图 14-1 中，共有商品、水果和文具 3 个类，其中水果和文具是商品的子类，共同拥有"名称"和"价格"两个属性。此外，水果类还拥有产地属性，文具类还拥有型号属性。苹果、香蕉是水果类的对象，铅笔是文具类的对象。从苹果、香蕉与水果的关系，铅笔与文具的关系便可以看出类与对象之间的关系。对象是根据类创建的，并且一个类可以对应多个对象。

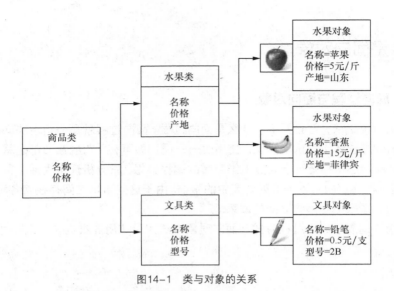

图14-1 类与对象的关系

14.1.3 面向对象的特征

面向对象的特征主要可以概括为封装性、继承性和多态性，下面进行简要介绍。

1. 封装性

封装是面向对象的核心思想，将对象的属性和行为封装起来，不需要让外界知道具体实现细节，这就是封装思想。例如，用户使用电脑，只需要使用手指敲键盘就可以了，无需知道电脑内部是如何工作的，即使用户可能碰巧知道电脑的工作原理，但在使用时，也不会完全依赖电脑工作原理这些细节。

2. 继承性

继承性主要描述的是类与类之间的关系，通过继承，可在无需重新编写原有类的情况下，对原有类的功能进行扩展。继承不仅增强了代码的复用性，提高了程序开发效率，而且为程序的修改补充提供了便利。

3. 多态性

多态性指的是同一操作作用于不同的对象，会产生不同的执行结果。例如，当听到"Cut"这个单词时，理发师的表现是剪发，演员的行为表现是停止表演，不同的对象，所表现的行为是不一样的。

面向对象的编程思想较为抽象，初学者仅仅靠文字介绍是不能完全理解的，必须通过大量的实践和思考，才能真正领悟。希望大家带着面向对象的思想学习后续的课程，来不断加深对面向对象的理解。

14.2 类与对象的使用

14.2.1 类的定义与实例化

1. 类的定义

面向对象思想中最核心的就是对象，为了在程序中创建对象，首先需要定义一个类。类是由

class 关键字、类名和成员组成的。类的成员包括属性和方法，属性用于描述对象的特征，例如人的姓名、年龄等；方法用于描述对象的行为，例如说话、走路等，语法格式如下所示。

```
class 类名
{
    // 成员属性
    // 成员方法
}
```

从上述语法可知，类名后的 "{}" 中是类的成员。其中，在类中声明的变量被称为成员属性，在类中声明的函数被称为成员方法。需要注意的是，类名的定义要遵循以下几点规则。

- 类名不区分大小写，如 Student、student 等都表示同一个类。
- 推荐使用大驼峰法命名，即每个单词的首字母大写，如 Student。
- 类名要见其名知其意，如 Student 表示学生类，Teacher 表示教师类。

2. 实例化类

类仅是一个模板，若想要使用类的功能，还需要根据类创建具体的对象，也就是要实例化类。PHP 中使用 new 关键字创建对象，语法格式如下所示。

```
$对象名 = new 类名([参数 1，参数 2，…]);
```

在上述语法格式中，"$对象名" 表示一个对象的引用名称，通过这个引用可以访问对象中的成员。其中，"$对象名" 遵循 PHP 中变量的命名规则，用户可以随意定义，尽量做到见其名知其意；"new" 表示要创建一个新的对象；"类名" 表示对象的类型；类名后面括号中的参数是可选的，具体将在构造方法中进行讲解。

为了让大家更好地理解类的定义和对象的使用，通过例 14-1 进行演示。

【例 14-1】test.php

```
1   class Animal                 // 定义动物类
2   {
3       public $name;            // 定义成员属性
4       public function shout()  // 定义成员方法
5       {
6           echo '喵喵...';
7       }
8   }
9   $animal1 = new Animal();     // 实例化动物类
10  $animal2 = new Animal();     // 实例化动物类
11  var_dump($animal1);          // 输出结果: object(Animal)#1 (1) { ["name"]=> NULL }
12  var_dump($animal2);          // 输出结果: object(Animal)#2 (1) { ["name"]=> NULL }
```

上述定义了一个用于描述动物的类，类中有成员属性$name 和成员方法 shout()。其中，public 是访问控制修饰符，将在类的封装中进行讲解，一般情况下使用 public 即可。通过 var_dump()可以打印对象的类型，以及对象中的成员属性。

如果在创建对象时，不需要传递参数，则可以省略类名后面的括号，即使用 "new 类名" 的方式就可以创建一个对象。

14.2.2　对象的基本使用

1. 成员操作

在创建对象后，就可以通过"对象->成员"的方式来访问成员属性和成员方法。下面将详细讲解如何灵活地操作成员，完成指定的功能。

（1）成员属性

在默认情况下，定义类时可以直接为成员属性赋初始值。实例化类后，就可以对属性进行多种操作，包括调用属性、为属性赋值、修改属性值、删除属性等，如例 14-2 所示。

【例 14-2】property.php

```
1   <?php
2   class Person
3   {
4       public $name = 'Tom';
5       public $age;
6   }
7   $p = new Person ();
8   echo $p->name;           // 获取默认属性值，输出结果：Tom
9   $p->name = 'Lucy';       // 修改默认属性值
10  echo $p->name;           // 输出结果：Lucy
11  $p->age = 15;            // 为属性设置值
12  echo $p->age;            // 输出结果：15
13  unset($p->age);          // 删除属性值
14  var_dump(isset($p->age));                   // 检测属性是否设置，输出结果：bool(false)
15  var_dump(property_exists('Person', 'age')); // 检测属性是否定义，输出结果：bool(true)
```

上述第 4 行代码用于为 name 属性设置初始值；第 8 行实现了对属性的访问；第 9 行用于修改属性值；第 11 行用于为属性赋值；第 13 行通过 unset()函数删除属性 age 的值；第 14 行通过 isset()判断属性是否设置，属性值为 null 或使用 unset()删除后判断结果都为 false；第 15 行通过 property_exists()函数判断指定类中的指定属性是否存在,若类中定义了指定属性返回 true,否则返回 false。

从上述示例可知，对象操作类的属性时，对象成员访问符号"->"后面直接跟属性名称，如 name、age，而非$name、$age。

除此之外，isset()函数还可以根据具体的需求判断类或对象是否存在，示例如下。

```
$p = new Person();
unset($p);
var_dump(isset($p));             // 输出结果：bool(false)
```

（2）成员方法

类中的成员方法调用很简单，只需在对象成员访问符号"->"后面跟上方法名称，然后跟上小括号"()"即可。若方法需要参数，可以将参数写在小括号中，如例 14-3 所示。

【例 14-3】method.php

```php
1   <?php
2   class Teacher
3   {
4       public $teacher = '老师';
5       public function say($name)
6       {
7           echo $this->teacher . '说，' . $name . '是一个很用功的学生';
8       }
9   }
10  $t = new Teacher();
11  $t->say('Jimmy');          // 输出结果：老师说，Jimmy 是一个很用功的学生
```

在上述代码中，say()方法使用了一个特殊的变量 "$this"，它代表当前对象，用于完成对象内部成员之间的访问。例如，当对象$t 执行成员方法时，$this 代表的是$t 对象。需要注意的是，$this 只能在类定义的方法中使用，不能在类的外部使用。

（3）可变类与可变成员

与可变变量和可变函数类似，PHP 支持可变类、可变属性和可变方法，如例 14-4 所示。

【例 14-4】var.php

```php
1   <?php
2   class Calculate
3   {
4       public $width = 10;
5       public $height = 20;
6       public function getArea()
7       {
8           return $this->width * $this->height;
9       }
10  }
11  $classname = 'Calculate';
12  $c = new $classname();              // 实例化 Calculate 类
13  $attr1 = 'width';
14  echo '宽 = ' . $c->$attr1;         // 访问 width 属性
15  $attr2 = 'height';
16  echo '高 = ' . $c->$attr2;         // 访问 height 属性
17  $area = 'getArea';
18  echo '面积 = ' . $c->$area();      // 调用 getArea()方法
```

从上述代码可知，在使用可变类或可变成员（属性、方法）时，对象成员访问符号 "->" 后跟的是 "$变量名称"。例如，第 12 行代码，在实例化可变类时，PHP 会寻找与变量值相同的类进行实例化。

2. 链式调用

在 PHP 中，当一个函数或方法的返回值是一个对象时，可以在前一个调用的后面，继续调用其返回的对象中的方法，形成链式调用。示例如下所示。

```
class Dog
{
    public function shout()
    {
        return $this;
    }
    public function run()
    {
        return $this;
    }
}
(new Dog())->shout()->run()->shout()->run();
```

上述示例中,"(new Dog())->shout()"用于实例化 Dog 类对象并调用该对象的 shout()方法,由于 shout()方法通过"return $this"返回了对象自身,因此可以继续调用对象中的方法,实现了链式调用。

3. 对象的特殊操作符

在项目开发中,要想判断两个对象是否相等,可以使用比较运算符"=="或"===",两者的区别是前者只要是同一个类的实例,且属性和属性值相等即可,后者则要求对象必须是同一个实例,如例 14-5 所示。

【例 14-5】compare.php

```
1   <?php
2   class Test
3   {
4       public $flag;
5   }
6   $a = $b = new Test();
7   $c = new Test();
8   var_dump($a);          // 输出结果: object(Test)#1 (1) { ["flag"]=> NULL }
9   var_dump($b);          // 输出结果: object(test)#1 (1) { ["flag"]=> NULL }
10  var_dump($c);          // 输出结果: object(Test)#2 (1) { ["flag"]=> NULL }
11  var_dump($a == $b);    // 输出结果: bool(true)
12  var_dump($a == $c);    // 输出结果: bool(true)
13  var_dump($a === $b);   // 输出结果: bool(true)
14  var_dump($a === $c);   // 输出结果: bool(false)
```

分析上述第 8~14 行代码的输出结果可知,$a 与$b 是同一个对象,而$a(或$b)与$c 之间是不同的对象。其中,"#1"表示实例化的第 1 个对象,"#2"表示实例化的第 2 个对象。

除此之外,PHP 还提供了 instanceof 关键字用于判断对象是否是某个类的实例,具体示例如下。

```
var_dump($a instanceof Test);    // 输出结果: bool(true)
var_dump($a instanceof Other);   // 输出结果: bool(false)
```

在上述代码中，instanceof 关键字左边的变量表示对象，右边的变量表示类名。返回值为布尔类型，成功返回 true，失败返回 false。

4. 对象克隆

PHP 中的变量默认是传值赋值，通过赋值运算符（ = ）可以得到两个值相同的变量，当一个变量的值改变时，另一个变量的值不变。但是，默认情况下，PHP 中的对象赋值操作，仅实现了同一个标识符的复制，这个标识符指向同一个对象的内容，与引用赋值的效果类似，如例 14-6 所示。

【例 14-6】clone.php

```php
1   <?php
2   class Test
3   {
4      public $flag = 1;
5   }
6   $a = new Test();
7   $b = $a;
8   $a->flag = 3;
9   var_dump($a->flag);  // 输出结果: int(3)
10  var_dump($b->flag);  // 输出结果: int(3)
```

上述代码第 6 行用于实例化一个对象$a，第 7 行将$a 赋值给$b。当第 8 行代码修改了$a 的属性 flag 为 3 后，通过第 9~10 行代码查看对象$a 与$b 中的 flag 属性，从输出结果可以看出，它们的值同时变为了 3。这种操作在 PHP 的面向对象中称之为浅复制（shallow copy）。

若想要获取多个全等（ === ）的对象，并且其中一个成员的改变并不会影响其他全等对象的成员，可以使用 clone 关键字。例如，将上述案例的第 7 行代码修成如下形式。

```php
$b = clone $a;
```

修改完成后，再执行第 8 行的代码，则第 9~10 行的输出如下所示。

```php
var_dump($a->flag);      // 输出结果: int(3)
var_dump($b->flag);      // 输出结果: int(1)
```

在对象克隆时，若要完成对新对象的某些属性重新初始化的操作，可以在 PHP 提供的魔术方法__clone()中进行相关的设置。所谓魔术方法是指，不需要手动调用，它会在某一时刻自动执行的方法。利用魔术方法可以为程序的开发带来了极大的便利。

例如，继续在上述案例的"Test"类中增加如下方法，实现克隆$b 对象时，将其成员属性 flag 的值改为 open，具体如下。

```php
public function __clone()
{
    $this->flag = 'open';  // 克隆时，重新为属性赋值
}
```

需要注意的是，PHP 中的所有内置魔术方法都以"__"（两个下划线）开头。因此，在自定义类方法时建议不要以"__"为前缀。

14.2.3　构造方法与析构方法

PHP 中的魔术方法有多种，除了上面提到的__clone()方法外，在实例化类和对象被销毁之前还经常使用魔术方法__construct()和方法__destruct()完成指定的操作，下面分别进行讲解。

1. 构造方法

每个类都有一个构造方法，用于在创建对象时被自动调用。它主要用于在创建对象的同时，完成初始化功能。如果在类中没有显式的声明它，PHP 会自动生成一个没有参数，且没有任何操作的默认构造方法。当在类中显式声明了构造方法时，默认构造方法将不存在。

构造方法的声明与成员方法的定义类似，其语法格式如下。

```
访问控制修饰符 function _ _construct(参数列表)
{
    // 初始化操作
}
```

在上述语法中，__construct()是构造方法的名称，访问控制修饰符可以省略，默认为 public。

在 PHP 5 之前的版本中，可以将与类名相同的方法作为构造方法，这种方式在 PHP 5 中虽然可以使用，但在未来会被移除。因此，应该尽量将构造方法命名为__construct()，其优点是可以使构造方法独立于类名，当类名发生变化时，不需要更改相应的构造方法名称。

为了让大家更好地理解构造方法的使用，下面通过例 14-7 进行演示。

【例 14-7】construct.php

```php
1   <?php
2   class Person
3   {
4       public $name;
5       public function __construct($name = 'XXX')
6       {
7           $this->name = $name;
8       }
9       public function show()
10      {
11          echo $this->name . '正在准备...';
12      }
13  }
14  $p1 = new Person('Jim');
15  $p2 = new Person();
16  $p1->show(); // 输出结果：Jim 正在准备....
17  $p2->show(); // 输出结果：XXX 正在准备...
```

上述第 14～15 行代码在实例化类的同时完成了成员属性 name 的初始化，且第 5～8 行定义的构造方法为参数$name 设置了默认值。因此，当实例化类时，若不传递参数值，则使用默认值。从第 16～17 行的输出结果可以看出，利用构造方法可以很方便地完成成员属性的初始化操作。除此之外，构造方法与成员方法之间还可以根据需求互相调用。

2. 析构方法

与构造方法相对应的是析构方法，它会在对象被销毁之前自动调用，完成一些功能或操作的执行。例如，关闭文件、释放结果集等，其语法格式如下。

```
访问控制修饰符 function __destruct(参数列表){
    // 清理操作
}
```

析构方法一般情况下不需要手动调用。在使用 unset() 函数释放对象，或者 PHP 脚本执行结束自动释放对象时，析构方法将会被自动调用。

接下来通过代码演示析构方法的使用，具体如下。

```
class Student
{
    public function __destruct()
    {
        echo '正在执行析构方法……';
    }
}
$Student1 = new Student();
unset($Student1);  // 执行后输出结果：正在执行析构方法……
```

上述代码通过 unset() 函数释放对象$Student1，就会自动执行析构方法。如果不使用 unset() 函数释放对象，在 PHP 脚本执行结束时也会自动释放$Student1。同理，如果对象在函数中进行实例化，当函数执行结束时会自动释放局部变量，此时就会执行$Student1 对象的析构方法，示例代码如下。

```
function test()
{
    $Student1 = new Student();
}
test();  // 执行后输出结果：正在执行析构方法……
```

在上述代码中，如果不希望函数中的对象在函数执行完成后自动释放，可以将对象作为函数的返回值返回。对象在函数传递中类似引用传值，只要通过函数返回值接收对象，就可以在函数执行完成后继续使用对象。

 多学一招：匿名类

从 PHP 7 版本开始，面向对象编程中支持匿名类的实现，其使用方法与匿名函数类似，通过实例化一个没有名称的类，可以创建一次性的简单对象。下面演示如何使用匿名类创建对象，并将对象保存到数组中，通过数组元素来访问对象，具体如例 14-8 所示。

【例 14-8】anonymous.php

```
1   <?php
2   for ($i = 1; $i < 3; ++$i) {
```

```
3        $arr[] = new class($i) {
4           public $index = 0;
5           public function __construct($index)
6           {
7               $this->index = $index;
8           }
9        };
10   }
```

上述代码第 3 ~ 9 行通过实例化匿名类创建对象，并保存到$arr 数组中。在实例化每个匿名类的同时传递变量$i，利用构造方法为每个对象的 index 属性赋值。接下来通过 print_r($arr) 打印数组，结果如下。

```
Array (
    [0] => class@anonymous Object ( [index] => 1 )
    [1] => class@anonymous Object ( [index] => 2 )
)
```

从输出结果可以看出，当前数组中保存的对象都是匿名类类型，使用数组元素即可调用其声明的成员，如调用 "$arr[1]->index" 的输出结果为2。

14.3 类常量与静态成员

类在实例化后，对象中的成员只被当前对象所有。如果希望在类中定义的成员被所有对象共享，此时可以使用类常量或静态成员来实现。接下来，将针对类常量和静态成员的相关知识进行讲解。

14.3.1 类常量

在 PHP 中，类内除了可以定义成员属性、成员方法外，还可以定义类常量，定义后值不变，可以被所有对象所共有。在类内使用 const 关键字可以定义类常量，其语法格式如下。

```
const 类常量名 = '常量值';
```

类常量的命名规则与普通常量一致,在开发中通常以大写字母表示类常量名。访问类常量时，需要通过 "类名::常量名称" 的方式进行访问。其中 "::" 称为范围解析操作符，简称双冒号。

接下来，通过代码演示类常量的使用，具体如下。

```
class Student
{
    const SCHOOL = '专修学院';        // 定义类常量
}
echo Student::SCHOOL;               // 访问类常量
```

上述代码演示了如何在类外访问类常量。类常量也可以在类内进行访问，在类内访问时，可以用 self 关键字代替类名，如 "self::SCHOOL"，免除修改类名后还需要修改类中代码的麻烦。

在开发中，类常量的使用不仅可以在语法上限制数据不被改变，还可以简化说明数据，方便开发人员的阅读与数据的维护。

14.3.2　静态成员

除了类常量外，若想要类中的某些成员只保存一份，并且可以被所有实例的对象所共享时，就可以使用静态成员。在 PHP 中，静态成员使用 static 关键字修饰，它是属于类的成员，可以通过类名直接访问，不需要实例化对象，具体语法如下。

```
// 静态成员的声明
public static 属性名;           // 声明静态属性
public static 方法名() {}        // 声明静态方法
// 静态成员的访问
类名::静态成员
```

需要注意的是，静态成员是属于类的，不需要通过对象调用，所以 $this 在静态方法中不可使用。当访问类中的成员时，需要使用范围解析操作符 "::"。下面通过代码演示静态成员的定义和访问，如例 14-9 所示。

【例 14-9】static.php

```php
1   <?php
2   class Student
3   {
4       public static $msg;
5       public static function show()
6       {
7           echo '信息: ' . self::$msg;      // 类内访问静态属性
8       }
9       public static function test()
10      {
11          self::show();                   // 类内调用静态方法
12      }
13  }
14  Student::$msg = 'PHP 的发展前景';          // 类外访问静态属性
15  Student::show();                        // 类外调用静态方法
```

从上述代码可以看出，类的静态成员在没有实例化对象的情况下就可以访问。通常在类外使用类名访问，在类内使用 self 关键字进行访问。

14.4　封装与继承

在实际开发中，为了保护数据不会被调用者随意修改，以及防止相同功能的重复定义，PHP 提供了封装和继承功能，这也是面向对象的主要特性，本节将对其进行详细讲解。

14.4.1　继承

在生活中，继承一般指的是子女继承父辈的财产。在程序中，继承描述的是事物之间的所属关系，通过继承可以使多种事物之间形成一种关系体系。例如，猫和狗都属于动物，程序中便可以描述为猫和狗继承自动物。同理，波斯猫和巴厘猫继承自猫，而沙皮狗和斑点狗继承自狗。这些动物之间会形成一个继承体系，如图 14-2 所示。

在 PHP 中，类的继承是指在一个现有类的基础上去构建一个新的类，构建出来的新类被称作子类，现有类被称作父类，子类会自动拥有父类所有可继承的属性和方法。

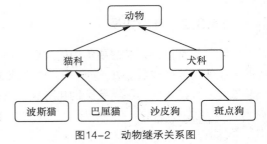

图14-2 动物继承关系图

PHP 提供了 extends 关键字用于实现子类与父类之间的继承，语法格式如下。

```
class 子类名 extends 父类名
{
    // 类体
}
```

需要注意的是，PHP 只允许单继承，即每个子类只能继承一个父类，不能同时继承多个父类。例如，波斯猫继承自猫科，猫科继承自动物，这些都属于单继承，但是波斯猫不能同时直接继承猫科和动物。

为了让初学者更好地学习继承，接下来通过一个案例来演示 PHP 中继承的实现，如例 14-10 所示。

【例 14-10】extends.php

```
1  <?php
2  class Animal
3  {
4      public $name;
5      public function shout()
6      {
7          echo $this->name . '发出叫声！';
8      }
9  }
10 class Cat extends Animal
11 {
12     public function __construct($name)
13     {
14         $this->name = $name;
15     }
16 }
17 $cat = new Cat('小猫');
18 $cat->shout();  // 输出结果：小猫发出叫声！
```

上述第 10 行代码，Cat 类通过 extends 关键字继承了 Animal 类，这样 Cat 类就成为了 Animal 类的子类。当子类在继承父类的时候，会自动拥有父类的成员。因此，实例化后的 cat 对象，拥有了来自父类的成员属性$name 和成员方法 shout()，以及子类本身的构造方法。需要注意的是，当子类与父类中有同名的成员时，子类成员会覆盖父类成员。

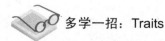　多学一招：Traits

由于 PHP 是单继承的语言，为了减少单继承的限制，从 PHP 5.4 版本起，提供了一种代码复用的方法——Traits，使得 PHP 中的类可以自由地复用成员属性和方法。

Traits 的实现方式很简单，使用 trait 关键字定义一个 Traits 的名称，然后在其后的花括号"{}"内定义成员属性和方法即可。Traits 不能被直接实例化，需要与类组合使用。在类中用 use 关键字声明要使用的 Traits 名称，多个 Traits 名称之间使用逗号"，"分隔。

为了让大家更好地了解 Traits 的使用，下面通过例 14-11 进行演示。

【例 14-11】traits.php

```php
1   <?php
2   class Animal {}
3   trait Cat
4   {
5       public function shout()
6       {
7           echo '喵喵';
8       }
9   }
10  class PersianCat extends Animal
11  {
12      use Cat;
13      public function __construct()
14      {
15          $this->shout();
16      }
17  }
18  $cat1 = new PersianCat();    // 输出结果：喵喵
```

从上述示例可以看出，PersianCat 类在使用 use 关键字引入 Traits 后，就拥有了 Traits 中的 shout() 方法。需要注意的是，当子类、父类和引入的 Traits 中含有相同名称的成员时，其调用的优先级顺序为子类>Traits>父类。

另外，当两个 Traits 中含有同名的成员（属性或方法）时，可以进行替代或设置别名。假设 Cat 和 Dog 两个 Traits 中有相同的方法 shout()，则可以通过如下代码引入。

```php
use Cat, Dog
{
    Cat::shout insteadof Dog;
    Dog::shout as cry;
}
```

上述代码中，insteadof 关键字用于将左边指定的 Traits 成员替代其右侧中的 Traits，as 关键字用于为其左侧的成员设置成右侧的别名。因此，当调用 shout() 方法时，实际执行 Cat 中的 shout() 方法，调用 cry() 方法时，实际执行 Dog 中的 shout() 方法。

14.4.2 封装

在生活中，当用户购买一台电脑后，只需连接键盘、鼠标、显示器来使用即可，无需了解机箱内部的电路，在项目开发中也是如此。类的封装是为了隐藏程序内部的细节，仅对外开放接口，防止类的成员被外界随意访问，导致设置或修改不合理的情况发生，一般在声明类成员时做一定的限制，使类的设置更加的安全可靠。

在 PHP 中，类的封装是通过访问控制修饰符实现的，共有 3 种，分别为 public（公有修饰符）、protected（保护成员修饰符）和 private（私有修饰符），其具体的作用范围如表 14-1 所示。

表 14-1　访问控制修饰符的作用范围

类型 范围	同一个类内	子类	类外
public	√	√	√
protected	√	√	×
private	√	×	×

在表 14-1 中，"√"表示允许访问，"×"表示不允许访问。如果类的成员没有指定访问控制修饰符，则默认为 public。

在 PHP 4 中所有的属性都用关键字 var 声明，它的使用效果和使用 public 一样。因为考虑到向下兼容，PHP 5、PHP 7 中保留了对 var 的支持，但会将 var 自动转换为 public。

接下来，使用访问控制修饰符实现 User 类的封装，如例 14-12 所示。

【例 14-12】modifier.php

```
1   <?php
2   class User
3   {
4       public $name = 'Tom';              // 姓名
5       protected $tel = '400-618-4000';   // 电话
6       private $funds = 5000;             // 存款
7   }
8   foreach (new User as $k => $v) {       // 输出结果：name = Tom
9       echo $k . ' = ' . $v;
10  }
```

上述第 2～7 行代码定义了一个名为 User 的类。其中，第 4 行声明了一个公有的属性 name，第 5 行声明了一个保护的属性 tel，第 6 行声明了一个私有的 funds。然后通过 foreach 遍历 User 类的对象中所有可见属性。从结果可知，只有 public 修饰的公有属性 name 可以在类外被访问。

对于使用 protected 和 private 封装的成员，PHP 中提供了两种方式访问。一种是通过类中的方法进行访问；另一种是通过 PHP 提供的魔术方法，用于访问当前环境下未定义或不可见的成员时自动调用。

（1）公有方法

为了便于理解，在例 14-12 中的 User 类中添加 getFunds()方法，然后在类外进行测试，具体如下。

```
// 在 User 类中添加如下的方法          // 在 User 类外进行测试
public function getfunds()          $user = new User();
{                                   echo $user->funds;        // 无法访问私有属性
    return $this->funds;            echo $user->getFunds(); // 输出结果：5000
}
```

从上述代码可以看出，若在类外直接访问私有成员 funds 时，程序会报错。若要在类外访问，就需要通过调用 public 声明的成员方法，在类内使用$this 访问私有成员属性 funds 并返回。

（2）魔术方法

为了方便程序开发，PHP 为当前环境下访问未定义或不可见（protected 或 private）的成员提供了魔术方法，具体如表 14-2 所示。

表 14-2 调用未定义或不可见成员对应的魔术方法

成员	魔术方法	描述
属性	mixed __get (string $name)	读取不可访问属性的值时会被调用
	void __set (string $name, mixed $value)	在对不可访问属性赋值时会被调用
	bool __isset (string $name)	对不可访问属性调用 isset()或 empty()时会被调用
	void __unset (string $name)	对不可访问属性调用 unset()时会被调用
方法	mixed __call (string $name, array $args)	在对象中调用一个不可访问方法时会被调用
	static mixed __callstatic (string $name, array $args)	静态上下文中调用一个不可访问方法时会被调用

在表 14-2 中，参数$name 表示待操作的成员名称，$value 用于指定名称为$name 的属性值，$args 用于保存调用名称为$name 的方法时传入的参数。

接下来，在例 14-12 的 User 类中添加__call()方法，演示未定义方法的处理，具体如下。

```
// 在 User 类中添加如下方法
public function __call($name, $args)
{
    echo $name, '-';
    print_r($args);
}
// 在 User 类外进行测试
$user = new User();
$user->show('age', 'tel'); // 输出结果: show-Array ( [0] => age [1] => tel )
```

在上述代码中，当 User 类的对象 user 调用不存在的方法 show()时，程序会自动调用__call()方法。该方法的参数$name 保存了方法名"show"，$args 保存了调用时传递的参数 age 和 tel。

除此之外，PHP 中提供的魔术方法还有多种。例如，将类名作为一个字符串进行处理等，如表 14-3 所示。

魔术方法的使用都比较类似，这里不再演示，有兴趣的读者可参考手册进行学习研究。

表 14-3　其他魔术方法

魔术方法	描述
string __tostring (void)	用于一个类被当成字符串时应怎样回应
mixed __invoke ([$...])	以调用函数的方式调用一个对象时会被自动调用
array __sleep (void)	可用于清理对象，在 serialize()序列化前执行
void __wakeup (void)	用于预先准备对象需要的资源，在 unserialize()反序列化前执行

14.4.3　方法重写

方法重写是指子类和父类中存在同名的方法，子类方法会对父类方法重写。但在重写方法时，首先要保证参数数量必须一致；其次，子类中方法的访问级别应等于或弱于父类中被重写的方法访问级别。

方法的重写对于非静态方法和静态方法都可以实现，但是在实现时，又涉及了后期静态绑定等内容。接下来，分别对不同的重写方式进行讲解。

（1）非静态方法重写

父类非静态方法的重写比较简单，下面通过例 14-3 进行演示。

【例 14-13】override.php

```php
1   <?php
2   class Person
3   {
4       public function introduce()
5       {
6           echo __CLASS__;
7       }
8   }
9   class Student extends Person
10  {
11      public  function introduce()
12      {
13          echo __CLASS__;
14      }
15  }
16  $s1 = new Student();
17  $s1->introduce();       // 输出结果：Student
```

上述代码中魔术常量"__CLASS__"用于返回当前被调用的类名。类 Student 继承自类 Person，同时子类中含有与父类同名的方法 introduce()，因此在 Student 类的对象调用 introduce() 方法时，会实现方法的重写。值得一提的是，由于私有成员仅能在本类内访问，所以父类中的私有属性不能在子类中重写。

（2）静态方法重写

对于静态成员的调用，除了可以使用类名外，还可以使用 self、parent 和 static 关键字代替，但是它们各自在使用时有不同的区别，具体如下所示。
- self：获取当前方法定义时所在的类。
- parent：获取当前类的父类。
- static：获取实际运行方法所在的类，这种方式也称为后期静态绑定。

为了更加清晰地了解静态方法重写在实际中的应用，下面通过例 14-14 进行演示。

【例 14-14】static_override.php

```php
1  <?php
2  class Person
3  {
4      public function show()
5      {
6          self::introduce();          // 优先访问父类方法
7          static::introduce();        // 优先访问子类方法
8      }
9      public static function introduce()
10     {
11         echo '[Person]';
12     }
13 }
14 class Student extends Person
15 {
16     public function show()
17     {
18         parent::show();             // 子类调用父类方法
19     }
20     public static function introduce()
21     {
22         echo '[Student]';
23     }
24 }
25 $s1 = new Student();
26 $s1->show();                        // 输出结果：[Person][Student]
```

在上述代码中，当对象$s1 调用 show()方法时，parent 关键字指定调用 Student 类的父类 Person 中的 show()方法。因此，在 Person 类中访问 introduce()方法时，self 关键字调用的是 Person 类的 introduce()方法，static 关键字调用的是 Student 类的 introduce()方法。

对于静态成员来说，若未被子类重写，则所有的子类包括父类都使用的是同一个静态成员。

14.4.4 final 关键字

PHP 中的继承为程序编写带来了巨大的灵活性，但有时可能需要在继承的过程中保证某些类或方法不被改变，此时就需要使用 final 关键字。final 关键字有"无法改变"或"最终"的含义，因此被 final 修饰的类和成员方法不能被修改，具体使用方式如例 14-15 所示。

【例 14-15】final.php

```php
1  <?php
2  class Person
3  {
4      protected final function show()
5      {
6          // final 方法不能被子类重写
7      }
8  }
9  final class Student extends Person
10 {
11     // final 类不能被继承，只能被实例化
12 }
```

在上述代码中，定义的 show() 方法使用了 final 关键字进行修饰，表示该 Person 类的子类不能对该方法进行重写。Student 类使用 final 关键字修饰，表示该类不能被继承，只能被实例化。在团队开发中，使用 final 可以从代码层面限制类的使用方式，从而减少不必要的沟通，并可避免意外的情况发生。

14.5 抽象类与接口

在项目开发中，经常需要定义方法来描述类的一些行为特征，但是这些行为特征在不同的情况下又有不同的特点。因此，对于这种在程序中无法确定的情况，可以利用 PHP 提供的抽象类和接口，提高程序的灵活性。那么，到底什么是抽象类与接口，它们之间又有什么关系呢？本节将进行详细讲解。

14.5.1 抽象类与抽象方法

抽象类是一种特殊的类，用于定义某种行为，但其具体的实现需要子类来完成。例如，定义一个运动类，对于跑步这个行为，有恢复跑、基础跑、长距离跑、渐速跑等多种跑步的方式。此时，可以使用 PHP 提供的抽象类和抽象方法来实现，在定义时添加 abstract 关键字进行修饰，具体语法格式如下。

```
abstract class 类名                      // 定义抽象类
{
    public abstract function 方法名();     // 定义抽象方法
}
```

从上述语法可以看出，抽象类和抽象方法的声明都很简单，但是在使用 abstract 修饰抽象类或方法时还应注意以下几点。

- 抽象方法是只有方法声明而没有方法体的特殊方法。
- 含有抽象方法的类必须被定义成抽象类。
- 抽象类中可以有非抽象方法、成员属性和常量。

● 抽象类不能被实例化，只能被继承。

● 子类继承抽象类时必须实现抽象方法，否则也必须定义成抽象方法由下一个继承类实现。

子类在实现抽象类中的抽象方法时，访问控制修饰符必须和抽象类中的一致或者更为宽松。例如，抽象类中抽象方法被声明为 protected，那么子类中实现的方法可声明为 protected 或者 public，而不能声明为 private。

为了让大家更好地理解抽象类和抽象方法的使用，接下来通过例 14-16 来演示。

【例 14-16】abstract.php

```
1   <?php
2   abstract class sport
3   {
4       public abstract function status();
5   }
6   class Run extends sport
7   {
8       public function status()
9       {
10          echo 'Long Distance Running ';
11      }
12  }
13  $runners = new Run();
14  $runners->status(); // 输出结果：Long Distance Running
```

上述代码中，第 8 ~ 11 行在实现抽象方法的具体功能时，还可以添加抽象方法中不存在的可选参数（含有默认值的参数）。除此之外，在实现抽象方法时，不仅要保证访问控制修饰符一致或更宽泛，参数的类型与数量也要与抽象类中的定义保持一致。

14.5.2　接口

若抽象类中的所有方法都是抽象方法，此时可以使用一种特殊的抽象类，即接口来实现。接口用于指定某个类必须实现的功能，通过 interface 关键字来定义。在接口中，所有的方法只能是公有的，不能使用 final 关键字来修饰，具体语法如下。

```
interface 接口名
{
    public function 方法名();
}
```

在定义接口中的抽象方法时，由于所有的方法都是抽象的，因此声明时省略 abstract 关键字。接口的方法体没有具体实现，因此，需要通过某个类使用 implements 关键字来实现接口。

接下来，为了让大家更好地理解，通过例 14-17 进行演示。

【例 14-17】interface.php

```
1   <?php
2   interface ComInterface
```

```
3  {
4      public function connect();        // 开始连接
5      public function transfer();       // 传输数据
6      public function disconnect();     // 断开连接
7  }
8  class MobilePhone implements ComInterface
9  {
10     public function connect()
11     {
12         echo '连接开始...';
13     }
14     public function transfer()
15     {
16         echo '传输数据开始...传输数据结束';
17     }
18     public function disconnect()
19     {
20         echo '连接断开...';
21     }
22 }
```

在上述语法中，MobilePhone 类中必须实现 ComInterface 接口中定义的所有方法，否则 PHP 会报一个致命级别的错误。

一个类可以实现多个接口，相互之间可以用逗号来分隔，但是接口中的方法不能重名，同时接口中可以定义常量，与类常量的用法相同，但是不能被子类或子接口覆盖。

另外，一个类也可以在继承的同时实现接口，具体代码如下。

```
class MobilePhone extends Phone implements ComInterface
{
    // 该类继承了 Phone 类并实现了 ComInterface 接口

}
```

14.5.3 多态与类型约束

在生活中，当客户询问服务员某件商品价格时，会发现不同的商品价格不同。那么，如何将这种情况在项目开发中实现呢？面向对象编程提供了多态的思想，实现了同一操作作用于不同的对象，会产生不同的执行效果。而类型约束的使用则可以在程序实现多态时限制传入的参数必须是某个类或接口，其使用方式与设置函数参数的类型相同。

接下来，为了让大家更好地掌握多态与类型约束，通过具体的案例来演示，操作步骤如下。
（1）定义获取商品价格的函数

```
function price(Goods $g)
{
    return $g->getName() . '的价格是' . $g->getPrice();
}
```

　　函数 price()用于实现给定商品价格的获取。其中，参数$g 表示用户传入的具体商品对象。为了保证每个传入的对象必须含有 getName()方法和 getPrice()方法，将参数$g 的类型指定为 Goods 接口，通过 Goods 接口来强制规定实现该接口的类中必须含有这些方法。

　　（2）定义接口

```
interface Goods
{
    public function getName();
    public function getPrice();
}
```

　　上述代码用于定义 Goods 接口，同时声明了没有具体实现的 getName()方法和 getPrice()方法。

　　（3）实现接口

```
// 定义 Phone 类实现 Goods 接口
class Phone implements Goods
{
    public function getName()
    {
        return '手机';
    }
    public function getPrice()
    {
        return '2000';
    }
}
// 定义 Computer 类实现 Goods 接口
class Computer implements Goods
{
    // 实现 getName()、getPrice()方法...
}
// 定义其他商品类，实现 Goods 接口...
```

　　上述代码根据项目开发的实际需求，编写了多个商品类来实现 Goods 接口，如 Phone 类、Computer 类等，同时完成接口中 getPrice()方法和 getName()方法的具体实现，返回处理后的结果。

　　按照上述步骤完成操作后，通过向 price()函数传入不同的商品对象，就会得到对应商品的价格。例如，下面为 price()函数传入 Phone 类的$goods 对象，就可以得到手机的价格。

```
$goods = new Phone();    // 实例化商品类
price($goods);           // 获取对应商品的价格，输出结果：手机的价格是 2000
```

　　由此可见，多态可使程序变得更加灵活，提高了程序的扩展性。

14.6 设计模式

在编写程序时经常会遇到一些典型的问题或需要完成某种特定需求，设计模式就是针对这些问题和需求，在大量的实践中总结和理论化之后优选的代码结构、编程风格，以及解决问题的思考方式。设计模式就像是经典的棋谱，不同的棋局，使用不同的棋谱，免去自己再去思考和摸索的过程。本节将针对 PHP 开发中最常用的两种设计模式进行讲解。

14.6.1 单例模式

在项目开发中，最重要的一个部分就是对数据的操作和处理，而利用数据库进行数据的管理则是目前为止最常用的一种方式。通常情况下，在一个 PHP 脚本运行期间只需要一个数据库连接，此时就可以利用单例模式，保证整个程序运行期间该类只存在一个实例对象。

为理解单例模式的设计思想，下面以实现数据库连接的单例模式为例进行讲解，如例 14-18 所示。

【例 14-18】singleton.php

```php
1   <?php
2   class Db
3   {
4       private static $instance = null;      // 保存数据库实例对象
5       private $link;                        // 保存数据库连接
6       private function __construct()        // 声明构造方法为私有，阻止类外实例化
7       {
8           $this->link = mysqli_connect('localhost', 'root', '123456');
9       }
10      private function __clone(){ }          // 阻止用户复制对象实例
11      public static function getInstance()   // 获取单例对象
12      {
13          if (self::$instance == null) {    // 判断当前对象是否被创建过
14              self::$instance = new self();
15          }
16          return self::$_instance;
17      }
18  }
19  // 实例化对象并测试
20  $db1 = Db::getInstance();
21  $db2 = Db::getInstance();
22  var_dump($db1 === $db2);
```

上述代码用于创建一个数据库操作类 Db，使用私有的静态属性$instance 保存 Db 类的对象。同时，为了防止在类外创建多个 Db 类对象，将构造方法和克隆方法的权限都设置为私有的。如此一来，就只能通过类名直接调用 getInstance()静态方法才能创建对象，在方法中判断$instance

是否为空，若为空则创建 Db 类对象，若不为空则直接返回该对象。

另外，单例模式的使用虽然可以降低系统和内存的消耗，但是在使用时，由于其各私有方法的操作只能通过一个开放的公有方法进行调用和处理，给程序代码的调试增加了难度。因此，在实际开发中要根据需求确定是否需要使用单例模式。

14.6.2　工厂模式

工厂模式的作用就是通过一个函数或类中的方法来"生产"对象，使得用户在创建对象时，只需要传递不同的参数，就可以得到不同的对象。

为了让大家理解工厂模式的作用，接下来创建几个文件名与类名相同的数据库操作类文件，分别为 MySQL.php、Oracle.php 和 SQLite.php，用于获取不同类型数据库的具体操作。然后，定义一个工厂类 DbFactory，通过方法 factory()返回不同类型的数据库操作对象，具体代码如例 14-19 所示。

【例 14-19】factory.php

```php
1  <?php
2  class DbFactory
3  {
4      public static function factory($classname) // 工厂方法
5      {
6          if (include_once $classname . '.php') {
7              return new $classname();
8          } else {
9              echo '对应的数据库类没找到';
10         }
11     }
12 }
13 $mysql = DbFactory::factory('MySQL');          // 获取 MySQL 对象
14 $oracle = DbFactory::factory('Oracle');        // 获取 Oracle 对象
15 $sqlite = DbFactory::factory('SQLite');        // 获取 SQLite 对象
```

在上述代码中，定义了一个 DbFactory 工厂类，在该工厂类中有一个工厂方法 factory，根据传递的参数$classname 创建对应的对象。其中，第 6 行代码用于引入与类名相同的类文件，当文件存在时，通过第 7 行代码实例化指定对象；若文件不存在，则通过第 9 行代码输出错误提示信息。

动手实践：MySQLi 扩展面向对象语法

对于编程语言的学习来说，上课听懂，看书看懂，都不是真的懂；只有将其理论与实际相结合，动手实践出具体的功能，才是真的懂。在前面我们学习过 MySQLi 扩展，它不仅有面向过程的语法还有面向对象的操作语法。那么，在学习了本章的内容后，接下来利用 MySQLi 扩展的面向对象语法完成对 MySQL 数据库的各种操作。

【功能分析】

MySQL 扩展为数据库操作提供了对应的类，其中，mysqli 类可以完成数据库的实例化，mysqli_stmt 类提供了预处理操作，mysqli_result 类提供结果集处理等操作。接下来，请参考 PHP 手册并结合面向对象的知识，按照以下要求完成数据库操作。

- 使用 MySQLi 面向对象方式连接 MySQL 数据库服务器。
- 使用 MySQLi 面向对象方式选择数据库、执行 SQL 语句。
- 使用 MySQLi 面向对象方式处理结果集。
- 使用 MySQLi 面向对象方式预处理的相关操作。

【功能实现】

1. PHP 操作 MySQL 的基本步骤

为了更加清晰具体地了解 MySQLi 扩展面向对象方式如何操作 MySQL 数据库，下面演示一个具体的示例，如下所示。

```
// ① 在实例化时连接数据库，并选择数据库 "itheima"
$mysqli = new mysqli('localhost', 'root', '123456', 'itheima');
// ② 调用 mysqli 对象中的方法，设置字符集
$mysqli->set_charset('utf8');
// ③ 执行 SQL 语句，获得结果集（$result 是 mysqli_result 类的对象）
$result = $mysqli->query('SHOW TABLES');
// ④ 调用 $result 对象中的方法，处理结果集，获得关联数组结果
$data = $result->fetch_all(MYSQLI_ASSOC);
// ⑤ 输出关联数组结果
print_r($data);
```

上述代码使用的是 MySQLi 面向对象的方式操作 MySQL 数据库，这些操作步骤与面向过程方式的对比如表 14-4 所示。

表 14-4 MySQLi 面向对象与面向过程语法对比

操作步骤	面向对象方式	面向过程方式
获取数据库连接	mysqli::__construct()	mysqli_connect()
选择字符集	mysqli::set_charset()	mysqli_set_charset()
执行 SQL 语句	mysqli::query()	mysqli_query()
处理结果集	mysqli_result::fetch_all()	mysqli_fetch_all()

从表 14-4 的对比不难理解，MySQLi 扩展中两种操作数据库的方式仅是在语法上有一定的区别，本质没有太大的区分。例如，获取数据库连接，面向对象方式通过实例化 MySQLi 类，为其构造方法传递对应的参数，而面向过程方式则通过调用函数 mysqli_connect() 函数传递参数实现，而两种方式传递的参数顺序、个数与表示的含义完全相同。

因此，在完全掌握 MySQLi 面向过程方式操作数据库的步骤和函数，以及面向对象编程后，MySQLi 的面向对象语法操作也就不难理解了，这里不再一一列举 PHP 操作 MySQL 的每个步骤

所涉及的方法和属性，如果还不能理解的读者可参考手册进行学习。

2. 预处理和参数绑定

同样的，MySQLi 的面向对象语法也可以实现预处理操作和对应参数的绑定。例如，为 itheima 数据库中的 student 表添加数据，该表中含有 3 个字段，分别为 int 型的 id、string 型的 name 和枚举类型的 gender。其中，枚举类型指定的值为男或女，具体示例如下。

```
// ① 连接数据库、选择数据库、设置字符集
$mysqli = new mysqli('localhost', 'root', '123456', 'itheima');
$mysqli->set_charset('utf8');
// ② 预处理 SQL 语句（$stmt 是 mysqli_stmt 类的对象）
$stmt = $mysqli->prepare('INSERT INTO `student`(`name`,`gender`)VALUES(?,?)');
$data = [                              // ③ 准备插入的数据
    ['name' => 'Tom', 'gender' => '男'], ['name' => 'Lucy', 'gender' => '女'],
    ['name' => 'Jimmy', 'gender' => '男'], ['name' => 'Jack', 'gender' => '男']
];
$stmt->bind_param('ss', $name, $gender);     // ④ 参数绑定、赋值
foreach ($data as $v) {
    $name = $v['name'];
    $gender = $v['gender'];
    $stmt->execute();                          // ⑤ 执行预处理的 SQL 语句
}
```

在上述代码中，$stmt 是 mysqli 对象执行预处理 SQL 语句后的返回值，它是 mysqli_stmt 类的对象，该对象中的 bind_param()方法用于参数绑定，execute()方法用于执行语句，执行完成后可以到数据库中查看添加的数据是否成功。

本章小结

本章主要介绍了 PHP 面向对象程序设计的各种特性，包括面向对象编程思想、类的声明、类的成员、对象的使用、静态成员、继承、魔术方法、抽象类与接口等，并简单介绍了设计模式。通过本章的学习，大家应该了解面向对象编程思想，重点掌握类的声明、实例化、对象的使用和继承功能。能够使用面向对象的方式来开发 Web 应用程序。

课后练习

一、填空题

1. 在 PHP 中可以通过_____关键字声明抽象类。
2. 在 PHP 中，实现接口使用_____关键字。
3. 在调用未定义过的方法时被调用的魔术方法是_____。

二、判断题

1. 抽象方法的修饰符可以是 private 类型。（　　）
2. 函数的参数类型可以指定为接口。（　　）

3. 在类中可以使用 self 关键字表示当前的对象。(　　)
4. 类中的 private 成员与其他成员之间是可见的。(　　)

三、选择题

1. 在 PHP 中，默认访问权限修饰符是(　　)。

　　A. public　　　　B. private　　　C. protected　　　　D. interface

2. 下列选项中，可以在子类中调用父类中成员方法的是(　　)。

　　A. self　　　　　B. static　　　　C. parent　　　　　D. $this

四、编程题

请结合面向对象的知识完成 MySQL 数据库类的封装。要求实现数据库对象的单例模式，并可以执行基本的 SQL 操作。

SESSION

COOKIE

15

Chapter

第 15 章
会话技术

通常情况下，当用户通过浏览器访问 Web 应用时，服务器需要对用户的状态进行跟踪。例如，用户登录时，如果登录成功，服务器应该记住此用户的登录状态。在 Web 开发中，服务器跟踪用户信息的技术称为会话技术。本章将针对 PHP 中的会话技术进行详细讲解。

学习目标
● 掌握 Cookie 技术与使用方法。
● 掌握 Session 机制与使用方法。

15.1　会话技术的概述

通过前面的学习，我们知道 HTTP 协议是无状态的协议。当一个用户在请求一个页面后再请求另外一个页面时，HTTP 无法告诉我们这两个请求是来自同一个用户，这就意味着需要有一种机制来跟踪和记录用户在该网站所进行的活动，这就是会话技术。

会话技术是一种维护同一个浏览器与服务器之间多次请求数据状态的技术，它可以很容易地实现对用户登录的支持，记录该用户的行为，并根据授权级别和个人喜好显示相应的内容。

例如，生活中从拨通电话到挂断电话之间的一连串你问我答的过程就是一个会话。Web 应用中的会话过程类似于打电话，它指的是一个客户端（浏览器）与 Web 服务器之间连续发生的一系列请求和响应过程。

PHP 中 Cookie 和 Session 是目前最常用的两种会话技术。Cookie 指的是一种在浏览器端存储数据并以此来跟踪和识别用户的机制。Session 指的是将信息存放在服务器端的会话技术。关于 Cookie 和 Session 的相关知识，将在下面进行详细讲解。

15.2　Cookie 技术

15.2.1　Cookie 简介

现实生活中，商家为了有效地管理和记录顾客的信息，通常会利用办理会员卡的方式，将用户的姓名、手机号等基本信息记录下来。顾客一旦接受了会员卡，以后每次去消费，都可以出示会员卡，商家就会根据顾客的历史消费记录，计算会员的优惠额度以及积分的累加等。

在 Web 应用程序中，Cookie 的功能类似于会员卡。它是网站为了辨别用户身份而存储在用户本地终端上的数据。当用户通过浏览器访问 Web 服务器时，服务器会给客户发送一些信息，这些信息都保存在 Cookie 中。当该浏览器再次访问服务器时，会在请求头中同时将 Cookie 发送给服务器，这样，服务器就可以对浏览器做出正确的响应。利用 Cookie 可以跟踪用户与服务器之间的会话状态，通常应用于保存浏览历史、保存购物车商品和保存用户登录状态等场景。

为了更好地理解 Cookie 的原理，接下来通过一张图来演示 Cookie 在浏览器和服务器之间的传输过程，如图 15-1 所示。

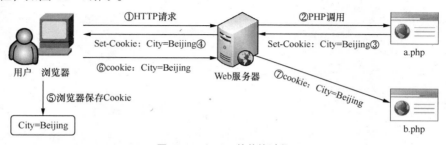

图15-1　Cookie的传输过程

图 15-1 描述了 Cookie 在浏览器和服务器之间的传输过程。当用户第一次访问服务器时，服务器会在响应消息中增加 Set-Cookie 头字段，将信息以 Cookie 的形式发送给浏览器，一旦

用户接收了服务器发送的 Cookie 信息，就会将它保存到浏览器的缓冲区中。这样，当浏览器后续访问该服务器时，都会将信息以 Cookie 的形式发送给服务器，从而使服务器分辨出当前请求是由哪个用户发出的。

尽管 Cookie 实现了服务器与浏览器的信息交互，但也存在一些的缺点，具体如下。

● Cookie 被附加在 HTTP 消息中，无形中增加了数据流量。

● Cookie 在 HTTP 消息中是明文传输的，所以安全性不高，容易被窃取。

● Cookie 存储于浏览器，可以被篡改，服务器接收后必须先验证数据的合法性。

● 浏览器限制 Cookie 的数量和大小（通常限制为 50 个，每个不超过 4KB），对于复杂的存储需求来说是不够用的。

15.2.2　Cookie 基本使用

Cookie 的使用很简单，最主要的两个步骤就是创建和获取。在开发需要的情况下，还可以对其进行修改和删除操作。下面将对其涉及的基本使用进行讲解。

（1）创建 Cookie

在 PHP 中，使用 setcookie()函数可以创建或修改 Cookie，其声明方式如下所示。

```
bool setcookie (
    string $name,                // Cookie 的名（必选）
    string $value = "",          // Cookie 的值（可选）
    int $expire = 0,             // Cookie 的有效期（可选）
    string $path = "",           // Cookie 在服务器端的路径（可选）
    string $domain = "",         // Cookie 的有效域名（可选）
    bool $secure = false,        // 指定是否通过安全的 HTTPS 连接来传输（可选）
    bool $httponly = false       // 指定 Cookie 只能通过 HTTP 协议访问（可选）
)
```

接下来，通过代码演示 setcookie()函数的常用设置方式，如下所示。

```
// ① 设置 Cookie
setcookie('aaa', '123');          // 设置一个名称为 aaa 的 Cookie，其值为 123
setcookie('bbb', '456');          // 设置一个名称为 bbb 的 Cookie，其值为 456
// ② 设置 Cookie 过期时间
setcookie('data', 'PHP');                    // 未指定过期时间，在会话结束时过期
setcookie('data', 'PHP', time() + 1800);     // 30 分钟后过期
setcookie('data', 'PHP', time() + 60 * 60 * 24);  // 一天后过期
```

上述代码演示了如何用 setcookie()函数设置 Cookie，该函数的第 3 个参数是时间戳，当省略时 Cookie 仅在本次会话有效，用户关闭浏览器时会话就会结束。

 注意

除了可以通过 PHP 操作 Cookie，使用浏览器端的 JavaScript 也可以操作 Cookie，确保 setcookie()函数的第 7 个参数$httponly 的值为 false 即可。如果只是保存用户在网页中的偏好设置，可以直接用 JavaScript 操作 Cookie。

（2）获取 Cookie

在 PHP 中，任何从客户端发送的 Cookie 数据都会被自动存入到$_COOKIE 超全局数组变量中。通过$_COOKIE 数组可以获取 Cookie 数据。接下来，通过例 15-1 来演示如何使用超全局数组$_COOKIE[]读取 Cookie 中的信息。

【例 15-1】cookie.php

```php
<?php
// ① 保存和获取普通变量形式的 Cookie
setcookie('test', 123);
echo isset($_COOKIE['test']) ? $_COOKIE['test'] : '';
// ② 保存和获取数组形式的 Cookie
setcookie('history[one]', 4);
setcookie('history[two]', 5);
$history = isset($_COOKIE['history']) ? (array)$_COOKIE['history'] : [];
foreach ($history as $k => $v) {
    echo "$k - $v <br>";
}
```

从上述代码中可以看出，$_COOKIE 数组的使用方法和$_GET、$_POST 基本相同。当一个 Cookie 中需要设置多个值时，可以在 Cookie 名后添加"[]"进行标识。

需要注意的是，当 PHP 第一次通过 setcookie()函数创建 Cookie 时，$_COOKIE 中没有这个数据，只有当浏览器下次请求并携带 Cookie 时，才能通过$_COOKIE 获取到。

当服务器端 PHP 通过 setcookie()函数向浏览器端发送 Cookie 后，浏览器就会保存 Cookie，并在下次请求时自动携带 Cookie。对于普通用户来说，Cookie 是不可见的，但 Web 开发者可以通过 Chrome 浏览器的功能键 F12 开发者工具查看 Cookie。在开发者工具中切换到【Network】→【Cookie】，如图 15-2 所示。

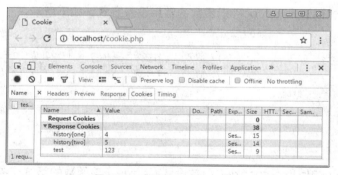

图15-2　查看HTTP中的Cookie

（3）删除 Cookie

当 Cookie 创建后，如果没有设置它的有效时间，则 Cookie 文件会在关闭浏览器时自动被删除。但是，如果希望在关闭浏览器前删除 Cookie 文件，同样可以使用 setcookie()函数来实现。具体示例如下。

```php
setcookie('data', '', time() - 1);  // 立即过期（相当于删除 COOKIE）
```

与使用 setcookie() 函数创建 Cookie 不同，删除 Cookie 时只需将 setcookie() 函数中的参数 $value 设置为空，参数 $expire 设置为小于系统的当前时间即可。需要注意的是，在删除 Cookie 的同时，用户的系统临时文件夹下对应的 Cookie 文件也会被删除。

15.2.3 Cookie 路径与域名

Cookie 在用户的计算机中是以文件形式保存的，浏览器通常会提供 Cookie 管理程序。以 Chrome 浏览器为例，执行【设置】→【高级设置】→【隐私设置】→【内容设置】→【所有 Cookie 和网站数据】可以找到 Cookie 的管理程序，如图 15-3 所示。

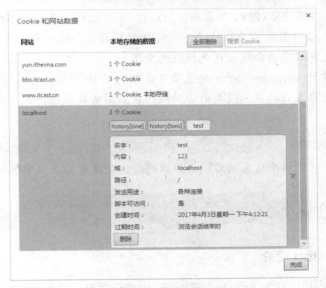

图15-3　管理Cookie

从图 15-3 中可以看出，Cookie 在浏览器中是根据域名分开保存的，每个 Cookie 都具有名字、内容、主机、路径、发送用途和过期时间等信息。浏览器在发送 Cookie 时，不同主机和不同路径之间都是隔离的，路径可以向下继承。例如，路径为"/example19/"的 Cookie 在访问 example19 的子目录时会被发送，但在访问 example19 的上级目录时不会发送。

> **注意**
>
> 　一个浏览器、一个域名下最多可以存放 Cookie 的数量，以及每个 Cookie 的大小都会受到浏览器的限制，不同版本的浏览器限制不同。建议不要在 Cookie 中保存太多的数据。

多学一招：超全局变量 $_REQUEST

在默认情况下，PHP 提供的 $_REQUEST 超全局数组变量可同时获取用户通过 GET 和 POST 方式提交的数据，具体示例如下所示。

```
<form method="post" action="test.php?a=xxx">
    <input type="text" name="b" value="yyy">
```

```
    <input type="submit" value="提交">
</form>
```

上述表单在用户单击提交后，test.php 文件中即可通过如下代码获取具体数据。

```
print_r($_REQUEST);    // 输出结果: Array ( [a] => xxx [b] => yyy )
```

需要注意的是，$_REQUEST 超全局变量的值受 php.ini 文件中 "request_order" 配置项的影响，默认配置如下。

```
request_order = "GP"
```

在上述配置中，G 表示$_GET、P 表示$_POST。除此之外，还可以添加 C（$_Cookie）让 $_REQUEST 接收 Cookie 数据。默认情况下，PHP 解析的优先顺序为 "C>P>G"，接收的数据在同名的情况下，优先级高的会覆盖优先级低的数据。

此外，php.ini 中的 variables_order 配置项可以改变 PHP 解析的先后顺序。例如，GET 与 POST 方式同时传递同名的数据，若要前者的数据覆盖后者的数据，则可以将 variables_order 设置成如下形式。

```
variables_order = "PG"
```

在上述配置中，解析顺序从左到右，后解析的新值会覆盖同名的旧值。

15.3　Session 技术

15.3.1　Session 简介

Session 在网络应用中称为 "会话"，在 PHP 中用于保存用户连续访问 Web 应用时的相关数据，有助于创建高度定制化的程序、增加站点的吸引力。Session 通常用于保存用户登录状态、保存生成的验证码等。因此，Session 在 Web 技术中占有非常重要的地位。

Session 是一种服务器端的技术，它的生命周期从用户访问页面开始，直到断开与网站的连接时结束。当 PHP 启动 Session 时，Web 服务器在运行时会为每个用户的浏览器创建一个供其独享的 Session 文件，如图 15-4 所示。

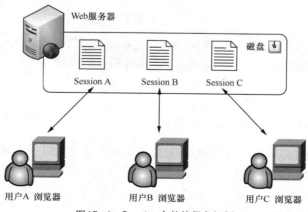

图15-4　Session文件的保存机制

在创建 Session 文件时，每一个 Session 都具有一个唯一的会话 ID，用于标识不同的用户，且会话 ID 会分别保存在客户端和服务器端两个位置。客户端通过 Cookie 保存，服务器端则以文件的形式保存到 php.ini 指定的 Session 目录中，对于 Windows 系统，默认情况下保存到"C:\Windows\Temp"目录中。

15.3.2　Session 基本使用

（1）启动 Session

在使用 Session 之前，需要先通过 session_start()函数启动 Session。该函数的返回值是布尔类型，如果 Session 启动成功，返回 true，否则返回 false。

（2）查看 SessionID 与 Session 文件

通过浏览器访问开启 Session 的 PHP 文件，可在开发者工具中查看 Cookie 中保存的会话 ID，如图 15-5 所示。其中，Cookie 名称"PHPSESSID"是 php.ini 中配置项 session.name 的默认值。

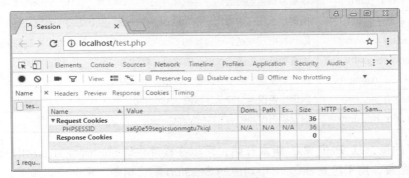

图15-5　查看浏览器会话ID

在服务器中，打开 Session 文件默认的保存目录"C:\Windows\Temp"，如图 15-6 所示。从图中可以看出，服务器保存了文件名为"sess_会话 ID"的 Session 文件，该文件的会话 ID 与浏览器 Cookie 中显示的会话 ID 一致，表示这个文件只允许拥有会话 ID 的用户访问。

（3）Session 的使用

在完成 Session 的启动后，接下来 Session 的使用与 Cookie 的用法类似，可以通过超全局变量$_SESSION 添加、读取或修改 Session 中的数据，如例 15-2 所示。

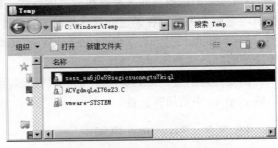

图15-6　查看PHPSESSID文件

【例 15-2】session.php

```php
1   <?php
2   session_start();                           // 开启 Session
3   $_SESSION['username'] = 'Tom';             // 向 Session 添加数据（字符串）
4   $_SESSION['id'] = [1, 2, 3];               // 向 Session 添加数据（数组）
5   if (isset($_SESSION['test'])) {            // 判断 Session 中是否存在 test
6       $test = $_SESSION['test'];             // 读取 Session 中的 test
7   }
```

```
8    unset($_SESSION['username']);          // 删除单个数据
9    $_SESSION = [];                        // 删除所有数据
10   session_destroy();                     // 结束当前会话
```

在上述代码中，使用 "$_SESSION = []" 方式可以删除 Session 中的所有数据，但是 Session 文件仍然存在，只不过它是一个空文件。如果需要将这个空文件删除，可以通过 session_destroy() 函数来实现。

（4）Session 的配置

在 php.ini 中，有许多和 Session 相关的配置，其中常用的配置如表 15-1 所示。

表 15-1　php.ini 中关于 Session 的配置项

配置项	含义
session.name	指定 Cookie 的名字，只能由字母数字组成，默认为 PHPSESSID
session.save_path	读取或设置当前会话文件的保存路径，默认为 "C:\Windows\Temp"
session.auto_start	指定是否在请求开始时自动启动一个会话，默认为 0（不启动）
session.cookie_lifetime	以秒数指定发送到浏览器的 Cookie 生命周期，默认为 0（直到关闭浏览器）
session.cookie_path	指定要设定会话 Cookie 的路径，默认为 "/"
session.cookie_domain	指定要设定会话 Cookie 的域名，默认为无
session.cookie_secure	指定是否仅通过安全连接发送 Cookie，默认为 off
session.cookie_httponly	指定是否仅通过 HTTP 访问 Cookie，默认为 off

值得一提的是，从 PHP 7.0 版本开始，可以在程序中通过 session_start() 函数的参数对 Session 进行配置，用于覆盖 php.ini 中对应的 Session 配置指令，示例代码如下。

```
session_start(['name' => 'MySESSID']);
```

上述代码表示将 "session.name" 配置项的值修改为 "MySESSID"。通过示例可以看出，session_start() 函数接收关联数组形式的参数，数组的键名不包括 "session."，直接书写其后的配置项名称。另外，在通过此方式修改表 15-1 中的配置时，session.cookie_lifetime 的值是整型，session.auto_start、session.cookie_secure 和 session.cookie_httponly 的值是布尔类型，剩余配置项的值均为字符串类型。

需要注意的是，session_start() 函数对配置项的修改只在 PHP 脚本的运行周期内有效，并不影响 php.ini 中的原有设置。

15.3.3　Session 机制

在默认情况下，PHP 中的 Session 是通过实现 SessionHandlerInterface 接口，将其以文件的形式存储在服务器中的。该接口中有 6 个抽象方法，分别为 close（关闭 Session）、destroy（销毁 Session）、gc（垃圾回收）、open（开启 Session）、read（读取 Session）和 write（写入 Session），具体如下。

```
interface SessionHandlerInterface
{
    public function close();
```

```
        public function destroy(string $session_id);
        public function gc(int $maxlifetime);
        public function open(string $save_path, string $session_name);
        public function read(string $session_id);
        public function write(string $session_id, string $session_data);
    }
```

对于访问量非常大的网站，在服务器中需要存储大量的 Session 文件，这将影响服务器的响应速度并会带来资源浪费。因此，只要重新实现 SessionHandlerInterface 接口，完成具体方法的实现，然后再利用 PHP 提供的 Session 机制就可以改变 Session 存储的默认方式。其中，PHP 的 Session 机制是通过调用 session_set_save_handler()函数实现的，在调用此函数时，可以传递对应的回调函数或类的示例。

接下来，以 Session 入库的实现为例进行讲解，具体步骤如例 15-3 所示。

【例 15-3】

（1）创建数据表

要想完成 Session 入库，首先需要在数据库中创建数据表保存 Session 信息，具体 SQL 如下。

```
CREATE DATABASE `sess_storage`;          # 创建数据库
USE `sess_storage`;                      # 选择数据库
CREATE TABLE `session` (                 # 创建用于保存 Session 的数据表
    `id` VARCHAR(255) PRIMARY KEY COMMENT 'SessionID',
    `expires` INT UNSIGNED NOT NULL COMMENT '过期时间',
    `data` BLOB COMMENT '数据'
) DEFAULT CHARSET=utf8;
```

上述 SQL 语句创建的 sess_storage 数据库和 session 数据表用于保存 Session 数据。其中，session 表的字段 id 表示开启 Session 后为客户端自动生成的会话 ID，字段 expires 为 Session 的过期时间，字段 data 用于保存 Session 数据。

（2）实现接口

创建 SessionDb.php 文件，用于实现 SessionHandlerInterface 接口中的方法，具体代码如下。

```
1   <?php
2   class SessionDb implements SessionHandlerInterface
3   {
4       private $link;
5       public function open($savePath, $sessionName) { /* 处理语句 */ }
6       public function close() { /* 处理语句 */ }
7       public function write($id, $data) { /* 处理语句 */ }
8       public function read($id) { /* 处理语句 */ }
9       public function destroy($id) { /* 处理语句 */ }
10      public function gc($maxlifetime) { /* 处理语句 */ }
11  }
```

在上述代码中，第 4 行定义的私有属性$link 用于保存数据库连接。第 5~10 行用于在

SessionDb 类中实现 SessionHandlerInterface 接口中的方法。

（3）实现 open()方法

SessionHandlerInterface 接口中的 open()方法类似于类的构造方法，它会在会话打开的时候被调用，具体实现如下所示。

```
1    public function open($savePath, $sessionName)
2    {
3        $this->link = new mysqli('localhost', 'root', '123456', 'sess_storage');
4        return (bool) $this->link;
5    }
```

上述第 3 行代码用于创建一个数据库连接，第 4 行代码用于将数据库是否连接成功的布尔值返回给 PHP 进行处理。

（4）实现 close()方法

SessionHandlerInterface 接口中的 close()方法类似于类的析构方法，它会在 write()方法调用完成后调用，具体实现如下所示。

```
1    public function close()
2    {
3        return $this->link->close();
4    }
```

从上述代码可知，close()方法实现了数据库连接的关闭。

（5）实现 write()方法

SessionHandlerInterface 接口中的 write()方法用于将 Session 数据写入到指定位置。默认情况下以文件形式写入服务器中。此处改为将其保存到数据库中，具体实现如下。

```
1    public function write($id, $data)
2    {
3        $expires = time() + 3600;
4        $sql = 'REPLACE INTO `session`  SET `id` = ?, `expires` =?, `data` = ?';
5        $stmt = $this->link->prepare($sql);
6        $stmt->bind_param('sis', $id, $expires, $data);
7        return (bool) $stmt->execute();
8    }
```

上述第 3 行代码用于设置该 Session 数据在 1 小时后过期，第 4~7 行代码用于将 Session 数据保存到数据表中。其中，session 数据表中的 ID 是 Session 的会话 ID，并且是唯一的。因此，若要在有效期内重复修改 Session 数据，应该选择使用"REPLACE"的 SQL 语法。

（6）实现 read()方法

SessionHandlerInterface 接口中的 read()方法用于根据 Session 的会话 ID 到指定位置获取 Session 数据并返回执行结果，具体实现如下所示。

```
1    public function read($id)
2    {
3        $now = time();
```

```
4        $sql = "SELECT `data` FROM `session` WHERE `id` = '$id'  AND `expires` > $now";
5        return (string) $this->link->query($sql)->fetch_assoc()['data'];
6    }
```

在上述代码中,第 3 行用于获取当前的时间戳,第 4~5 行代码用于获取会话 ID 的对应数据,存在时直接返回结果,不存在时返回空字符串。

（7）实现 destroy()方法

SessionHandlerInterface 接口中的 destroy()方法用于结束当前会话的同时,根据会话 ID 删除数据库中对应 Session 的信息,具体实现如下所示。

```
1    public function destroy($id)
2    {
3        $sql = "DELETE FROM `session` WHERE `id` = $id";
4        return (bool) $this->link->query($sql);
5    }
```

（8）实现 gc()方法

SessionHandlerInterface 接口中的 gc()方法用于清理会话中的旧数据,完成垃圾清理,具体实现如下。

```
1    public function gc($maxlifetime)
2    {
3        $sql = "DELETE FROM `session` WHERE (`expires` + $maxlifetime ) < $maxlifetime)";
4        $result = $this->link->query($sql);
5        return (bool) $result;
6    }
```

在上述代码中, $maxlifetime 保存的是 php.ini 中 session.gc_maxlifetime 配置项指定的 Session 数据经过多长时间后被视为“垃圾”而清除的秒数。

（9）完成 Session 入库设置

实现 SessionHandlerInterface 接口中的所有抽象方法后,利用 SessionDb 类的构造方法设置 Session 机制,具体代码如下。

```
1    public function __construct()
2    {
3        session_set_save_handler($this, true);
4    }
```

在上述代码中, session_set_save_handler()函数的第 1 个参数为实现 SessionHandler Interface 接口的对象,第 2 个参数设置为 true 表示将 session_write_close()设置为在 php 中止时执行的函数。上述代码实现了在实例化 SessionDb 类后,就可以将 Session 保存到数据库中。

（10）测试 Session 入库

编写一个测试文件 test.php,引入“SessionDb.php”文件,测试 Session 数据是否保存到数据库中,具体如下所示。

```
1    <?php
2    require './SessionDb.php';
```

```
3    new SessionDb();           // 配置 Session 入库
4    session_start();            // 启动 Session
5    $_SESSION['test'] = 'content';
```

接下来，可以通过 phpMyAdmin 工具查看 sess_storage 数据库下的 session 数据表中保存的 Session 信息。效果如图 15-7 所示。从图中可以看出 Session 数据在 MySQL 数据库中存储的样式，如下所示。

```
test|s:7:"content";
```

在上述数据中，"test"表示 Session 数据对应的 key 值，"|"后的"s:7"表示该数据是 7 位字符长度的字符串类型数据，"content"表示 Session 数据。

图15-7　查看数据库中的Session信息

动手实践：用户登录与退出

对于编程语言的学习来说，上课听懂，看书看懂，都不是真的懂；只有将其理论与实际相结合，动手实践出具体的功能，才是真的懂。请利用本章学习的会话技术完成用户登录的保存，使其在有效的时间内保持用户登录的状态，当登录状态失效时返回用户的登录页面重新登录。

【功能分析】

在 Web 应用开发中，经常需要实现用户登录的功能。假设有一个名为"Tom"的用户，当该用户进入网站首页时，如果还未登录，则页面会自动跳转到登录界面。当用户登录时，如果用户名和密码都正确，则登录成功，并利用 Session 保存用户的登录状态。否则提示用户名或密码输入不正确，登录失败。具体实现要求如下所示。

● 编写 login.html 用于显示用户登录的界面。在该文件的 form 表单中，有两个文本输入框，分别用于填写用户名和密码，还有一个登录按钮，单击后表单将提交给 login.php。

● 编写 login.php 用于接收用户登录的表单。当用户没有登录时，载入登录表单；若用户提交了登录表单，则判断用户名和密码是否正确，如果正确，将用户的登录状态保存到 Session 中，如果错误，则给出提示信息。

● 编写 index.php，当 Session 中含有保存的登录信息时显示首页，否则跳转到登录页面。

● 编写 logout.php，用于当用户登录成功后退出登录。

● 强化系统的安全性，利用 Cookie 的 HttpOnly 属性保护浏览器中的 SessionID。

【功能实现】

1. 用户登录

创建用户登录的 HTML 表单 login.html，具体代码如下。

```
1  <form method="post" action="login.php">
2      用户名: <input type="text" name="user">
3      密　码: <input type="password" name="pwd">
4      <input type="submit" value="登录">
5  </form>
```

在上述代码实现的表单中，有文本框和密码框，它们分别用于填写用户名和密码。当单击"登录"按钮后，表单将提交给 login.php，用户名以"user"名称提交，密码以"pwd"名称提交。登录表单的显示效果如图 15-8 所示。

图15-8　用户登录表单

2. 接收登录表单

创建 login.php 文件，处理用户提交的登录表单信息，具体代码如下。

```php
1  <?php
2  session_start();
3  if ($_POST) {
4      // 接收用户登录的信息
5      $user = isset($_POST['user']) ? trim($_POST['user']) : '';
6      $pwd = isset($_POST['pwd']) ? trim($_POST['pwd']) : '';
7      // 保存正确的用户名和密码信息
8      $data = ['user' => 'Tom', 'pwd' => 123456];
9      // 判断用户信息是否正确
10     if (($user == $data['user']) && ($pwd == $data['pwd'])) {
11         // 保存登录信息到 Session，并跳转到首页
12         $_SESSION['user'] = $data['user'];
13         header('Location: index.php');
14         exit;
15     } else {
16         echo '用户名或密码输入不正确，登录失败。';
```

```
17    · }
18  }
19  require './login.html';
```

在上述代码中，当用户访问 login.php 时，如果没有提交表单，则执行第 19 行代码，显示登录表单；如果有提交表单，则执行第 3 ~ 18 行代码处理表单。在处理表单时，先接收用户填写的用户名和密码，然后与正确的用户名和密码进行比较。如果验证通过，将用户登录信息保存到 Session 中，然后跳转到 index.php；如果验证失败，则输出提示信息。

需要注意的是，在实际开发中，当接收到用户登录的表单后，为了保证程序的严谨，还应验证用户名和密码的格式是否符合要求，以及对于用户名是否区分大小写。这里仅了解其基本流程即可，详细的内容会在后面的章节进行讲解。

3. 判断登录状态

在实现了用户登录功能后，还需要判断用户是否登录，如果没有登录则提示用户进行登录，只有登录后才可以继续进行其他操作。编写 index.php 文件，具体实现如下。

```php
1   <?php
2   session_start();
3   if (isset($_SESSION['user'])) {
4       echo '当前登录用户: ' . $_SESSION['user'] . '。';      // 用户已登录
5   } else {
6       header('Location: login.html');                    // 用户未登录, 跳转到登录页面
7   · exit;
8   }
```

上述第 3 行代码用于判断 Session 中是否保存了用户的登录信息，若$_SESSION['user']中保存了用户的登录信息，执行第 4 行代码；若没有则跳转到登录页面 login.html 页面并停止脚本继续执行。

按照上述的步骤完成操作后，一个利用 Session 记录用户登录状态的功能已经完成。

4. 用户退出

在实际开发中，用户登录成功后，通常会在首页中给出一个链接，用于退出登录。下面在 index.php 中第 4 行代码中给出一个用于处理用户退出的链接，具体如下。

```
echo '<a href="logout.php">退出<a>';
```

接着编写 logout.php 文件，完成用户退出功能，具体代码如下。

```php
1   <?php
2   session_start();
3   $_SESSION['user'] = [];              // 删除所有数据
4   session_destroy();                   // 结束当前会话
5   header("Location:login.html");       // 用户未登录, 跳转到登录页面
```

按照上述代码修改完成后，当用户想要退出登录时，单击"退出"链接，即可返回用户登录页面。

5. 防御 XSS 攻击

XSS 攻击指的是跨站脚本攻击（Cross Site Scripting）。其产生的原因是将来自用户输入的数据未经过滤就拼接到 HTML 页面中，造成攻击者可以输入 JavaScript 代码来盗取网站用户的

Cookie。而 Session 的会话 ID 就保存到 Cookie 中。因此，在实际开发中，不仅需要对用户输入的数据进行严格过滤，还可以利用 php.ini 中的配置项 session.cookie_httponly，阻止 JavaScript 访问保存会话 ID 的 Cookie。

首先，演示一下发生 XSS 攻击的情况，具体实现代码如下所示。

```
session_start();
$xss = '" onclick="alert(document.cookie)';
echo '<input type="text" value="' . $xss . '">';
```

上述代码在开启 Session 后，通过闭合双引号的方式模拟 JavaScript 代码的注入。只要用户单击文本框，就会将浏览器保存的 Cookie 读取出来，效果如图 15-9 所示。

接着通过 ini_set()函数在启动 Session 前开启 HttpOnly，完成防御 XSS 攻击的配置，如下所示。

```
ini_set('session.cookie_httponly', 1);
session_start();
```

按照上面修改后，使得 Cookie 只能通过 HTTP 访问，效果如图 15-10 所示。

图15-9　未开启HttpOnly　　　　　　　　　　图15-10　开启HttpOnly

本章小结

本章首先介绍了什么是会话技术，然后讲解了 Cookie 技术和 Session 技术的使用方法。最后通过 Session 机制的实现，加强对 Session 的认识和理解。通过本章的学习，大家应该熟悉会话技术的相关概念，掌握在实际开发中 Cookie 和 Session 的应用，并注意安全问题，防御 XSS 攻击。

课后练习

一、填空题

1. 通过 JavaScript 代码来盗取网站用户 Cookie 的方式，称之为_____。
2. 函数 setcookie('data', 'PHP', time() + 1800)表示 Cookie 在_____秒后过期。

二、判断题

1. 会话技术可以实现跟踪和记录用户在网站中的活动。（　　）
2. $_COOKIE 可以完成添加、读取或修改 Cookie 中的数据。（　　）
3. 在 PHP 中，只能通过函数 session_start()启动 Session。（　　）
4. session_destroy()函数可以同时删除 Session 数据和文件。（　　）

5. Cookie 的有效范围在默认情况下是整站有效的。(　　)

三、选择题

1. 第一次创建 Cookie 时，服务器会在响应消息中增加 (　　) 头字段，并将信息发送给浏览器。

  A. SetCookie   B. Cookie

  C. Set-Cookie   D. 以上答案都不对

2. 下面配置项中，可以实现自动开启 session 的是 (　　)。

  A. session_auto   B. session_start

  C. session_auto_start   D. session.auto_start

FUN :)

16 **Chapter**

第 16 章
阶段案例——"趣 PHP"网站
开发实战

经过前面深入的学习，相信读者已经熟练掌握了面向对象编程和会话技术的使用。接下来，为了及时有效地巩固所学知识，本章将综合运用这些知识开发一个网站项目——"趣 PHP"学习分享网站。通过对本章阶段案例的学习，可以帮助读者提高项目开发与知识应用的能力。

学习目标
● 掌握类与对象在项目开发中的运用。
● 掌握 PHP + MySQL 技术在网站开发中的综合应用。

16.1 案例展示

"趣 PHP"学习分享网站的功能主要包括用户登录与注册、验证码、设置用户头像、栏目管理、发布内容、发表评论等。下面展示项目的运行效果，如图 16-1 至图 16-7 所示。

图16-1　网站首页

图16-2　用户登录

图16-3　上传头像

图16-4　栏目管理

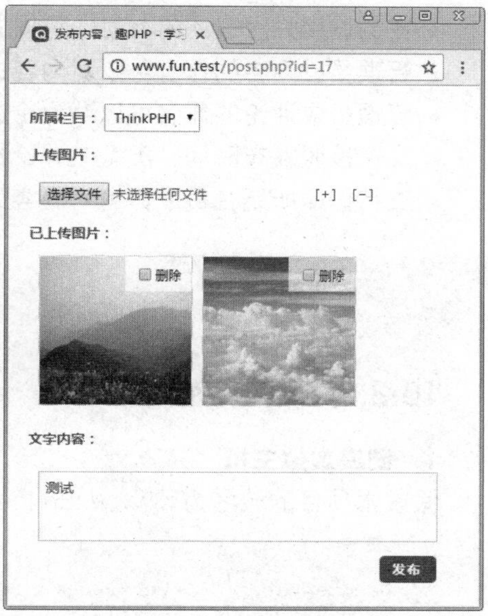

图16-5　发布趣图

图16-6　发布视频

图16-7　发表评论

16.2　需求分析

"趣 PHP"是一个在线学习分享平台，主要面向正在学习或已经从事 PHP 开发的人员，在这个平台中可以分享学习资料、学习心得等。用户在网站中注册一个账号以后，就可以发表和 PHP 相关的趣味文字、图片或视频，还支持用户头像上传、发表评论等功能。关于本项目的具体需求如下。

- 配置一个虚拟主机 "www.fun.test" 用于测试和运行项目。
- 使用 MySQL 数据库来保存项目中的基本数据。
- 网站管理员能够对栏目进行配置，可以设置栏目名称、显示顺序和图片。
- 支持用户登录、注册和头像上传功能，在登录时支持记住登录状态。
- 为了避免恶意登录和注册，使用验证码进行保护。
- 在内容发布时，支持文字、图片和视频 3 种类型，并可以选择所属的栏目。

- 在浏览用户发表的内容时,可以进行回复。
- 管理员或内容的作者可以对内容进行编辑和删除操作。
- 管理员或评论的作者可以对评论进行删除操作。
- 支持按照发布时间、类型或评论数量对显示的内容进行排序。
- 支持按照所属栏目或作者对内容列表进行筛选。

16.3 案例实现

16.3.1 准备工作

1. 创建虚拟主机

假设本项目的域名为"www.fun.test",编辑 Apache 虚拟主机配置文件,具体配置如下。

```
<VirtualHost *:80>
    DocumentRoot "C:/web/www.fun.test"
    ServerName www.fun.test
    ServerAlias fun.test
</VirtualHost>
<Directory "C:/web/www.fun.test">
    Require all granted
</Directory>
```

为了使域名在本机内生效,更改系统的 hosts 文件,添加如下两条解析记录。

```
127.0.0.1 www.fun.test
127.0.0.1 fun.test
```

接下来,重启 Apache 服务使配置生效,然后在项目目录"C:\web\www.fun.test"中编写一个测试文件,通过浏览器访问虚拟主机进行测试,确保配置已经生效。

2. 目录结构划分

一个合理的目录结构有利于管理和维护项目中的文件。本项目的目录结构如表 16-1 所示。

表 16-1   目录结构说明

类型	文件名称	作用
目录	common	保存公共的 PHP 文件
	common\library	保存公共的类文件
	css	保存项目的 CSS 文件
	js	保存项目的 JavaScript 文件
	images	保存项目的图片文件
	view	保存项目的 HTML 文件
	uploads\avatar	保存用户上传的头像
	uploads\category	保存管理员上传的栏目图片
	uploads\picture	保存用户上传的图片内容
	uploads\temp	保存用户上传的临时文件

续表

类型	文件名称	作用
文件	index.php	网站首页，显示内容列表
	login.php	用户登录、退出
	register.php	注册新用户
	captcha.php	生成验证码，输出验证码图像
	user.php	用户中心，可以上传头像
	category.php	栏目编辑，只有管理员可以进行操作
	post.php	发布内容，只有已登录用户可以进行操作
	show.php	查看内容，已登录用户可以发表评论

 注 意

关于项目的 HTML 模板、CSS 样式、JavaScript 等文件，可通过本书的配套源代码获取。

3. 准备公共函数和配置文件

将之前在第 9 章、第 13 章的项目代码中已经写好的 config()、input()、thumb()、page_html()、page_sql()等函数复制到本项目的 common\function.php 文件中，这些函数在开发中会经常用到。

接下来，在 common 目录中创建项目的配置文件 config.php，具体代码如下。

```php
1  <?php
2  return [
3      'DB_CONNECT' => ['host' => 'localhost', 'user' => 'root', 'pass' => '123456',
4                       'dbname' => 'php_fun', 'port' => '3306'],  // 数据库连接配置
5      'DB_CHARSET' => 'utf8',        // 数据库字符集
6      'DB_PREFIX' => 'fun_',         // 项目的数据库表前缀
7  ];
```

在上述配置中，"DB_PREFIX"用于在程序中自动为数据表加上前缀进行访问。例如，为"user"数据表添加前缀"fun_"后变为"fun_user"。在实际开发中，为项目的数据表设置前缀是一个好习惯，可以用来区分一个数据库中的多个项目。

4. 引入公共文件

创建项目的初始化文件 common\init.php，实现相关文件的引入和环境配置，具体代码如下。

```php
1  <?php
2  date_default_timezone_set('Asia/Shanghai');              // 配置时区
3  session_set_cookie_params(0, null, null, null, true);   // 开启 Session 的 HttpOnly
4  mb_internal_encoding('UTF-8');                           // 配置 mbstring 扩展的字符集
5  require './common/function.php';                         // 引入函数库
6  session_start();                                        // 开启 Session
7  if(!isset($_SESSION['fun'])){
8      $_SESSION = ['fun' => []];       // 为项目创建 Session，统一保存到 fun 中
9  }
```

完成上述代码后，在具体功能脚本中引入 common\init.php 文件，即可实现项目的初始化。

5. 配置网页标题和顶部导航

在项目的 HTML 模板中，每个页面都需要显示网页标题和顶部导航，当需要修改这些内容时，直接编辑模板文件会非常麻烦。因此，将这些数据保存到配置文件中，然后在模板中直接读取配置即可，使代码更好维护。编辑 common\config.php 文件，新增配置如下。

```
1  // 网页标题
2  'APP_TITLE' => '趣 PHP - 学习分享网站',
3  // 顶部导航
4  'APP_NAV' => ['hot' => '热门', 'new' => '新鲜', 'pic' => '趣图',
5               'text' => '趣文', 'video' => '视频'],
```

完成上述代码后，就可以在 HTML 模板中通过如下代码获取网页标题。

```
<title><?=config('APP_TITLE')?></title>
```

考虑到项目的顶部导航在每个页面中都需要显示，将这部分代码保存到公共模板目录中。在 view 目录下创建 common 目录，然后编写 top.html 用于保存顶部导航，该文件的关键代码如下。

```
1  <?php foreach (config('APP_NAV') as $k => $v): ?>
2   <a class="<?=(isset($type) && ($type == $k)) ? 'curr' : ''?>"
3   href="./?type=<?=$k?>"><?=$v?></a>
4  <?php endforeach; ?>
```

上述代码第 2 行使用了变量$type，该变量表示当前位于顶部导航的某个链接指向的页面中，值可以是 hot、new、pic、text 或 video。当 APP_NAV 数组的键名与$type 相同时，为链接添加 class 为 curr 的样式。$type 的值是通过 URL 参数 type 获取的，因此，在载入 HTML 模板前，应先接收该参数。

完成 view\common\top.html 后，在其他 HTML 模板中直接引入该文件即可获得顶部导航。

16.3.2　数据库操作类

1. 创建类文件

项目的开发离不开数据库，为了使数据库操作的代码易于维护，下面编写一个数据库操作类，将代码保存到 common\library\Db.php 文件中，Db 类的代码如下。

```
1  class Db
2  {
3      private static $instance;          // 保存本类的单例对象
4      private static $mysqli;            // 保存数据库连接对象
5      private function __construct()      // 在私有构造方法中连接数据库
6      {
7          $config = config('DB_CONNECT');
8          self::$mysqli = new mysqli($config['host'], $config['user'],
9                      $config['pass'], $config['dbname'], $config['port']);
10         if (self::$mysqli->connect_error) {
11             exit('数据库连接失败：' . self::$mysqli->connect_error());
```

```
12          }
13          self::$mysqli->set_charset(config('DB_CHARSET'));
14      }
15      private function __clone() {}              // 阻止克隆
16      public static function getInstance()      // 获得单例对象
17      {
18          return self::$instance ?: (self::$instance = new self());
19      }
20  }
```

上述代码通过单例模式实现了对 MySQLi 扩展的封装。需要注意的是，第 7、13 行调用了自定义函数 config()，以及在第 11 行通过 exit()函数停止脚本，都会影响 Db 类的通用性。若要考虑 Db 类的通用性，建议通过 getInstance()方法的参数传入数据库连接配置；若连接失败，则先记录错误信息，然后编写一个 getError()方法专门用于错误信息的获取。此处为了方便代码编写，暂时不考虑通用性。

创建数据库操作类之后，在 common\init.php 中引入类文件，代码如下。

```
require './common/library/Db.php';          // 引入数据库操作类
```

2. 封装常用方法

在 Db 类中完成数据库连接后，下面开始编写一些常用的方法，用于实现数据库操作。

（1）执行 SQL 语句

编写 query()方法实现预处理方式执行 SQL 语句，并支持二维数组批量执行，具体代码如下。

```
1   public function query($sql, $type = '', array $data = [])
2   {
3       if (!$stmt = self::$mysqli->prepare($sql)) {      // 预处理 SQL
4           exit("SQL[$sql]预处理失败: " . self::$mysqli->error);
5       }
6       if ($data) {                  // 当有数据部分时，执行参数绑定
7           $data = is_array(current($data)) ? $data : [$data];  // 自动转换为二维数组
8           $params = array_shift($data);             // 将$data 中的第 1 个元素出栈
9           $args = [$type];                      // 准备$stmt->bind_param()的参数
10          foreach ($params as &$args[]) ;           // 为$args 数组添加引用元素
11          call_user_func_array([$stmt, 'bind_param'], $args);  // 自动完成参数绑定
12      }
13      if (!$stmt->execute()) {              // 执行第 1 次操作
14          exit('数据库操作失败: ' . $stmt->error);
15      }
16      foreach ($data as $row) {             // 进入批量模式
17          foreach ($row as $k => $v) {
18              $params[$k] = $v;              // 更新每个字段的值
19          }
20          if (!$stmt->execute()) {          // 执行第 2～N 次操作
```

```
21          exit('数据库操作失败: ' . $stmt->error);
22      }
23    }
24    return $stmt;
25 }
```

在上述代码中，query()函数的参数$sql 表示 SQL 语句，$type 表示参数绑定的类型，$data 表示参数绑定的数据部分。第 6 ~ 12 行实现了为$data 进行参数绑定。其中，第 11 行调用 call_user_func_array()函数时传递的第 1 个参数表示$stmt 对象的 bind_param()方法，第 2 个参数表示调用指定方法时传入的参数。

接下来，通过具体代码演示 query()方法的使用，示例如下。

```
$db = Db::getInstance();
$sql = 'UPDATE `test` SET `name`=? WHERE `id`=?';
// 执行单次操作
$db->query($sql, 'si', ['test', 123]);
// 执行批量操作
$db->query($sql, 'si', [['test01', 123], ['test02', 456]]);
```

通过示例可以看出，利用 query()方法可以很方便地执行 SQL 语句，并支持批量操作。

（2）自动添加表前缀

当为项目的数据表添加前缀后，每次书写 SQL 时都要加上表前缀，这在修改表前缀时非常麻烦，还容易遗漏。因此，为了更好地处理表前缀，可以在 SQL 中使用模板语法来代替表名。例如，若要查询数据表"fun_user"中的数据，则模板语法中使用"__USER__"表示表名，示例如下。

```
SELECT * FROM `fun_user`;        # 原始 SQL
SELECT * FROM __USER__;          # 模板语法
```

为了实现这个效果，可以利用正则表达式对 SQL 语句模板语法进行自动替换。下面将如下代码添加到 Db 类 query()方法中调用$mysqli->prepare()方法预处理 SQL 之前的位置。

```
1  $sql = preg_replace_callback('/__([A-Z0-9_-]+)__/sU', function($match) {
2    return '`' . config('DB_PREFIX') . strtolower($match[1]) . '`';
3  }, $sql);
```

上述代码可以将 SQL 语句中的"__USER__"自动替换为"fun_user"。其中，preg_replace_callback()函数的第 2 个参数是回调函数，该回调函数的参数$match 表示正则表达式中子模式匹配到的结果，其返回值将会替换子模式匹配到的字符串。使用"$match[1]"取得匹配到模板语法表名后，通过 strtolower()函数转换为小写，然后在前面拼接了项目配置的表前缀，最后将表名用反引号（`）包裹。

（3）返回执行结果

继续编写 Db 类，实现 fetchAll()方法、fetchRow()方法、execute()方法，用于根据不同需求返回不同形式的结果，具体代码如下。

```
1  // 查询所有结果
2  public function fetchAll($sql, $type = '', array $data = [])
```

```
3   {
4       return $this->query($sql, $type, $data)->get_result()->fetch_all(MYSQLI_ASSOC);
5   }
6   // 查询一行结果
7   public function fetchRow($sql, $type = '', array $data = [])
8   {
9       return $this->query($sql, $type, $data)->get_result()->fetch_assoc();
10  }
11  // 执行 SQL, 对于 INSERT 语句返回最后插入的 id, 其他语句返回受影响行数
12  public function execute($sql, $type = '', array $data = [])
13  {
14      $stmt = $this->query($sql, $type, $data);
15      return (strtoupper(substr(trim($sql), 0, 6)) == 'INSERT') ?
16              $stmt->insert_id : $stmt->affected_rows;
17  }
```

（4）封装 SELECT 查询

在项目开发中，对于数据的增加、删除、修改、查找都是常见操作。为了方便代码的编写，可以在 Db 类中增加这些操作。下面编写 select()方法用于执行 SELECT 查询，具体代码如下。

```
1   // 执行 SELECT 查询
2   public function select($table, $fields, $type = '', array $data = [],
3                          $method = 'fetchAll')
4   {
5       $fields = str_replace(',', '`,`', $fields);
6       $where = implode(' AND ', self::buildFields(array_keys($data)));
7       $limit = ($method == 'fetchRow') ? 'LIMIT 1' : '';
8       return $this->$method("SELECT `$fields` FROM $table WHERE $where $limit",
9               $type, $data);
10  }
11  // 将字段数组转换为 SQL 形式
12  private static function buildFields(array $fields)
13  {
14      return array_map(function($v) { return "`$v`=?"; }, $fields);
15  }
```

在 select()方法的参数中，$table 表示表名；$fields 表示待查询的字段，多个字段用逗号分隔；$type 和$data 用于传递数据进行参数绑定。

完成 select()方法后，可以按照如下示例代码进行 SELECT 查询。

```
$db = Db::getInstance();
$data = $db->select('__USER__', 'name,password', 'i', ['id' => 1]);
// 实际执行的 SQL 语句:
// SELECT `name`,`password` FROM `fun_user` WHERE `id`=1
```

利用 select()方法可以返回所有查询结果，当只需要结果中的第一行或某个字段的值时，还可以通过 find()方法、value()方法来实现，具体代码如下。

```
1    // 执行 SELECT 查询，只返回一行结果
2    public function find($table, $fields, $type = '', array $data = [])
3    {
4        return $this->select($table, $fields, $type, $data, 'fetchRow');
5    }
6    // 执行 SELECT 查询，返回$fields 字段查询到的值
7    public function value($table, $field, $type = '', array $data = [])
8    {
9        return $this->find($table, $field, $type, $data, 'fetchRow')[$field];
10   }
```

（5）封装 INSERT 语句

通过分析 INSERT 语句的规律，可用如下代码实现自动插入数据，具体代码如下。

```
1    // 执行 INSERT 语句
2    public function insert($table, $type, array $data)
3    {
4        $fields = self::arrayFields($data);
5        $sql = "INSERT INTO $table SET " . implode(',', self::buildFields($fields));
6        return $this->execute($sql, $type, $data);
7    }
8    // 从一维或二维数组中获取字段
9    private static function arrayFields(array $data)
10   {
11       $row = current($data);
12       return array_keys(is_array($row) ? $row : $data);
13   }
```

接下来，通过代码演示 insert()方法的使用。

```
$db = Db::getInstance();
$id = $db->insert('__USER__', 'is', ['id' => 1, 'name' => 'test']);
// 实际执行的 SQL 语句:
// INSERT INTO `fun_user` SET `id`=1, `name`='test'
```

（6）封装 UPDATE 和 DELETE 语句

继续编写 Db 类，通过如下代码实现 update()方法和 delete()方法。

```
1    // 执行 UPDATE 语句
2    public function update($table, $type, array $data, $where = 'id')
3    {
4        $where = explode(',', $where);
5        $fields = array_diff(self::arrayFields($data), $where);
6        return $this->execute("UPDATE $table SET " . implode(',',
```

```
7              self::buildFields($fields)) . ' WHERE ' . implode(' AND ',
8              self::buildFields($where)), $type, $data);
9   }
10  // 执行 DELETE 语句
11  public function delete($table, $type, array $data)
12  {
13      $fields = implode(' AND ', self::buildFields(self::arrayFields($data)));
14      return $this->execute("DELETE FROM $table WHERE $fields", $type, $data);
15  }
```

接下来，通过代码演示 update()方法和 delete()方法的使用。

```
$db = Db::getInstance();
$data = ['email' => 'a@b.com', 'id' => 1, 'name' => 'test'];
$db->update('__USER__', 'sis', $data, 'id,name');
$db->delete('__USER__', 'i', ['id' => 1]);
// 实际执行的 SQL 语句：
// UPDATE `fun_user` SET `email`='a@b.com' WHERE `id`=1 AND `name`='test'
// DELETE FROM `fun_user` WHERE `id`=1
```

16.3.3　文件上传类

1．创建类文件

文件上传是项目开发中的常见功能，本项目的用户头像上传、栏目图片上传等功能都会用到。下面编写一个文件上传类，将代码保存到 common\library\Upload.php 文件中，Upload 类的代码如下。

```
1   class Upload
2   {
3       private $file = [];          // 上传文件信息
4       private $allow_ext = [];      // 允许上传的文件扩展名
5       private $upload_dir = '';     // 上传文件保存目录
6       private $new_dir = '';        // 在保存目录中创建的子目录
7       private $error = '';          // 错误信息
8       /**
9        * 构造方法
10       * @param array $file 上传文件 $_FILES['xx'] 数组
11       * @param string $upload_dir 上传文件保存目录
12       * @param array $new_dir 在保存目录中创建的子目录
13       * @param array $allow_ext 允许上传的文件扩展名
14       * @param int $limit 文件数量限制，默认 20，至少为 1
15       */
16      public function __construct(array $file, $upload_dir = '.',
17      $new_dir = '', array $allow_ext = [], $limit = 20)
18      {
19          if (isset($file['error'])) {
```

```
20              $this->file = $this->parse($file, max((int)$limit, 1));
21          }
22          $this->upload_dir = trim($upload_dir, '/');
23          $this->new_dir = trim($new_dir, '/');
24          $this->allow_ext = $allow_ext;
25      }
26      /**
27       * 获取错误信息
28       * @return string 错误信息
29       */
30      public function getError()
31      {
32          return $this->error;
33      }
34      // 解析$file数组（该方法在下一步中实现）
35      private function parse($file, $limit) { }
36  }
```

在实例化文件上传类时，用户可以指定文件的保存目录、自动创建的子目录、允许上传的文件名以及上传文件数量限制。下面的代码演示了 Upload 类的使用方法。

```
$file = isset($_FILES['up']) ? $_FILES['up'] : [];
$up = new Upload($file, './uploads', date('Y'), ['jpg', 'png'], 2);
```

在上述代码中，实例化 Upload 时传递的第 1 个参数表示上传 "<input type="file" name="up">" 文件，若将 name 属性值改为 "up[]" 则表示上传多个文件；第 2 个和第 3 个参数指定了文件成功上传后保存的路径为 "./uploads/当前年份/文件名.jpg"，第 4 个指定了只允许上传 jpg、png 扩展名的文件，第 5 个参数指定了当进行多文件上传时，最多允许上传 2 个文件。

2. 解析文件上传数组

在 Upload 类中，私有方法 parse()用于解析给定的 "$_FILES['xx']" 数组，自动识别单文件上传和多文件上传两种情况，同时进行错误检查、控制文件数量在$limit 的限制内。为了在遇到错误时给予提示信息，下面为 Upload 类增加成员属性$msg 保存这些提示信息，代码如下。

```
1  private $msg = [
2      UPLOAD_ERR_INI_SIZE => '文件大小超过了服务器设置的限制！',
3      UPLOAD_ERR_FORM_SIZE => '文件大小超过了表单设置的限制！',
4      UPLOAD_ERR_PARTIAL => '文件只有部分被上传！',
5      UPLOAD_ERR_NO_TMP_DIR => '上传文件临时目录不存在！',
6      UPLOAD_ERR_CANT_WRITE => '文件写入失败！'
7  ];
```

接下来，编写 parse()方法，具体代码如下。

```
1  private function parse($file, $limit)
2  {
```

```
3      $result = [];
4      if (is_array($file['error'])) {
5          foreach ($file['error'] as $k => $v) {
6              $v = (int) $v;
7              $this->error = isset($this->msg[$v]) ? $this->msg[$v] : '';
8              if ($v == UPLOAD_ERR_OK && ( --$limit >= 0)) {
9                  $result[$k] = ['name' => $file['name'][$k],
10                     'tmp_name' => $file['tmp_name'][$k], 'type' => $file['type'][$k],
11                     'size' => $file['size'][$k], 'error' => $file['error'][$k]];
12             }
13         }
14     } elseif ($file['error'] == UPLOAD_ERR_OK) {
15         $result[] = $file;
16     } else {
17         $this->error = isset($this->msg[$file['error']]) ? $this->msg[$v] : '';
18     }
19     return $result;
20 }
```

从上述代码可以看出，parse()方法会将$file 数组整理成一维数组的形式返回。如果文件存在错误，则记录错误信息并跳过。在记录错误信息后，通过 getError()方法可以获取错误信息。

3. 实现单文件和多文件上传

编写用于多文件上传的upload()方法和用于单文件上传的uploadOne()方法，具体代码如下。

```
1  /**
2   * 上传多个文件
3   * @return array 返回保存文件名的数组
4   */
5  public function upload()
6  {
7      $result = [];
8      foreach ($this->file as $k => $v) {
9          if (!$save = $this->save($v)) {
10             continue;
11         }
12         $result[$k] = $save;
13     }
14     return $result;
15 }
16 /**
17  * 上传一个文件
18  * @return string 成功返回文件名，失败返回 false
19  */
20 public function uploadOne()
```

```
21  {
22      return $this->save(current($this->file));
23  }
24  // 保存上传文件（该方法在下一步中实现）
25  private function save($file) { }
```

从上述代码可以看出，upload()方法和 uploadOne()方法的区别在于返回值的形式不同，前者返回的是数组，后者返回的是字符串。值得一提的是，将 Upload()类的参数$limit 设为 1 时也可以实现单文件上传，但 uploadOne()方法在获取结果时会更加方便。

4. 保存上传文件

编写 save()方法，实现上传一个指定文件，具体代码如下。

```
1   private function save($file)
2   {
3       if ($this->error || $file['error'] == UPLOAD_ERR_NO_FILE) {
4           return false;
5       }
6       $ext = pathinfo($file['name'], PATHINFO_EXTENSION);
7       if (!in_array(strtolower($ext), $this->allow_ext)) {
8           $this->error = '文件上传失败：只允许扩展名：' . implode(', ', $this->allow_ext);
9           return false;
10      }
11      $upload_dir = $this->upload_dir . '/' . $this->new_dir;
12      if (!is_dir($upload_dir) && !mkdir($upload_dir, 0777, true)) {
13          $this->error = '文件上传失败：无法创建保存目录！';
14          return false;
15      }
16      $new_name = md5(microtime(true)) . ".$ext";
17      if (!move_uploaded_file($file['tmp_name'], "$upload_dir/$new_name")) {
18          $this->error = '文件上传失败：无法保存文件！';
19          return false;
20      }
21      return trim($this->new_dir . '/' . $new_name, '/');
22  }
```

完成上述代码后，即可在实例化 Upload 类后调用 upload()方法或 uploadOne()方法实现文件上传。

16.3.4 用户登录与退出

1. 设计用户表

在数据库中，user 表用于保存网站的注册用户，具体结构如表 16-2 所示。

在表 16-2 中，需要重点关注 password 和 salt 字段。从安全角度考虑，通常不建议将用户的密码明文存储到数据库中，以避免数据泄露。因此，这里的 password 和 salt 字段只用于存储密码加密后的信息。

表 16-2　user 表结构说明

字段	数据类型	说明
id	INT UNSIGNED PRIMARY KEY AUTO_INCREMENT	用户 id
group	ENUM('admin','user') DEFAULT 'user' NOT NULL	用户组
name	VARCHAR(10) UNIQUE DEFAULT '' NOT NULL	用户名
email	VARCHAR(32) DEFAULT '' NOT NULL	电子邮箱
password	CHAR(32) DEFAULT '' NOT NULL	密码
salt	CHAR(6) DEFAULT '' NOT NULL	密钥
avatar	VARCHAR(255) DEFAULT '' NOT NULL	头像地址
time	INT UNSIGNED DEFAULT 0 NOT NULL	注册时间

关于密码加密的方式有很多种，其中 MD5 是一种非常普遍的方式。由于 MD5 算法的不可逆性，通过计算后的结果将无法还原出计算前的内容，而对于完全相同的内容，其计算后的结果也是相同的，因此 MD5 算法可用于密码的存储。但这种方式也有缺点，如果将世界上所有的密码与计算结果全部存储起来，进行检索，则密码就会被逆向查找出来。为此，通常会为每个用户生成一个 salt 密钥，用于在对密码进行 MD5 计算时加入 salt（佐料），增加破解难度。

下面的代码演示了基于 MD5 与 salt 的密码加密方式。

```
$salt = substr(uniqid(), -6);        // 生成 6 位密钥
$password = md5(md5('密码') . $salt);   // 加密密码
```

在上述代码中，uniqid()函数用于根据当前微秒时间生成不重复的字符串。生成后，使用 substr()函数截取出了后 6 位字符作为 salt 字段。在对密码进行第 1 次 md5()运算后，拼接 salt 进行第 2 次 md5()运算，形成了用于保存到数据库中的 password 字段结果。

因此，当需要验证用户输入的密码是否正确时，将给定密码与数据库中保存的 salt 按照加密时的算法进行计算，通过比较计算结果即可确定给定的密码是否正确。

在了解密码加密算法后，接下来在 user 表中插入一条用户记录，具体 SQL 如下。

```
INSERT INTO `fun_user` VALUES
(1, 'admin', 'admin', 'admin@example.com', MD5(CONCAT(MD5('123456'),
'a9E3iN')), 'a9E3iN', '', UNIX_TIMESTAMP());
```

在上述 SQL 中，用户的 id 为 1，用户组为 admin（表示网站管理员），用户名为 admin，用户的邮箱为 admin@example.com，密码为 123456，salt 为 a9E3iN，头像为空，注册时间为当前时间戳。

2. 实现用户登录

（1）显示登录页面

创建 login.php 用于显示用户登录页面，具体代码如下。

```
1  <?php
2  require './common/init.php';
3  require './view/login.html';
```

编写 view\login.html 文件，创建一个用户登录表单，关键代码如下。

```
1    <form method="post">
2     用户名 <input type="text" name="name">
3     密　码 <input type="password" name="password">
4     <input type="submit" value="登录">
5    </form>
```

（2）接收表单

完成表单的创建后，就可以在 login.php 中接收表单并进行处理。考虑到程序的安全性和严谨性，下面先在 common\function.php 文件中编写用于验证用户名和密码格式的函数，代码如下。

```
1    function input_check($field, $data, &$msg = '')
2    {
3        switch ($field) {
4            case 'user_name':
5                $msg = '2~10 位中文、字母、数字、下划线。';
6                return (bool)preg_match('/^[\w\x{4E00}-\x{9FA5}]{2,10}$/u', $data);
7            case 'user_password':
8                $msg = '6~12 位字母、数字、下划线。';
9                return (bool)preg_match('/^\w{6,12}$/', $data);
10       }
11   }
```

在上述代码中，$field 表示待验证的字段；$data 表示待验证的内容；$msg 用于保存格式信息，当验证失败时可以用于输出，以提醒用户更正格式问题。第 6 行正则表达式中的"\x{4E00}-\x{9FA5}"用于匹配汉字，具体可以参考 Unicode 编码表。

为了判断当前是否有表单提交，在 common\init.php 中定义常量 IS_POST，具体代码如下。

```
define('IS_POST', ($_POST || $_FILES));
```

上述代码根据$_POST 和$_FILES 数组是否为空，来判断当前是否有表单提交。

继续编写 login.php，在载入 HTML 模板之前，先接收表单进行处理，具体代码如下。

```
1    if (IS_POST) {
2        $name = input('post', 'name', 's');
3        $password = input('post', 'password', 's');
4        if (!input_check('user_name', $name, $error)) {
5            exit("登录失败，用户名格式有误，要求：$error");
6        }
7        if (!input_check('user_password', $password, $error)) {
8            exit("登录失败，密码格式有误，要求：$error");
9        }
10       // 到数据库中根据用户名查询密码，判断密码是否正确……
11   }
```

从上述代码可以看出，当程序中的每一步验证失败时，都会停止脚本并输出提示信息。

（3）友好提示登录失败信息

在登录过程中遇到失败时，为了增强用户体验，应该给用户提供再次登录的机会，并弹出一个提示框告知失败原因。修改 login.php，将载入 HTML 模板的代码封装到 display()函数中，如下所示。

```
1    function display($tips = null, $name = '')
2    {
3        require './view/login.html';
4        exit;
5    }
```

在上述代码中，参数$tips 表示提示信息；参数$name 表示在登录表单中，用户名输入框默认显示的值，用于在登录失败时保留上次输入的内容。

在完成 display()函数后，下面演示该函数的使用，示例代码如下。

```
// 在登录失败时，显示登录页面并弹出提示信息
display('登录失败，验证码输入有误。', $name);
// 没有表单提交时，显示登录页面
display();
```

接下来，修改 view\login.html 为填写用户名的文本框添加默认值，如下所示。

```
用户名 <input type="text" name="name" value="<?=htmlspecialchars($name)?>">
```

为了在页面中显示提示信息，下面将所有 HTML 模板中相同的页脚部分抽取到 view\common 目录下的 footer.html 文件中，然后在 footer.html 中判断$tips 变量，如果有值则输出提示信息，代码如下。

```
1    <?php if (!empty($tips)): ?>
2      <script>alert(<?=json_encode($tips)?>);</script>
3    <?php endif; ?>
```

（4）判断用户名和密码是否正确

继续编写 login.php，判断表单提交的用户名和密码是否正确，具体代码如下。

```
1    // 到数据库中根据用户名查询密码，判断密码是否正确
2    if (!login_form($name, $password, $error)) {
3        display("登录失败，$error");
4    }
```

编写 login_form()函数，具体代码如下。

```
1    function login_form($name, $password, &$error = '')
2    {
3        // 根据用户名取出密码
4        $data = Db::getInstance()->find('__USER__', 'id,group,name,password,salt',
5                's', ['name' => $name]);
6        // 判断密码是否正确
7        if ($data && (password($password, $data['salt']) == $data['password'])) {
```

```
8        login_success($data['id'], $data['name'], $data['group']);
9      }
10     $error = '用户名或密码错误。';
11 }
```

上述第 7 行代码在根据给定的用户名取出数据库中保存的密码后，调用了 password()函数对输入的密码进行加密，然后比较加密结果与数据库中保存的结果是否一致。

在 common\function.php 中编写 password()函数，代码如下。

```
1  function password($password, $salt)
2  {
3      return md5(md5($password) . $salt);
4  }
```

当密码验证通过后，就会调用 login_success()函数保存当前的登录状态，该函数的代码如下。

```
1  function login_success($id, $name, $group)
2  {
3      // 利用 Session 保存登录状态
4      $_SESSION['fun']['user'] = ['id' => $id, 'name' => $name, 'group' => $group];
5      // 跳转到首页
6      redirect('index.php');
7  }
```

上述第 4 行代码用于将当前登录的用户 id、用户名和用户组保存到 Session 中；第 6 行代码调用了 redirect()函数用于实现页面跳转。在 common\function.php 中编写 redirect()函数，具体代码如下。

```
1  function redirect($url)
2  {
3      header("Location: $url");
4      exit;
5  }
```

从上述代码可以看出，当页面跳转后，就会通过第 4 行代码停止脚本继续执行。

3. 获取登录信息

当 login_success()函数将用户的登录状态保存到了 Session 中以后，就可以在每个功能脚本中判断用户是否已经登录。在 common\init.php 中编写用于检查用户登录的代码，具体如下。

```
1  // 检查用户登录
2  define('IS_LOGIN', isset($_SESSION['fun']['user']));
3  // 如果用户已经登录，取出用户信息
4  IS_LOGIN && user(null, $_SESSION['fun']['user']);
```

上述第 4 行代码用于在用户登录后，将 Session 中的用户信息保存到 user()函数中。

下面在 common\function.php 文件中编写 user()函数，具体代码如下。

```
1   function user($name, $user = null)
2   {
3       static $data = null;
4       return $user ? ($data = $user) : $data[$name];
5   }
```

从上述代码可以看出，当 user()函数的第 2 个参数不为空时，表示将第 2 个参数保存到 user()函数中的静态变量$data 中；若省略第 2 个参数，则表示根据第 1 个参数获取用户信息，示例代码如下。

```
user('id');              // 获取当前登录用户的 id
user('name');            // 获取当前登录用户的用户名
user('group');           // 获取当前登录用户的用户组（admin、user）
```

为了确定当前登录用户是否为网站管理员，在 common\init.php 中定义常量 IS_ADMIN，如下所示。

```
define('IS_ADMIN', IS_LOGIN && user('group') == 'admin');
```

从上述代码可以看出，如果用户处于已登录的状态，且当前用户的用户组为"admin"，就表示当前用户是网站的管理员。在后面的代码中，通过 IS_ADMIN 常量可以方便地进行管理员身份验证。

接下来，编写 view\common\top.html 文件，在未登录状态下显示"登录"和"注册"链接；在已登录状态下显示当前登录的用户名，并提供"退出"链接，具体代码如下。

```
1   <?php if(IS_LOGIN): ?>
2     欢迎您，<a href="user.php"><?=user('name')?></a> | <a href="#">退出</a>
3   <?php else: ?>
4     <a href="login.php">登录</a> | <a href="register.php">注册</a>
5   <?php endif; ?>
```

4．用户退出

用户退出功能的实现较为简单，这里通过为 login.php 传递 URL 参数 action=logout 来实现。首先打开 view\common\top.html 文件，修改用户登录后显示的"退出"链接，如下所示。

```
<a href="login.php?action=logout">退出</a>
```

然后在 login.php 中接收 action 参数，如果值为 logout，表示用户需要退出，清除 Session 中保存的用户信息即可，具体代码如下。

```
1   $action = input('get', 'action', 's');
2   if ($action == 'logout') {
3       unset($_SESSION['fun']['user']);
4       redirect('./');   // 跳转到首页
5   }
```

16.3.5　验证码

在开发用户登录功能时，需要考虑一个问题，就是除了浏览器，其他软件也可以向服务器提交数据。从系统安全角度看，如果软件自动大批量向服务器提交表单，那么网站管理员的密码将会被穷举，导致管理员账号被盗取。为此，验证码就成为了一种防御手段。

通常情况下，验证码是一张带有文字的图片，要求用户输入图片中的文字。对于图片中的文字，人类识别非常容易，而软件识别则非常困难。因此，验证码是一种区分由人类还是由计算机操作的程序。

1.　生成验证码文本

在项目中创建 common\library\Captcha.php 文件，用于保存验证码类。在类中编写一个 create()方法用于验证码文本的生成，具体代码如下。

```
1   class Captcha
2   {
3       // 生成验证码文本，参数$count 表示验证码的位数
4       public static function create($count = 5)
5       {
6           $charset = 'ABCDEFGHJKLMNPQRSTUVWXYZ23456789';  // 随机因子
7           $code = '';
8           $len = strlen($charset) - 1;
9           for ($i = 0; $i < $count; ++$i) {
10              $code .= $charset[mt_rand(0, $len)];
11          }
12          return $code;
13      }
14  }
```

在上述代码中，第 8 ~ 11 行用于从$charset 字符串中随机取出$count 个字符，保存到$code 中。该方法执行后，返回生成的验证码文本。

2.　生成验证码图像

通过 PHP 提供的 GD 库扩展，可以绘制一张带有文字的图片。在 Captcha 类中编写 show()方法，实现根据指定文本输出验证码图像，具体代码如下。

```
1   // 输出验证码图像，参数$code 表示验证码字符串，$x 和$y 表示图像宽高像素值
2   public static function show($code, $x = 250, $y = 62)
3   {
4       // 创建图像资源，随机生成背景颜色
5       $im = imagecreate($x, $y);
6       imagecolorallocate($im, mt_rand(50, 200), mt_rand(0, 155), mt_rand(0, 155));
7       // 设置验证码文本的颜色和字体
8       $fontcolor = imagecolorallocate($im, 255, 255, 255);
9       $fontfile = './common/library/fonts/captcha.ttf';
10      // 在图像中绘制验证码
11      for ($i = 0, $len = strlen($code); $i < $len; ++$i) {
12          imagettftext($im,                        // 图像资源
13              30,                                  // 字符尺寸
```

```
14              mt_rand(0, 20) - mt_rand(0, 25),        // 随机设置字符倾斜角度
15              32 + $i * 40, mt_rand(30, 50),          // 随机设置字符坐标
16              $fontcolor,                             // 字符颜色
17              $fontfile,                              // 字符样式
18              $code[$i]                               // 字符内容
19          );
20      }
21      // 添加 8 条干扰线, 颜色、位置随机
22      for ($i = 0; $i < 8; ++$i) {
23          $linecolor = imagecolorallocate($im, mt_rand(0, 255), mt_rand(0, 255),
24                      mt_rand(0, 255));
25          imageline($im, mt_rand(0, $x), 0, mt_rand(0, $x), $y, $linecolor);
26      }
27      // 添加 250 个噪点, 位置随机
28      for ($i = 0; $i < 250; ++$i) {
29          imagesetpixel($im, mt_rand(0, $x), mt_rand(0, $y), $fontcolor);
30      }
31      header('Content-Type: image/png');              // 设置消息头
32      imagepng($im);                                  // 输出图片
33      imagedestroy($im);                              // 释放图像资源
34  }
```

上述代码实现了将验证码文本按照随机倾斜的角度和坐标写入到图像中，并添加了干扰线和噪点。在图像生成后，通过 header()函数告知浏览器当前内容是一张 PNG 图片。

3. 输出验证码图像

在完成了验证码类的编写后，接下来创建 captcha.php 文件，实现验证码图像的输出，代码如下。

```
1  <?php
2  require './common/init.php';
3  require './common/library/Captcha.php';
4  $code = Captcha::create();          // 生成验证码
5  captcha_save($code);                // 将验证码保存到 Session 中
6  Captcha::show($code);               // 输出验证码
```

上述代码第 5 行通过调用 captcha_save()函数将验证码保存到 Session 中。在 common\function.php 中编写 catpcha_save()函数，具体代码如下。

```
1  // 将参数$code 保存到 Session
2  function captcha_save($code)
3  {
4      $_SESSION['fun']['captcha'] = $code;
5  }
```

修改 view\login.html 文件，在登录表单中添加输入验证码的文本框和验证码图像，代码

如下。

```
输入验证码: <input type="text" name="captcha">
验证码图像: <img src="captcha.php">
```

上述代码保存后，在浏览器中访问用户登录页面，即可看到图 16-2 所示的验证码效果。

4. 验证码的验证

当用户提交表单后，在判断用户名和密码之前，应该先判断验证码是否正确，如果不正确则停止登录。接下来在 common\function.php 文件中编写 captcha_check()函数用于验证码的验证，具体如下。

```
1    // 对验证码$code 进行验证
2    function captcha_check($code)
3    {
4        $captcha = isset($_SESSION['fun']['captcha']) ?
5                    $_SESSION['fun']['captcha'] : '';
6        if (!empty($captcha)) {
7            unset($_SESSION['fun']['captcha']);  // 清除验证码，防止重复验证
8            return strtoupper($captcha) == strtoupper($code);  // 不区分大小写
9        }
10       return false;
11   }
```

完成上述代码后，就可以在 login.php 中调用 captcha_check()函数。当用户提交表单后，在判断用户名和密码之前，应该先判断验证码是否正确，代码如下。

```
1    if (!captcha_check(input('post', 'captcha', 's'))) {
2        display('登录失败，验证码输入有误。', $name);
3    }
```

接下来，通过浏览器访问进行测试，判断验证码功能是否能够正确进行验证。

16.3.6 用户注册

创建 register.php 显示用户注册页面，具体代码如下。

```
1    <?php
2    require './common/init.php';
3    display();
4    function display($tips = null, $name = '', $email = '', $type = '')
5    {
6        require './view/register.html';
7        exit;
8    }
```

上述代码的 display()函数用于显示页面并退出，参数$name 和$email 分别表示注册表单中默认显示的用户名和电子邮箱。

编写 view\register.html 文件，创建一个用户注册表单，关键代码如下。

```
1   <form method="post">
2    用户名 <input type="text" name="name" value="<?=htmlspecialchars($name)?>"
3         placeholder="2～10 位中文、字母、数字、下划线" required>
4    密码 <input type="password" name="password"
5         placeholder="6～12 位字母、数字、下划线" required>
6    确认密码 <input type="password" placeholder="再次输入密码进行确认" required>
7    邮箱 <input type="text" name="email" value="<?=htmlspecialchars($email)?>"
8         placeholder="输入有效的邮箱地址" required>
9    验证码 <input type="text" name="captcha" required>
10        <img src="captcha.php">
11   <input type="submit" value="注册">
12   </form>
```

完成表单的创建后，就可以接收表单进行处理。接下来，在 register.php 中的 display()函数调用之前添加如下代码，实现表单的接收、验证和处理。

```
1   if (IS_POST) {
2       $name = input('post', 'name', 's');
3       $password = input('post', 'password', 's');
4       $email = input('post', 'email', 's');
5       if (!captcha_check(input('post', 'captcha', 's'))) {
6           display('注册失败，验证码输入有误。');
7       }
8       if (!input_check('user_name', $name, $error)) {
9           display("注册失败，用户名格式有误，要求：$error");
10      }
11      if (!input_check('user_password', $password, $error)) {
12          display("注册失败，密码格式有误，要求：$error");
13      }
14      if (!input_check('user_email', $email)) {
15          display('注册失败，邮箱格式有误。');
16      }
17      if (!register($name, $password, $email, $error)) {
18          display("注册失败，$error", $name, $email);
19      }
20  }
```

在上述代码中，第 14～16 行用于验证邮箱格式，在 input_check()函数的 switch 语句中增加邮箱格式验证的代码，具体如下。

```
1   case 'user_email':
2       return (bool)preg_match('/^(\w+(\_|\-|\.)*)+@(\w+(\-)?)+(\.\w{2,})+$/', $data);
```

在验证成功后，调用 register()函数实现新用户的注册。register()函数的具体代码如下。

```
1   function register($name, $password, $email, &$error = '')
2   {
3       $db = Db::getInstance();
4       if ($db->value('__USER__', 'id', 's', ['name' => $name])) {
5           $error = '用户名已经存在。';
6           return false;
7       }
8       $salt = substr(uniqid(), -6);
9       $data = ['group' => 'user', 'name' => $name, 'password' => password($password,
10              $salt), 'salt' => $salt, 'email' => $email, 'time' => time()];
11      if (!$id = $db->insert('__USER__', 'ssssssi', $data)) {
12          $error = '数据库保存失败。';
13          return false;
14      }
15      register_success($id, $name, 'user');
16  }
```

在上述代码中，第 4 ~ 7 行用于判断用户名是否已经存在，由于用户名是登录的凭据，因此不允许出现相同的用户名；第 8 行用于生成用于加密密码的密钥；第 9 ~ 14 行将新用户的相关数据保存到数据库中。当用户注册成功后，通过第 15 行代码调用 register_success()函数，将用户信息保存到 Session 中，然后跳转到首页，该函数的具体代码如下。

```
1   function register_success($id, $name, $group)
2   {
3       $_SESSION['fun']['user'] = ['id' => $id, 'name' => $name, 'group' => $group];
4       redirect('index.php');
5   }
```

16.3.7　记住登录状态

为了增强用户体验，大部分网站在用户登录的表单中提供"下次自动登录"或"记住登录状态"的复选框，当用户选中后进行登录，服务器就会利用 Cookie 保存用户的登录信息。在保存后，如果 Session 已经过期，则可以利用 Cookie 进行登录。

下面在 view\login.html 中增加一个"记住登录状态"的复选框，代码如下。

```
<input type="checkbox" name="auto" value="1"> 记住登录状态
```

当用户选中复选框后，处理登录表单时，如果登录成功，将用户名和密码保存到 Cookie 中，用于在 Session 过期后进行登录验证。需要注意的是，由于 Cookie 安全性差，网站不应将用户的密码明文存储在 Cookie 中。下面在 common\config.php 中添加如下配置，用于提高安全性。

```
1   // 加密 Cookie 的密钥
2   'AUTOLOGIN_SERCET' => 'df9jEn3HdpSoe',
3   // 默认保存时间（30 天）
4   'AUTOLOGIN_EXPIRES' => 3600 * 24 * 30,
```

在 login.php 中处理登录表单时，当密码验证成功后，在调用 login_success()函数之前，判断用户是否选中了表单中的"记住登录状态"复选框，如果选中了，将用户名和加密后的密码保存到 Cookie 中，具体代码如下。

```
1    if (input('post', 'auto', 's')) {
2        $expires = time() + config('AUTOLOGIN_EXPIRES');
3        setcookie('fun_auto_name', $data['name'], $expires);
4        setcookie('fun_auto_pass', autologin_cookie($data['password']), $expires);
5    }
```

在上述代码中，第 4 行的 autologin_cookie()函数用于将数据库中已经保存的密码再次进行加密，用于限制 Cookie 密码的有效时间。在 common\function.php 中编写 autologin_cookie() 函数，代码如下。

```
1    function autologin_cookie($data)
2    {
3        $time = time();
4        return $time . '|' . password($data, $time . config('AUTOLOGIN_SERCET'));
5    }
```

上述代码将当前时间戳与加密后的 Cookie 密码通过"|"分隔拼接成一个字符串，在调用 password()函数时，将数据库保存的密码$data、当前时间戳$time 和配置文件中的 Cookie 密钥一起进行运算。其中，"|"前面的$time 用于在验证 Cookie 密码时判断当前是否在有效期内，而 password()函数参数中的$time 用于确保"|"前面的$time 无法被伪造。

下面演示一个生成后的 Cookie 加密结果。当网站修改了 AUTOLOGIN_SERCET 配置，或"|"前面的时间戳超过了当前时间减去 AUTOLOGIN_EXPIRES 时，Cookie 密码将失效。

```
1493100144|6681659860efdec0b08f42942c0cb7e4
```

为了验证 Cookie 密码的有效性，接下来编写 autologin_check()函数，代码如下。

```
1    function autologin_check($cookie, $data)
2    {
3        $arr = explode('|', $cookie, 2);
4        return isset($arr[1]) && (time() - config('AUTOLOGIN_EXPIRES')) < (int)$arr[0]
5            && (password($data, $arr[0] . config('AUTOLOGIN_SERCET')) == $arr[1]);
6    }
```

在上述代码中，函数的参数$cookie 表示来自 Cookie 中保存的密码，$data 是数据库中保存的密码。首先通过第 3 行代码根据"|"分割字符串，然后在第 4 行代码判断$arr 数组是否有 2 个元素。如果有，再判断当前时间戳减去有效时间后是否超过了 Cookie 中的时间戳，超过即表示 Cookie 密码已过期。如果时间戳没有过期，继续利用数据库中的密码判断 Cookie 中的时间戳和 Cookie 密钥加密后的结果是否与 Cookie 中的密码相同，只有相同的情况下，才能保证这个 Cookie 密码是有效的。

接下来，编写 login.php，判断当前用户是否已经在 Cookie 中保存了登录状态，代码如下。

```
define('IS_AUTOLOGIN', isset($_COOKIE['fun_auto_name']));
```

当用户保存了登录状态时，在 view\login.html 中显示已保存的用户信息，代码如下。

```php
1   <?php if(IS_AUTOLOGIN): ?>
2    用户名 <input type="text" value="<?=htmlspecialchars(input('cookie',
3    'fun_auto_name', 's'))?>" disabled>
4    密码 <input type="text" value="已保存，可直接登录" disabled>
5   <?php endif; ?>
```

上述代码第 2 行通过 input()函数获取$_COOKIE 中保存的信息，需要在该函数中增加针对 Cookie 的处理，如下所示。

```php
switch ($method) {
    // case …… (get、post)
    case 'cookie': $method = $_COOKIE; break;  // 新增$_COOKIE 数组的支持
}
```

需要注意的是，通过 Cookie 登录时，如果不需要验证码，则验证码形同虚设。因此，当用户通过表单登录时，限制用户即使保存了登录状态，也需要在表单中输入验证码才能进行登录。下面在 login.php 中编写代码处理来自 Cookie 的用户登录，具体如下。

```php
1   if (IS_POST) {
2       if (IS_AUTOLOGIN) {
3           // 提交表单后，通过 Cookie 登录
4           $name = input('cookie', 'fun_auto_name', 's');
5           $pass = input('cookie', 'fun_auto_pass', 's');
6           if (!captcha_check(input('post', 'captcha', 's'))) {
7               display('登录失败，验证码输入有误。', $name);
8           }
9           if (!input_check('user_name', $name, $error)) {
10              display("登录失败，用户名格式有误，要求：$error", $name);
11          }
12          if (!login_cookie($name, $pass, $error)) {
13              display("登录失败：$error", $name);
14          }
15      } else {
16          // 通过表单登录……
17      }
18  }
```

上述代码第 12 行调用了 login_cookie()函数，该函数的具体代码如下。

```php
1   function login_cookie($name, $pass, &$error = '')
2   {
3       $data = Db::getInstance()->find('__USER__', 'id,group,name,password',
4               's', ['name' => $name]);
5       if ($data && autologin_check($pass, $data['password'])) {
```

```
6            login_success($data['id'], $data['name'], $data['group']);
7        }
8        $error = '保存的登录信息无效，请重新登录。';
9        setcookie('fun_auto_name', '', -1);
10       setcookie('fun_auto_pass', '', -1);
11   }
```

通过上述代码可以看出，若 Cookie 中的密码验证成功，则调用 login_success()函数将用户信息保存到 Session 中。如果密码验证失败，则清除 Cookie，要求用户重新登录。

另外，"记住登录状态"功能通常是提供给在登录状态下直接关闭浏览器的用户，若用户单击了网页中的"退出"链接，则表示用户需要完全退出。因此，下面修改 login.php 中实现用户退出的代码，在清除 Session 中的用户信息后，再清除 Cookie 中保存的登录信息，具体代码如下。

```
1    setcookie('fun_auto_name', '', -1);
2    setcookie('fun_auto_pass', '', -1);
```

16.3.8　用户上传头像

在用户登录的状态下，单击网页顶部显示的用户名之后，就会来到用户个人中心，用户可以设置自己的头像。下面编写 user.php，实现在用户登录的情况下显示上传头像的页面，具体代码如下。

```
1    <?php
2    require './common/init.php';
3    require './common/library/Upload.php';
4    if (!IS_LOGIN) {
5        redirect('login.php');            // 若用户没有登录，跳转到登录页面
6    }
7    display();
8    function display($tips = null, $type = '')
9    {
10       $avatar = Db::getInstance()->value('__USER__', 'avatar',
11               'i', ['id' => user('id')]);
12       require './view/user.html';
13       exit;
14   }
```

在上述代码中，第 10 ~ 11 行用于根据当前登录用户的 id 查询用户头像，保存到$avatar 变量中。

编写显示当前用户头像和上传头像的页面 view\user.html，具体代码如下。

```
1    <!-- 当前头像 -->
2    <?php if($avatar): ?>
3        <img src="./uploads/avatar/<?=$avatar?>">
4      <?php else: ?>
```

```
5      <img src="./images/noavatar.gif">
6    <?php endif; ?>
7  <!-- 设置新头像-->
8  <form method="post" enctype="multipart/form-data">
9    <input type="file" name="avatar" required>
10   <input type="submit" value="上传头像">
11 </form>
```

从上述代码可以看出，当用户头像$avatar 值不为空时，显示"./uploads/avatar/"中保存的用户头像，否则显示默认头像"./images/noavatar.gif"。

继续编写 user.php，实现接收用户上传头像的表单，具体代码如下。

```
1  if (IS_POST) {
2    // 上传头像
3    if (!$avatar = user_avatar_upload(input('file', 'avatar', 'a'), $error)) {
4      display("头像上传失败, $error");
5    }
6    // 删除原来的头像
7    $db = Db::getInstance();
8    $avatar_old = './uploads/avatar/' . $db->value('__USER__', 'avatar',
9               'i', ['id' => user('id')]);
10   is_file($avatar_old) && unlink($avatar_old);
11   // 更新头像记录
12   $db->update('__USER__', 'si', ['avatar' => $avatar, 'id' => user('id')], 'id');
13 }
```

上述第 3 行代码调用了 input()函数，用于获取$_FILES 数组中的信息，需要在该函数中增加对$_FILES 数组的支持，具体如下。

```
switch ($method) {
    // case …… (get、post、cookie)
    case 'file': $method = $_FILES; break;        // 新增$_FILES 数组的支持
}
```

编写 user_avatar_upload()函数，用于实现头像文件上传，该函数的代码如下。

```
1  function user_avatar_upload($file, &$error = '')
2  {
3    $upload_dir = './uploads/temp';
4    $up = new Upload($file, $upload_dir, '', ['jpg', 'jpeg', 'png']);
5    if(!$result = $up->uploadOne()) {
6      $error = $up->getError() ?: '没有上传文件。';
7      return false;
8    }
9    $new_dir = date('Y-m/d');
10   $avatar_dir = "./uploads/avatar/$new_dir";
```

```
11      // 创建保存目录
12      if (!is_dir($avatar_dir) && !mkdir($avatar_dir, 0777, true)) {
13          $error = '无法创建头像保存目录！';
14          return false;
15      }
16      $upload_file = "$upload_dir/$result";
17      thumb($upload_file, "$avatar_dir/$result", 120);
18      is_file($upload_file) && unlink($upload_file);
19      return "$new_dir/$result";
20  }
```

在上述代码中，第 4 行实例化了文件上传类 Upload，第 5 行调用了 uploadOne()方法上传单个文件，上传成功后的返回值为自动生成的文件名；第 6 行用于当上传文件失败时获取错误信息。通过浏览器访问测试，完成后的效果如图 16-3 所示。

16.3.9　栏目管理

1. 设计栏目表

在本项目中，栏目是对内容的分类，用户在发布内容时可以选择其所属的栏目。由于栏目会在网页的右侧边栏显示。为了显示效果，网站管理员可以为栏目设置显示图片。栏目表的结构如表 16-3 所示。

表 16-3　category 表结构说明

字段	数据类型	说明
id	INT UNSIGNED PRIMARY KEY AUTO_INCREMENT	栏目 id
name	VARCHAR(12) DEFAULT '' NOT NULL	栏目名称
cover	VARCHAR(255) DEFAULT '' NOT NULL	图片地址
sort	INT DEFAULT 0 NOT NULL	显示顺序

在表 16-3 中，sort 字段表示栏目的排序值，数值小的排在前面，数值大的排在后面。接下来，在栏目表中插入测试数据，具体如下。

```
INSERT INTO `fun_category` (`id`, `name`, `sort`) VALUES
(1, 'ThinkPHP', 0), (2, 'Bootstrap', 1), (3, 'Laravel', 2),
(4, '小道消息', 3), (5, '嘿科技', 4), (6, '趣快报', 5),
(7, '歪果趣闻', 6), (9, '神吐槽', 7), (8, '涨姿势', 8);
```

2. 栏目数据的读取和显示

在 HTML 模板中，侧边栏在首页（index.php）、内容查看页（show.php）、内容发布页（post.php）以及栏目编辑页（category.php）都需要显示，因此将获取栏目数据的代码封装成 category_list()函数保存在 common\function.php 中，具体如下。

```
1   function category_list()
2   {
3       static $data = [];
```

```
4    return $data ?: ($data = Db::getInstance()->fetchAll('SELECT
5          `id`,`name`,`cover`,`sort` FROM __CATEGORY__ ORDER BY `sort` ASC'));
6    }
```

接下来，编写栏目编辑页 category.php，具体代码如下。

```php
1    <?php
2    require './common/init.php';
3    require './common/library/Upload.php';
4    if (!IS_ADMIN) {
5        exit('您无权访问。<a href="./">返回首页</a>');
6    }
7    display();
8    function display($tips = null, $type = '')
9    {
10       $category = category_list();
11       require './view/category.html';
12       exit;
13   }
```

上述代码第 10 行通过调用 category_list()函数获取了栏目数据。在侧边栏中输出栏目数据之前，先将侧边栏的 HTML 代码提取出来，保存到 view\common\slide.html 文件中，该文件的代码如下。

```php
1    栏目推荐
2    <?php if(IS_ADMIN): ?><a href="category.php">[编辑]</a><?php endif; ?>
3    <!-- 输出有图片的栏目 -->
4    <?php foreach ($category as $k => $v): if ($v['cover']): ?>
5     <a href="./?cid=<?=$v['id']?>" title="<?=$v['name']?>">
6     <img src="./uploads/category/<?=$v['cover']?>"></a>
7    <?php endif; endforeach; ?>
8    <!-- 输出无图的栏目 -->
9    <?php foreach ($category as $k => $v): if (!$v['cover']): ?>
10    <a href="./?cid=<?=$v['id']?>"><?=$v['name']?></a>
11   <?php endif; endforeach; ?>
```

完成侧边栏的输出后，编写栏目管理页面 view\category.html，代码如下。

```php
1    <form method="post" enctype="multipart/form-data">
2      <!-- 修改栏目 -->
3      <?php foreach ($category as $v): ?>
4      删除 <input type="checkbox" name="del[]" value="<?=$v['id']?>">
5      排序 <input type="text" name="save[<?=$v['id']?>][sort]" value="<?=$v['sort']?>">
6      名称 <input type="text" name="save[<?=$v['id']?>][name]"
7          value="<?=htmlspecialchars($v['name'])?>" required>
8      上传封面 <?php if ($v['cover']): ?>
```

```
9        <img src="./uploads/category/<?=$v['cover']?>">
10       <input type="checkbox" name="del_cover[]" value="<?=$v['id']?>"> 删除
11    <?php endif; ?>
12    <input type="file" name="save_cover[<?=$v['id']?>]">
13    <?php endforeach; ?>
14    <!-- 添加栏目 -->
15    <span class="js-cate-cancel">[取消]</span>
16    排序 <input type="text" name="add[_ID_][sort]" >
17    名称 <input type="text" name="add[_ID_][name]" required>
18    上传封面 <input type="file" name="add_cover[_ID_]" >
19    <span class="js-cate-add">添加栏目</span>
20    <input type="submit" value="提交修改">
21  </form>
```

上述代码是一个修改栏目的表单，第 2～13 行用于修改栏目，第 14～18 行用于添加栏目。值得一提的是，默认情况下第 14～18 行代码是隐藏且禁用的，因为这部分代码仅用于 JavaScript进行处理。当用户单击第 19 行的"添加栏目"时，页面中的 JavaScript 程序会读取第 14～18行代码，将这部分代码复制一份后取消隐藏和取消禁用，并追加到表单中。用户可以单击多次"添加栏目"添加多个，每次复制时，会将 input 元素 name 属性中的占位符"_ID_"替换为数字。该数字从 0 开始，每次添加新栏目后自增 1，从而确保在表单中区分每个新增的栏目。

为了便于理解，下面通过数组赋值语法演示用户提交表单后，$_POST 的数组结构，如下所示。

```
$_POST = [
    'add' => [                          // 添加栏目，新栏目的 id 为自动增长
        0 => ['sort' => '0', 'name' => '新栏目 1'],
        1 => ['sort' => '1', 'name' => '新栏目 2'],
    ],
    'save' => [                         // 修改指定 id 的栏目
        2 => ['sort' => '0', 'name' => '修改栏目 1'];    // 修改 id 为 2 的栏目
        4 => ['sort' => '0', 'name' => '修改栏目 2'];    // 修改 id 为 4 的栏目
    ],
    'del_cover' => [3, 4],              // 删除栏目 id 为 3 和 4 的图片
    'del' => [5, 6]                     // 删除栏目 id 为 5 和 6 的记录和图片
];
```

另外，若用户在表单中添加了上传文件，则在$_FILES 数组中可以获取到 add_cover 和save_cover 两个数组元素。

接下来，在 category.php 中接收表单进行处理。为了便于代码的维护，将添加、修改、删除功能分别封装到 category_add()函数、category_save()函数和 category_delete()函数中，如下所示。

```
1  if (IS_POST) {
2      category_add($error);            // 添加栏目
3      $error && display("栏目添加失败, $error");
```

```
4       category_save($error);                    // 修改栏目
5       $error && display("栏目修改失败, $error");
6       category_delete();                        // 删除栏目
7   }
```

3. 栏目添加

编写 category_add()函数实现栏目的添加，具体代码如下。

```
1   function category_add(&$error = '')
2   {
3       $cover = category_cover_upload(input('file', 'add_cover', 'a'), $error);
4       $result = [];
5       foreach (input('post', 'add', 'a') as $k => $v) {
6           $result[] = [
7               'name' => mb_strimwidth(input($v, 'name', 's'), 0, 12),
8               'cover' => input($cover, $k, 's'),
9               'sort' => input($v, 'sort', 'd'),
10          ];
11      }
12      $result && Db::getInstance()->insert('__CATEGORY__', 'ssi', $result);
13  }
```

在上述代码中，第 3 行调用了 category_cover_upload()函数用于上传图片，第 4～12 行用于搜集表单数据，进行过滤后保存到数据库中。

编写函数 category_cover_upload()实现栏目图片的上传，具体代码如下。

```
1   function category_cover_upload($file, &$error = '')
2   {
3       $upload_dir = './uploads/category';
4       $up = new Upload($file, $upload_dir, date('Y-m/d') , config('PICTURE_EXT'));
5       $result = $up->upload();
6       $error = $up->getError();
7       return $result;
8   }
```

上述代码实现了将上传图片保存到"./uploads/category"目录中，第 5 行的 upload()方法用于上传多个文件，返回值是一维数组，数组的键为表单中文件上传输入框的 name 属性，其值是"save_cover[键名]"或"add_cover[键名]"中的一种，数组的值为包含子目录和文件名的数组。第 4 行的 config('PICTURE_EXT')表示读取配置文件中允许上传的图片扩展名，下面在 common\config.php 中添加该配置，如下所示。

```
// 允许的图片扩展名（小写）
'PICTURE_EXT' => ['jpg', 'jpeg', 'png', 'gif', 'bmp'],
```

4. 栏目修改

编写 category_save()函数实现栏目的修改，具体代码如下。

```
1   function category_save(&$error = '')
2   {
3       // 获取待保存数据
4       $result = [];
5       foreach (input('post', 'save', 'a') as $k => $v) {
6           $result[] = [
7               'name' => mb_strimwidth(input($v, 'name', 's'), 0, 12),
8               'sort' => input($v, 'sort', 'd'),
9               'id' => abs($k),          // 通过 abs() 函数确保 id 不为负数
10          ];
11      }
12      // 保存记录
13      $db = Db::getInstance();
14      $result && $db->update('__CATEGORY__', 'sii', $result, 'id');
15      $cover = [];
16      // 获取待删除图片
17      $cover_del = input('post', 'del_cover', 'a');
18      foreach ($cover_del as $v) {
19          $cover[$v] = ['cover' => '', 'id' => abs($v)];
20      }
21      // 获取新上传的图片
22      $cover_save = category_cover_upload(input('file', 'save_cover', 'a'), $error);
23      foreach ($cover_save as $k => $v) {
24          $cover[$k] = ['cover' => $v, 'id' => abs($k)];
25      }
26      if ($cover) {
27          category_cover_delete(array_keys($cover));     // 删除原图文件
28          $db->update('__CATEGORY__', 'si', $cover, 'id');   // 更新图片字段
29      }
30  }
```

上述第 3～14 行代码实现了对栏目记录的修改；第 16～20 行代码用于当用户选中栏目图片上的"删除"复选框时，通过 $cover 记录需要删除图片的栏目记录；第 21～25 行代码用于调用 category_cover_upload() 函数上传图片并将返回结果保存到 $cover 中；第 27 行代码用于根据 $cover 中保存的栏目 id 删除该栏目的图片文件；第 28 行用于将栏目图片修改结果保存到数据库中。

下面继续编写 category_cover_delete() 函数，实现栏目图片的删除，具体代码如下。

```
1   function category_cover_delete($cover)
2   {
3       $data = Db::getInstance()->fetchAll('SELECT `cover` FROM __CATEGORY__
4           WHERE `id` IN (' . implode(',', $cover) . ')');
5       foreach ($data as $v) {
6           $path = './uploads/category/' . $v['cover'];
```

```
7          is_file($path) && unlink($path);
8       }
9   }
```

5. 栏目删除

编写 category_delete()函数实现栏目的删除，具体代码如下。

```
1   function category_delete()
2   {
3       $del = array_map('abs', input('post', 'del', 'a'));
4       if ($del) {
5           category_cover_delete($del);
6           $db = Db::getInstance();
7           $sql_del = implode(',', $del);
8           $db->execute("DELETE FROM __CATEGORY__ WHERE `id` IN ($sql_del) ");
9           // 将 POST 表中的相关记录设为空栏目
10          $db->execute("UPDATE __POST__ SET `cid`=0 WHERE `cid` IN ($sql_del)");
11      }
12  }
```

上述代码实现了接收表单提交的 del 数组，该数组中的每个元素是待删除的栏目 id。第 5~ 8 行代码实现了先删除栏目图片再删除栏目记录，第 10 行用于将被删除栏目下 POST 表中的记录更改为空栏目。

通过浏览器访问测试，完成后的效果如图 16-4 所示。

16.3.10 内容发布与修改

1. 设计数据表

根据项目的需求分析，用于保存用户发布内容的 post 表的结构如表 16-4 所示。

表 16-4 post 表结构说明

字段	数据类型	说明
id	INT UNSIGNED PRIMARY KEY AUTO_INCREMENT	内容 id
cid	INT UNSIGNED DEFAULT 0 NOT NULL	栏目 id
uid	INT UNSIGNED DEFAULT 0 NOT NULL	用户 id
type	ENUM('pic','text','video') DEFAULT 'text' NOT NULL	内容类型
content	TEXT NOT NULL COMMENT	内容文本
time	INT UNSIGNED DEFAULT 0 NOT NULL	发布时间
hits	INT UNSIGNED DEFAULT 0 NOT NULL	阅读量
reply	INT UNSIGNED DEFAULT 0 NOT NULL	回复量

当用户发布内容时，有 pic（趣图）、text（趣文）、video（视频）3 种类型可以选择。其中，pic 类型所包含的图片地址，以及 video 类型所包含的视频地址，将保存到表 16-5 所示的 attachment 表中。

表 16-5　attachment 表结构说明

字段	数据类型	说明
id	INT UNSIGNED PRIMARY KEY AUTO_INCREMENT	附件 id
pid	INT UNSIGNED DEFAULT 0 NOT NULL	内容 id
content	VARCHAR(255) DEFAULT '' NOT NULL	附件内容

值得一提的是，对于 pic 类型的内容，在内容发布页面会提供图片上传的功能。而考虑到视频文件的体积比较大，在发布 video 类型的内容时，只能使用第三方视频网站提供的视频链接。

2. 内容发布

在侧边栏中提供内容发布按钮，打开 view\common\slide.html 文件，新增代码如下。

```
1    发布 <a href="post.php?type=pic">趣图</a>
2    发布 <a href="post.php?type=text">趣文</a>
3    发布 <a href="post.php?type=video">视频</a>
```

接下来编写 post.php，该文件有两个功能，当传递 URL 参数"id"时执行添加操作，不存在时执行修改操作，具体代码如下。

```
1    <?php
2    require './common/init.php';
3    require './common/library/Upload.php';
4    if (!IS_LOGIN) {
5        redirect('login.php');
6    }
7    $id = input('get', 'id', 'd');
8    $type = input('get', 'type', 's');
9    if (!in_array($type, ['pic', 'text', 'video'])) {
10       $type = 'text';
11   }
12   display(null, $id, $type);
```

上述代码第 9~11 行用于限制 URL 参数 type 的值只能是 pic、text 或 video，如果是其他值，则自动修改为 text；第 12 行调用了 display()函数，用于显示页面并退出，该函数的代码如下。

```
1    function display($tips = null, $id = 0, $type = 'text')
2    {
3        $atch = [];
4        $post = ['cid' => 0, 'content' => ''];
5        if ($id) {
6            $db = Db::getInstance();
7            $post = $db->find('__POST__', 'cid,uid,type,content', 'i', ['id' => $id]);
8            if (!$post || (!IS_ADMIN && $post['uid'] != user('id'))) {
9                exit('您无权编辑此内容，或内容不存在。');
10           }
11           $type = $post['type'];
```

```
12          if ($type == 'pic' || $type == 'video') {
13              $atch = $db->select('__ATTACHMENT__', 'id,content', 'i', ['pid' => $id]);
14          }
15      }
16      $category = category_list();
17      require './view/post.html';
18      exit;
19  }
```

　　在上述代码中，函数的参数$tips、$id、$type，以及第3、4、16行的变量$atch、$post、$category 都是用来在模板中使用的。当$id 的值不为 0 时，执行第 5 ~ 15 行代码，根据 id 查找对应的内容，其中第 7 行用于查找 post 记录，保存到变量$post 中；第 8 ~ 10 行用于判断当$post 为空，或当前登录用户不是管理员且不是内容作者时，禁止编辑；第 13 行用于查找 attachment 记录，保存到变量$atch 中。

　　3. 创建表单

　　编写 view\post.html 文件，创建内容发布和修改的表单，其关键代码如下。

```
1   <form method="post" action="?id=<?=$id?>&type=<?=$type?>"
2   enctype="multipart/form-data">
3   所属栏目: <select name="cid">
4     <option value="0">- 未选择 -</option>
5     <?php foreach ($category as $v): ?>
6       <option value="<?=$v['id']?>" <?=($post['cid']==$v['id']) ?
7       'selected' : ''?>><?=$v['name']?></option>
8     <?php endforeach; ?>
9   </select>
10  <?php if ($type=='pic'): ?>
11    上传图片: <input type="file" name="pic[]" <?=$id ? '' : 'required'?>> [+] [-]
12    <?php if (!empty($atch)): ?>
13      已上传图片:
14      <?php foreach($atch as $v): ?>
15        <a href="./uploads/picture/<?=$v['content']?>" target="_blank">
16        <img src="./uploads/picture/<?=$v['content']?>"></a>
17        <input type="checkbox" name="del[]" value="<?=$v['id']?>">删除
18      <?php endforeach; ?>
19    <?php endif; ?>
20  <?php endif; ?>
21  <?php if($type == 'video'): ?>
22      链接视频: (支持优酷、土豆、腾讯、爱奇艺等主流视频网站)
23    <?php foreach (($atch ?: [['id' => 0, 'content' => '']]) as $v): ?>
24      <input type="text" name="video[]" value="<?=htmlspecialchars($v['content'])?>"
25      placeholder="视频 Flash 地址" required> [+] [-]
26    <?php endforeach; ?>
```

```
27      <?php endif; ?>
28      文字内容:  <textarea name="content" placeholder="1000 个字以内">
29                  <?=htmlspecialchars($post['content'])?></textarea>
30      <input type="submit" value="<?=$id ? '编辑' : '发布'?>">
31  </form>
```

上述第 3~9 行代码输出了栏目下拉菜单,用户可以通过这个菜单选择当前发布内容的所属栏目;第 10~20 行代码用于发布类型为 pic 时,提供上传图片的输入框;如果当前编辑内容已有上传图片,则通过第 12~19 行代码将图片输出,并提供"删除"复选框来删除该图片;第 21~27 行代码用于输出当前内容关联的视频链接,其中,第 23 行代码在使用 foreach 遍历 $atch 数组时,确保了当 $atch 为空时在页面中输出一个空白的视频链接输入框,用于添加视频链接;第 28~29 行代码用于输入文本内容。

值得一提的是,在上传图片和链接视频的输入框右边,页面提供了"[+]"和"[−]"按钮,单击后会执行 JavaScript 程序来增加或减少输入框,从而实现添加多个图片或视频内容。在增加或减少时,JavaScript 程序会判断当前提供的输入框的数量,确保页面中至少保留一个输入框。

考虑到每个内容所能添加的图片或视频应该是有限的,下面在配置文件中指定数量限制。

```
'APP_ATTACHMENT_MAX' => 10,      // 每个内容允许的附件最大数量
```

添加上述配置后,在表单中增加如下隐藏域,告知页面中的 JavaScript 程序当前允许的附件最大数量值,如下所示。一旦当前图片或视频的输入框达到限制值,将不能继续添加。

```
1   <!-- 用于告知 JavaScript 程序验证 -->
2   <input type="hidden" name="atch_max"
3   value="<?=config('APP_ATTACHMENT_MAX')?>" disabled>
```

4.接收表单
在 post.php 中接收用户提交的表单,实现数据的添加与修改,具体代码如下。

```
1   if (IS_POST) {
2       $data = [
3           'cid' => input('post', 'cid', 'd'),
4           'content' => mb_strimwidth(input('post', 'content', 's'), 0, 1000),
5           'uid' => user('id'),
6       ];
7       $db = Db::getInstance();
8       if ($id) {
9           // 更新记录,在更新前先验证权限
10          $result = $db->find('__POST__', 'uid,type', 'i', ['id' => $id]);
11          if (!$result || (!IS_ADMIN && $result['uid'] != user('id'))) {
12              exit('您无权编辑此内容,或内容不存在。');
13          }
14          $type = $result['type'];
15          $data['id'] = $id;
16          $db->update('__POST__', 'isii', $data, 'id');
```

```
17          // 删除关联的图片或视频……
18      } else {
19          // 新增记录
20          $data['type'] = $type;
21          $data['time'] = time();
22          $id = $db->insert('__POST__', 'isisi', $data);
23      }
24      // 接收图片或视频……
25  }
```

在上述代码中，第 2~6 行用于获取表单数据，第 8~17 行用于修改记录，第 19~22 行用于添加记录。

16.3.11　处理图片和视频

1．修改内容时删除关联的图片或视频

在编辑内容时，用户可以对关联的图片或视频进行添加、修改、删除操作。对于图片，如果用户选中了"删除"复选框，则删除图片记录和文件；对于视频，为了方便处理，直接将原来的记录全部删除，然后重新添加记录。接下来，在 post.php 中更新记录时对 attachment 表中的内容进行处理。

```
1   // 删除关联的图片或视频
2   if ($type == 'pic') {
3       $del = array_map('abs', input('post', 'del', 'a'));
4       $del && post_picture_delete($id, $del);
5   } elseif ($type == 'video') {
6       $db->delete('__ATTACHMENT__', 'i', ['pid' => $id]);
7   }
```

上述代码第 4 行调用了 post_picture_delete()函数来删除图片，该函数的代码如下。

```
1   function post_picture_delete($pid, $del)
2   {
3       $db = Db::getInstance();
4       $where = "`pid`=$pid AND `id` IN (" . implode(',', $del) . ')';
5       $data = $db->fetchAll("SELECT `content` FROM __ATTACHMENT__ WHERE $where");
6       foreach ($data as $v) {
7           $path = './uploads/picture/' . $v['content'];
8           is_file($path) && unlink($path);
9       }
10      $db->execute("DELETE FROM __ATTACHMENT__ WHERE $where");
11  }
```

上述代码实现了根据 attachment 表中的 pid 和 id 字段查询记录，查询后删除图片文件，然后再删除数据库中的记录。

2. 接收图片或视频

继续编写 post.php，实现图片的上传和视频链接的接收，代码如下。

```
1   $atch = post_attachment($id, $type, $error);
2   $atch && $db->insert('__ATTACHMENT__', 'si', $atch);
3   $error ? display($error, $id, $type) : redirect("show.php?id=$id");
```

在上述代码中，post_attachment()函数用于接收图片或视频，该函数的返回值是一个数组，保存了每个新增图片或视频记录的 content、pid 字段的值。第 3 行代码用于当整个流程没有错误时，跳转到内容查看页面，查看当前编辑后的内容；若流程中发生错误，则显示内容编辑页面并提示错误信息。

接下来编写 post_attachment()函数，具体代码如下。

```
1   function post_attachment($id, $type, &$error = '')
2   {
3       $atch = [];
4       if ($type == 'pic') {
5           $pic = post_picture_upload(input('file', 'pic', 'a'), $error);
6           $error && $error = "图片上传失败: $error";
7           foreach ($pic as $v) {
8               $atch[] = ['content' => $v, 'pid' => $id];
9           }
10      } elseif ($type == 'video') {
11          foreach (input('post', 'video', 'a') as $v) {
12              $v = is_string($v) ? trim($v) : '';
13              if (!input_check('post_video', strtolower($v))) {
14                  $error = '链接视频失败，URL 中包含不支持的域名。';
15                  continue;
16              }
17              $atch[] = ['content' => substr($v, 0, 255), 'pid' => $id];
18          }
19      }
20      return $atch;
21  }
```

在上述代码中，$atch 数组用于保存图片文件地址或视频链接，该数组最终将保存到数据库中。第 5 ~ 9 行代码用于保存图片，其中，第 5 行调用了 post_picture_upload()函数用于上传图片；第 11 ~ 18 行代码用于保存视频链接，在从表单中接收后通过第 13 行代码进行格式验证，该验证用于确保用户填写的视频链接是主流视频网站提供的 Flash 播放器，防止填写恶意网址影响网站的安全。

编写 post_picture_upload()函数实现图片的上传，具体代码如下。

```
1   function post_picture_upload($file, &$error = '')
2   {
3       $up = new Upload($file, './uploads/picture/', date('Y-m/d'),
```

```
4              config('PICTURE_EXT'), config('APP_ATTACHMENT_MAX'));
5    $result = $up->upload();
6    $error = $up->getError();
7    return $result;
8 }
```

在上述代码中，实例化 Upload 类时传递了最后一个参数，用于限制文件最多上传的数量。

3. 验证视频地址

为了限制用户在发布视频时只能使用优酷、土豆等主流视频网站，下面在 input_check()函数中增加对于视频 URL 的验证，具体代码如下。

```
1    case 'post_video':
2    $domain = parse_url($data);
3    return isset($domain['host']) && in_array($domain['host'],
4              config('APP_VIDEO_ALLOW'));
```

上述代码中的 parse_url()是 PHP 的内置函数，用于解析 URL 地址，其返回值是一个关联数组，数组的元素 host 保存了 URL 中的域名部分。第 4 行从配置文件中读取了域名名单，具体如下所示。

```
'APP_VIDEO_ALLOW' => [
    'player.youku.com',      // 优酷
    'www.tudou.com',         // 土豆
    'imgcache.qq.com',       // 腾讯
    // ......
],
```

上述代码中的域名是在各大视频网站中搜集的，以优酷为例，其提供的 Flash 播放器地址如下。

```
http://player.youku.com/player.php/……==/v.swf
```

用户在发布 video 类型的内容时，如果填写了上述视频地址，即可放入网页<embed>标签中播放。

16.3.12　内容查看

1. 获取查看的内容

编写 show.php 实现指定 id 内容的查看，具体代码如下。

```
1    <?php
2    require './common/init.php';
3    $id = input('get', 'id', 'd');
4    // 增加阅读计数
5    $db = Db::getInstance();
6    $db->execute("UPDATE __POST__ SET `hits`=`hits`+1 WHERE `id`=$id");
7    // 查询记录
8    $sql = 'SELECT p.`uid`,p.`type`,p.`content`,p.`time`,p.`hits`,p.`reply`,'
9        . ' u.`name`,u.`avatar`,c.`name` cname FROM __POST__ p'
```

```
10      . ' LEFT JOIN __USER__ u ON p.`uid`=u.`id`'
11      . ' LEFT JOIN __CATEGORY__ c ON p.`cid`=c.`id`'
12      . " WHERE p.`id`=$id LIMIT 1";
13  if (!$post = $db->fetchRow($sql)) {
14      exit('您查看的内容不存在。');
15  }
16  $type = $post['type'];
17  // 查询关联的图片或视频
18  $atch = [];
19  if ($type == 'pic' || $type == 'video') {
20      $atch = $db->select('__ATTACHMENT__', 'content', 'i', ['pid' => $id]);
21  }
22  $category = category_list();
23  require './view/show.html';
```

2. 输出到页面中

编写 view\show.html 文件，输出查询到的记录，代码如下。

```
1   <!-- 当前内容所属栏目 -->
2   <?=htmlspecialchars($post['cname'])?>
3   <!-- 作者名称和头像 -->
4   <img src="<?=$post['avatar'] ? ('./uploads/avatar/' . $post['avatar']) :
5   './images/noavatar.gif'?>">
6   <a href="./?author=<?=$post['uid']?>" target="_blank"><?=$post['name']?></a>
7   <!-- 发布时间 -->
8   <?=date('Y-m-d', $post['time'])?>
9   <!-- 文本内容 -->
10  <?=nl2br(str_replace(' ', ' ', htmlspecialchars($post['content'])))?>
11  <!-- 图片或视频 -->
12  <?php foreach ($atch as $v): ?>
13    <?php if ($type == 'pic'): ?>
14      <img src="./uploads/picture/<?=$v['content']?>">
15    <?php elseif ($type == 'video'): ?>
16      <embed src="<?=htmlspecialchars($v['content'])?>" allowFullScreen="true"
17      quality="high" type="application/x-shockwave-flash">
18    <?php endif; ?>
19  <?php endforeach; ?>
20  <!-- 阅读量和回复量 -->
21  <a href="show.php?id=<?=$id?>" title="阅读量"><?=$post['hits']?></a>
22  <a href="show.php?id=<?=$id?>#reply" title="回复量"><?=$post['reply']?></a>
23  <!-- 编辑和删除链接 -->
24  <?php if (IS_ADMIN || $post['uid'] == user('id')): ?>
25    <a href="./post.php?id=<?=$id?>">[编辑]</a>
26    <a href="#">[删除]</a>
27  <?php endif; ?>
```

完成上述代码后，即可将指定 id 的内容，包括栏目名称、作者用户名、作者头像、发布时间、文本内容、图片或视频内容、阅读量和回复量等信息输出。第 24～27 行提供了编辑和删除的链接，该链接只有当前登录用户为网站管理员和内容作者时输出。

16.3.13　内容删除

1.　通过链接进行删除

在内容查看页面 view\show.html 文件中，为"删除"链接添加链接地址，如下所示。

```
<a href="./post.php?action=del&id=<?=$id?>">[删除]</a>
```

然后在 post.php 中接收参数，实现指定 id 内容的删除，代码如下。

```
1   $action = input('get', 'action', 's');
2   if ($action == 'del') {
3       $db = Db::getInstance();
4       $result = $db->find('__POST__', 'uid,type', 'i', ['id' => $id]);
5       if (!$result || (!IS_ADMIN && $result['uid'] != user('id'))) {
6           exit('您无权删除此内容，或内容不存在。');
7       }
8       if ($result['type'] == 'pic') {
9           foreach ($db->select('__ATTACHMENT__', 'content', 'i', ['pid' => $id]) as $v) {
10              $path = './uploads/picture/' . $v['content'];
11              is_file($path) && unlink($path);
12          }
13      }
14      $db->delete('__POST__', 'i', ['id' => $id]);
15      $db->delete('__ATTACHMENT__', 'i', ['pid' => $id]);
16      redirect('./');
17  }
```

上述第 4～7 行代码用于根据 id 取出 post 表中的记录后验证权限，只有网站管理员和内容作者可以执行当前的删除操作；第 8～13 行用于当待删除的内容是 pic 类型时，先删除其关联的图片文件；第 14～15 行用于执行 post 表和 attachment 表的删除操作。当删除完成后，通过第 16 行代码返回首页。

2.　解决 CSRF 问题

在前面实现删除功能时，直接通过访问一个 URL 地址就实现了删除数据，这种方式在 Web 开发中存在安全隐患。例如，当管理员在已登录状态下进行其他操作时，若访问了其他用户恶意构造的 URL 地址，就会导致一些危险的操作被执行，这个问题被称为 CSRF（跨站请求伪造）。

防御 CSRF 的一个有效措施，就是为所有涉及更改数据的操作加上令牌保护，该令牌将在用户登录时随机生成，每个更改的操作都需要附加上令牌，如果没有令牌将无法执行操作。

下面在项目的 common\function.php 文件中添加令牌生成和验证的函数，具体代码如下。

```
1   function token_get()            // 生成令牌
2   {
```

```
3        if(isset($_SESSION['fun']['token'])){
4            $token = $_SESSION['fun']['token'];
5        }else{
6            $token = md5(microtime(true));
7            $_SESSION['fun']['token'] = $token;
8        }
9        return $token;
10 }
11 function token_check($token)              // 验证令牌
12 {
13     return token_get() === $token;
14 }
```

在上述代码中，第 6 行的 md5(microtime(true)) 用于根据一个精确到微秒的时间生成一个 32 位字符串，生成后通过第 7 行代码保存到 Session 中。

完成令牌的生成和验证函数后，在 common\init.php 中添加如下代码，将令牌保存为 TOKEN 常量。

```
define('TOKEN', token_get());
```

接下来修改 view\show.html 文件，在"删除"链接的 URL 参数中增加 token 参数，如下所示。

```
<a href="./post.php?action=del&id=<?=$id?>&token=<?=TOKEN?>">[删除]</a>
```

完成上述修改后，就可以根据 URL 参数中是否含有 action 参数来确认是否需要令牌验证。需要注意的是，除了 GET 方式，POST 方式也有遭受 CSRF 攻击的风险。因此，接下来在 common\init.php 中针对 POST 方式，和 URL 中包含 action 参数的情况进行令牌验证，具体代码如下。

```
1 if((IS_POST || isset($_GET['action'])) && !token_check(input('get', 'token', 's'))) {
2     exit('操作失败：非法令牌。');
3 }
```

添加令牌验证后，需要修改项目中所有的表单提交地址和带有 action 参数的链接地址，在 URL 中增加 token 参数，如下所示。

```
1 <form method="post" action="?token=<?=TOKEN?>" enctype="multipart/form-data">
2 </form>
```

16.3.14　内容列表

在项目中，网站的首页 index.php 用于显示内容列表，支持排序、分页、按照栏目筛选、按照作者筛选等功能。对于图片和视频内容，还可以取出第一条数据作为预览显示在列表中。

1. 查询内容列表记录

编写 index.php 实现根据 URL 参数查询内容列表，具体代码如下。

```
1 <?php
2 require './common/init.php';
3 $cid = input('get', 'cid', 'd');                    // 根据栏目 id 筛选记录
```

```
4    $type = input('get', 'type', 's');                          // 根据类型筛选记录或排序
5    $author = input('get', 'author', 'd');                      // 根据作者筛选记录
6    $page = max(input('get', 'page', 'd'), 1);                  // 当前查看的页码
7    if (!array_key_exists($type, config('APP_NAV'))) {
8        $type = 'hot';
9    }
10   // 拼接查询条件和排序
11   $where = 'WHERE 1=1 ';
12   $where .= $author ? "AND `uid`=$author" : ($cid ? "AND `cid`=$cid" : '');
13   $where .= in_array($type, ['pic', 'text', 'video']) ? "AND `type`='$type'" : '';
14   $limit = 'LIMIT ' . page_sql($page, config('APP_PAGESIZE'));
15   $sort = ['hot' => 'ORDER BY p.`reply` DESC,p.`id` DESC', 'new' => 'ORDER BY p.`id` DESC'];
16   $order = isset($sort[$type]) ? $sort[$type] : $sort['hot'];
17   // 获取总记录数
18   $db = Db::getInstance();
19   $total = $db->fetchRow("SELECT COUNT(*) `total` FROM __POST__ $where")['total'];
20   // 查询列表
21   $sql = 'SELECT p.`id`,p.`uid`,p.`type`,p.`content`,p.`time`,p.`hits`,p.`reply`,'
22       . ' u.`name`,u.`avatar`,c.`name` cname FROM __POST__ p'
23       . ' LEFT JOIN __USER__ u ON p.`uid`=u.`id`'
24       . ' LEFT JOIN __CATEGORY__ c ON p.`cid`=c.`id`'
25       . " $where $order $limit";
26   $list = $db->fetchAll($sql);
27   // 查询结果为空时，自动返回第 1 页
28   if (empty($list) && $page > 1) {
29       redirect("index.php?type=$type&cid=$cid&page=1");
30   }
31   // 查询预览图或预览视频
32   foreach ($list as $k => $v) {
33       if ($v['type'] == 'pic' || $v['type'] == 'video') {
34           $list[$k]['preview'] = $db->value('__ATTACHMENT__', 'content',
35                                   'i', ['pid' => $v['id']]);
36       }
37   }
38   $category = category_list();
39   require './view/index.html';
```

在上述代码中，第 14 行从配置文件中取出了每页显示的记录数，其配置具体如下。

```
'APP_PAGESIZE' => 5,              // 每页显示的记录数
```

2. 输出到页面中

在 view\index.html 文件中输出查询到的记录，具体代码如下。

```
1    <!-- 显示当前列表的筛选依据（根据用户或栏目进行筛选） -->
2    <?php if ($author): ?>
```

```
3     <a href="?author=<?=$author?>">查看用户发表的内容</a>
4   <?php elseif ($cid): foreach ($category as $v): if ($v['id'] == $cid): ?>
5     <a href="?cid=<?=$cid?>"><?=$v['name']?></a>
6   <?php endif; endforeach; endif; ?>
7   <?php foreach ($list as $v): ?>
8     <!-- 所属的栏目名称 -->
9     <?php if ($v['cname']): ?>
10      <?=htmlspecialchars($v['cname'])?>
11    <?php endif; ?>
12    <!-- 作者头像、用户名、发布时间 -->
13    <img src="<?=($v['avatar'] ? './uploads/avatar/' . $v['avatar'] :
14    './images/noavatar.gif')?>">
15    <a href="?author=<?=$v['uid']?>"><?=$v['name']?></a>
16    <?=date('Y-m-d', $v['time'])?>
17    <!-- 内容预览 -->
18    <a href="show.php?id=<?=$v['id']?>" target="_blank">
19    <?=htmlspecialchars(mb_strimwidth($v['content'], 0, 200))?>...</a>
20    <!-- 预览图或预览视频 -->
21    <?php if (!empty($v['preview'])): if ($v['type'] == 'pic'): ?>
22      <a href="show.php?id=<?=$v['id']?>" target="_blank">
23      <img src="./uploads/picture/<?=$v['preview']?>"></a>
24    <?php elseif ($v['type'] == 'video'): ?>
25      <embed src="<?=htmlspecialchars($v['preview'])?>" allowFullScreen="true"
26      quality="high" type="application/x-shockwave-flash">
27    <?php endif; endif; ?>
28    <!-- 阅读量和回复量 -->
29    <a href="show.php?id=<?=$v['id']?>" title="阅读量"><?=$v['hits']?></a>
30    <a href="show.php?id=<?=$v['id']?>#reply" title="回复量"><?=$v['reply']?></a>
31    <!-- 编辑和删除操作 -->
32    <?php if (IS_ADMIN || $v['uid'] == user('id')): ?>
33      <a href="post.php?id=<?=$v['id']?>">[编辑]</a>
34    . <a href="post.php?action=del&id=<?=$v['id']?>&token=<?=TOKEN?>">[删除]</a>
35    <?php endif; ?>
36  <?php endforeach; ?>
37  <!-- 分页导航 -->
38  <?=page_html("./?type=$type&cid=$cid&page=", $total, $page,
39  config('APP_PAGESIZE'))?>
```

通过浏览器访问测试，观察运行结果是否正确，完成后的效果如图 16-1 所示。

16.3.15　发表回复

1. 设计回复表

在 show.php 内容查看页面，用户可以发表对内容的回复。reply 表的结构如表 16-6 所示。

表 16-6　reply 表结构说明

字段	数据类型	说明
id	INT UNSIGNED PRIMARY KEY AUTO_INCREMENT	回复 id
pid	INT UNSIGNED DEFAULT 0 NOT NULL	内容 id
uid	INT UNSIGNED DEFAULT 0 NOT NULL	用户 id
content	VARCHAR(255) DEFAULT '' NOT NULL	回复内容
time	INT UNSIGNED DEFAULT 0 NOT NULL	回复时间

2. 发表回复

在 view\show.html 中添加发表评论的表单，具体代码如下。

```
1  发表评论
2  <form method="post" action="?action=reply&id=<?=$id?>&token=<?=TOKEN?>">
3    <textarea name="reply" placeholder="200 字以内" required></textarea>
4    <input type="submit" value="评论">
5  </form>
```

上述代码将发表评论后的表单提交到了 show.php 中，并传递了参数 action=reply。接下来，在 show.php 中处理表单，具体代码如下。

```
1  $db = Db::getInstance();
2  if (IS_POST && $action == 'reply') {
3      if (!IS_LOGIN) {
4          redirect('login.php');
5      }
6      $reply = mb_strimwidth(input('post', 'reply', 's'), 0, 200);
7      $result = $db->insert('__REPLY__', 'iisi', ['pid' => $id, 'uid' => user('id'),
8              'content' => $reply, 'time' => time()]);
9      $result && $db->execute("UPDATE __POST__ SET `reply`=`reply`+1 WHERE `id`=$id");
10     redirect("show.php?id=$id#reply");
11 }
```

完成上述代码后，即可实现回复的发表功能。其中，第 9 行代码用于增加被回复内容在 post 表中的回复量统计数。回复成功后，程序跳转到 show.php 页面，并添加锚点"#reply"定位到查看回复的位置。

3. 查看回复

当内容查看页面中有了回复之后，将回复查询出来，并提供分页显示的功能。编辑 show.php，在载入模板之前新增如下代码，分页查询回复记录。

```
1  $total = $db->fetchRow("SELECT COUNT(*) `total` FROM __REPLY__
2          WHERE `pid`=$id")['total'];
3  $limit = 'LIMIT ' . page_sql($page, config('APP_REPLY_PAGESIZE'));
4  $reply = $db->fetchAll('SELECT r.`id`,r.`uid`,r.`content`,r.`time`,'
5      . ' u.`name`,u.`avatar` FROM __REPLY__ r'
6      . ' LEFT JOIN __USER__ u ON r.`uid`=u.`id`'
7      . " WHERE r.`pid`=$id ORDER BY r.`id` DESC $limit");
```

接下来在 view\show.html 中输出回复列表，其关键代码如下。

```
1   <!-- 顶部分页导航 -->
2   <?php $page_html = page_html("show.php?id=$id&page=", $total, $page,
3   config('APP_REPLY_PAGESIZE'), '#reply'); ?>
4   <?php if($page_html): echo $page_html; endif; ?>
5   <!-- 输出回复 -->
6   <?php foreach ($reply as $v): ?>
7    <!-- 显示用户头像、用户名、发表时间 -->
8    <img src="<?=($v['avatar'] ? './uploads/avatar/' . $v['avatar'] :
9    './images/noavatar.gif')?>"><?=$v['name']?>
10   <span><?=date('Y-m-d H:i', $v['time'])?></span>
11   <!-- 回复内容 -->
12   <?=htmlspecialchars($v['content'])?>
13  <?php endforeach; ?>
14  <!-- 底部分页导航 -->
15  <?=$page_html?>
```

完成上述代码后，通过浏览器进行访问测试，观察程序是否执行成功。

4. 删除回复

在 view\show.html 文件中输出回复后，为每个回复内容增加一个删除链接，用于管理员或发表回复的用户删除回复，具体代码如下。

```
<?php if (IS_ADMIN || $v['uid'] == user('id')): ?>
  <a href="?id=<?=$id?>&action=reply_del&del=<?=$v['id']?>&token=<?=TOKEN?>">
  [删除]</a>
<?php endif; ?>
```

接下来，在 show.php 中处理删除回复的请求，具体代码如下。

```
1   if ($action == 'reply_del') {
2       if (!IS_LOGIN) {
3           redirect('login.php');
4       }
5       $del = input('get', 'del', 'd');
6       $result = IS_ADMIN ? $db->delete('__REPLY__', 'i', ['id' => $del]) :
7               $db->delete('__REPLY__', 'ii', ['id' => $del, 'uid' => user('id')]);
8       $result && $db->execute("UPDATE __POST__ SET `reply`=`reply`-1 WHERE `id`=$id
9               AND `reply` > 0");
10      redirect("show.php?id=$id&page=$page");
11  }
```

上述第 6 行代码在删除回复时先判断是否为管理员，如果是管理员则直接删除指定 id 的回复，否则在删除回复的同时将当前用户 id 作为 WHERE 条件，防止普通用户删除其他用户的回复。

本章小结

　　本案例设计的主要目的是帮助大家综合运用前面所学的知识，将网站功能设计、安全性、用户体验、JavaScript 交互等多个方面融会贯通，站在项目开发的整体层面思考问题，具备对整个网站的设计和开发能力。目前，PHP 方向还有很多其他知识，如异常处理、PDO、Smarty，以及异步交互技术 AJAX，还有一些成熟的 PHP 框架，如 ThinkPHP、Lavavel 等，大家可以根据实际需要继续进行更深入的学习。